Ramon

Mit Kindern unterwegs

Familienausflüge in Vorarlberg und Umgebung

EDITION V

Vorarlberg
LEIBLACH-
TAL
Bodensee
DEUTSCHLAND
Bregenz
Hittisau
BREGENZERWALD
Egg
Dornbirn
Schwarzenberg
SCHWEIZ
Rheintal
Unterland
Hohenems
Bezau
Mellau
RHEINTAL
Mittelberg
Rheintal Oberland
KLEIN-
WALSERTAL
Rankweil
Damüls
Feldkirch
LATERNSER
TAL
GROSSES
WALSERTAL
Lech
TANNBERG
Zürs
Nenzing
LIECHTENSTEIN
WALGAU
Bludenz
Dalaas
BRANDNERTAL
KLOSTERTAL
Schruns
MONTAFON
Gaschurn
SCHWEIZ

VORWORT

Familienzeit bedeutet für mich und meine Familie Erlebnisse, Abenteuer und Erinnerungen schaffen, die bleiben. Als mein Mann und ich Eltern wurden, haben wir schnell gemerkt, dass es in Vorarlberg zwar unglaublich viele schöne Möglichkeiten für Ausflüge mit Kindern gibt, allerdings keine übersichtliche Sammlung davon. Auf der einen Seite ist das Angebot groß, auf der anderen Seite fehlt oft die Inspiration oder der richtige Überblick, um spontan zu entscheiden: Was können wir heute unternehmen? Und so landeten wir immer wieder bei den uns bekannten Orten, Spielplätzen, Wanderwegen oder Ausflugszielen, die zwar alle schön, aber nicht neu waren. Wir leben dort, wo andere Urlaub machen und trotzdem gibt es so vieles, das wir selbst gar nicht kennen.

Wir waren immer gerne unterwegs, früher zu zweit, jetzt mit Kind, und auch unsere Entdeckernatur blieb bestehen. Nur hat sich der Radius verändert: Statt nur große Reisen zu planen, stehen heute viele regionale Entdeckungstouren auf dem Programm. Doch vor jedem Abenteuer stellten sich die gleichen Fragen: Was passt zu uns? Woran hat die Kleine Freude? Was können wir als Familie gemeinsam erleben? Und wie wird das Wetter unsere Entscheidung beeinflussen?

Nach unzähligen Suchaktionen und spontanen Ideen habe ich irgendwann angefangen, unsere Lieblingsziele, Tipps, Entdeckungen und die »Bucket List« unserer Region aufzuschreiben – und daraus ist dieser Familien-Guide entstanden.

Die Ausflugsziele führen quer durch Vorarlberg, die Bodenseeregion, die Ostschweiz, das Allgäu und das Liechtenstein. Egal, ob ihr Kleinkinder, Schulkinder oder Jugendliche habt – hier findet ihr Inspiration für jedes Alter, jede Jahreszeit und jedes Wetter.

Ob Naturerlebnis, Kultur, Tiere, Bewegung, Spielplätze oder spannende Erlebniswelten – dieser Guide soll euch Lust machen und inspirieren, gemeinsam loszuziehen, Neues auszuprobieren und euer eigenes Familienabenteuer zu gestalten.

Ich wünsche euch viele schöne Erlebnisse, glückliche Kindergesichter und Momente, die in Erinnerung bleiben.

Eure Ramona

HINWEISE ZUR BENUTZUNG

Dieser Familien-Guide soll als Orientierung dienen und die Planung für Ausflüge erleichtern. Jede Familie hat eigene Bedürfnisse, daher sind die Ausflüge kurz und übersichtlich mit den wichtigsten Informationen beschrieben. Detaillierte und stets aktuelle Angaben zu Preisen, Öffnungszeiten, Anfahrt oder besonderen Angeboten finden sich auf den jeweiligen Webseiten der Ausflugsziele. Dieses Buch ersetzt also keine Recherche, sondern soll ein Ideenspender sein.

Vor Antritt von Ausflügen sollte die aktuelle Wetterlage geprüft werden. Im Winter ist zusätzlich der Schneestand zu beachten. Bei Wanderungen empfiehlt es sich, kurz vor Beginn zu klären, ob die Wege frei und begehbar sind.

Jede Familie ist anders – Kinder entwickeln sich individuell und unterscheiden sich in ihren Interessen, Fähigkeiten und ihrem Entdeckerdrang. Was für die einen gut funktioniert, muss für andere Familien nicht zwangsläufig passen. Vertraut auf eure Erfahrung und hört auf euch selbst: Ihr wisst am besten, was euren Kindern guttut und Freude bereitet.

Bewusst habe ich, sofern auf den Webseiten nicht selbst angegeben, keine Altersempfehlungen hinzugefügt. Auf diese Weise kann jedes Ausflugsziel entsprechend der eigenen Familienbedürfnisse gewählt werden. Nichts muss, alles kann – das ist das Motto für schöne gemeinsame Erlebnisse.

Der Guide ist nach Tälern und Länder in der Grenzregion gegliedert und bietet dadurch eine bessere Übersicht. So lassen sich die Ideen und Ausflugsziele regional leichter aufschlagen.

Die aufgeführten Spielplätze können über die angegebenen Bezeichnungen in Google Maps gefunden werden, daher wurden keine genauen Adressen oder Koordinaten angegeben.

Bei Spielplätzen, die an Kindergärten (KIGA) und Volksschulen (VS) liegen, sollten immer die Öffnungszeiten kontrolliert werden! Diese Spielplätze gehören teilweise zu den Einrichtungen und dürfen erst dann genützt werden, wenn diese geschlossen sind. Die angeführten Spielgeräte bieten einen groben Überblick, Abweichungen sind möglich.

Zu den einzelnen Erlebnis- und Wanderwegen gibt es jeweils eine farblich hervorgehobene Info zu Beginn für den schnellen Überblick über die wichtigsten Daten – von der Länge und Art des Weges bis hin zu Kinderwagentauglichkeit (falls gegeben) und geschätzter Laufzeit. Die angegebenen Zeiten sind nur ungefähre Richtwerte. Gerade mit Kindern lohnt es sich, ausreichend Zeitpuffer für Pausen, Spielmomente und Entdeckerfreude einzuplanen. Manche Familien gehen zügig, andere langsamer – beides ist absolut in Ordnung.

Das Buch enthält außerdem Erlebnisberichte von Ausflügen, die wir selbst unternommen haben. Etwas ausführlicher schildern sie unsere persönlichen Eindrücke – was besonders gut angekommen ist, was weniger und welche Erfahrungen wir gemacht haben. Natürlich sind diese Berichte subjektiv und jede Familie erlebt die Ausflüge anders.

Anfahrten mit öffentlichen Verkehrsmitteln werden nicht konkret angeführt, sind bei den meisten Ausflugszielen aber natürlich möglich und empfehlenswert!

Ziel des Buches ist Inspiration: Es soll Familien anregen, neue Orte zu entdecken, Abenteuer zu erleben und ihr eigenes Tempo zu finden.

In jedem Kapitel erleichtern Symbole und kurze Hinweise die Orientierung und zeigen die wichtigsten Informationen auf einen Blick. Die in diesem Buch verwendeten Personenbezeichnungen beziehen sich – sofern nicht anders kenntlich gemacht – auf alle Geschlechter.

ZEICHENERKLÄRUNG

Diese Attraktion kostet etwas. Preise sind online ersichtlich.

zusätzlicher Tipp

In DE, CH und FL wird nicht genauer auf Kindergeburtstage eingegangen. Sollte es eine Kindergeburtstagsmöglichkeit geben, ist diese mit diesem Symbol gekennzeichnet.

Webseite mit aktuellen Infos wie Preise, Öffnungszeiten, Anfahrt, Parkplätze.

PACKLISTE

Anbei finden sich einige Packlisten-Vorschläge, inklusive unserer liebsten Gegenstände, die wir bei nahezu jedem Ausflug dabeihaben. Unsere Must-Haves für Ausflüge sind farblich markiert, sodass auf einen Blick erkennbar ist, welche Gegenstände für uns besonders wichtig sind.

Allgemeine Checkliste: Mit Kindern unterwegs

- Snacks / Notfallriegel
- Wickeltasche oder Familienrucksack
- Windeln, Feuchttücher, Spucktücher, Windelunterlage
- Taschentücher
- Trinkflasche / Trinkbecher
- Wechselkleidung
- Apotheke (siehe *Alltagsapotheke zum Mitnehmen* auf S. 11)
- Tasche für nasse Kleidung oder Windeln (Wetbag, Müllsack, ZIP-Beutel)
- ab windelfrei: klappbarer Toilettensitz
- Spielsachen für das Auto

Wanderausflug

- Mikrofaserhandtuch (bei Routen in Wassernähe)
- Badeschuhe bei Routen in Wassernähe
- Becherlupe
- 2–3 Spiele fürs Wandern (Suchspiel, Naturmemory; siehe auch *Sonstige Ausflugstipps* auf S. 13)
- Taschenmesser
- Stifte und Block für Rätselwege
- Sonnenschutz
- Wechselkleidung (inkl. Ersatzsocken)
- gute Wanderschuhe
- ausreichend Wasser
- Snacks und Proviant
- Regenjacke, Fleecejacke oder Pulli
- Kopfbedeckung (Sonnenhut, Kappe, …)
- Sonnenbrille

Badeausflug

- Wasserspielzeug (Eimer, Ball, Gießkanne)
- Badekleidung / UV-Badekleidung
- Schwimmwindel
- Sonnenhut / Badehut
- Badetuch
- Decke zum Sitzen
- Badeschuhe
- Schwimmhilfe
- Trinkflasche und Snacks
- Kühltasche mit Jause
- Feuchttücher
- Wechselkleidung und Ersatzunterwäsche
- Sonnenschirm / Beschattung
- Tasche für nasse Kleidung

Alltagsapotheke zum Mitnehmen

- Pflaster in verschiedenen Größen und Motiven
- Mini-Schere und Pinzette
- Insektenschutzmittel (in den warmen Monaten)
- Traumeel-Salbe
- Kühlgel, Kühlspray oder Anti-Juckreiz-Pflaster gegen Insektenstiche
- Wärmebehandlungsgerät für Insektenstiche (z. B. Heat It, Bite Away, etc.)
- Wunddesinfektionsspray oder -tücher
- Sterile Kompresse und kleine Mullbinde
- Zeckenkarte oder Zeckenzange

ERSTE HILFE

Auch wenn im besten Fall nichts passiert: Erste Hilfe-Kenntnisse sind wichtig! Ideal wäre, wenn ihr euer Wissen dazu bei einem Kurs auffrischt. Es gibt auch spezielle Kurse für Erste Hilfe bei Kindern.

Grundsätzlich gilt: Eigenschutz hat Vorrang!

Aufgaben des Ersthelfers
- Ruhe bewahren.
- Gefahren erkennen und Unfallstelle absichern.
- Lebensrettende Sofortmaßnahmen durchführen.
- Verletzten aus dem Gefahrenbereich bringen.
- Mögliche Blutungen stillen.
- Atemwege freihalten.
- Wiederbelebung.
- Notruf absetzen.
- Wundversorgung.

Basismaßnahmen bis zum Eintreffen der Rettung
- Lagerung: angenehm für den Verletzten.
- Frische Luft: beengende Kleidung öffnen.
- Wärme: zudecken; bei Hitze vor Sonne schützen.
- Psychische Betreuung: beruhigen, sprechen.

Notrufnummern Österreich

Feuerwehr 122
Polizei 133
(Wasser-)Rettung 144
Telefonische Gesundheitsberatung 1450
Bergrettung 140

Euro-Notruf (einheitliche europäische Notrufnummer) 112

SONSTIGE AUSFLUGSTIPS

- Erdbeeren pflücken gehen
- Picknick am Spielplatz / Park
- Mit Becherlupe oder Kindermikroskop spazieren gehen
- Farb-, Sachschatzsuchen
- Entdeckerkarten auf dem Weg mitnehmen
- Drachen steigen lassen
- Blätter und Blumen sammeln und pressen
- Natur Memory: Zuhause Gegenstände aus der Natur als Symbolbilder ausdrucken (Blatt, Stein, Stock, Blume, etc.), dann draußen mit dem Kind suchen.
- Vogelfutter selber machen und im Wald aufhängen
- Müll sammeln mit Handschuhen etc.
- Mandala mit Naturmaterialien bauen
- Steine sammeln und bemalen
- Nachtspaziergang mit Taschenlampe
- Wolkenbilder beobachten, Fotos machen und in ein Erinnerungsbuch kleben
- Pfützenspringen
- Laubhaufenspringen, Blätterregen, Blätterrascheln (bitte beachtet, dass sich in länger bestehenden Laubhaufen Igel befinden können!)
- Kastanien sammeln und damit lustige Dinge basteln
- Mit Straßenkreide und Wasser experimentieren

Leiblachtal

Das Leiblachtal ist das kleinste Tal Vorarlbergs und liegt im Norden des Bundeslandes an der Grenze zu Deutschland und direkt am Bodensee. Die Gemeinde Hohenweiler – als nördlichster Ort Vorarlbergs – liegt idyllisch inmitten sanfter Hügel und grüner Landschaften. Gemeinsam mit Eichenberg, Möggers, Hörbranz und Lochau bildet sie das charmante Leiblachtal.

Ein besonderes Highlight in der Region ist der Erlebnisberg Pfänder, der zum größten Teil auf dem Gemeindegebiet von Lochau liegt. Er gilt als der Hausberg der nahegelegenen Landeshauptstadt Bregenz und ist mit seinen 1064 Metern Höhe ein beliebtes Ausflugsziel für Wanderer, Radfahrer und Familien. Vom Gipfel des Pfänders eröffnet sich ein wunderschöner Panoramablick über den Bodensee, das Rheintal, bis hin zu den Allgäuer und Schweizer Alpen.

Auf dem Pfänder befindet sich ein wichtiger Sendeturm des Österreichischen Rundfunks (ORF). Von hier aus werden große Teile Vorarlbergs sowie Nachbarländer mit Rundfunk- und Fernsehprogrammen versorgt.

Unsere absoluten Favoriten im Leiblachtal? Ganz klar: Der spannende Walderlebnispfad in Möggers und der vielseitige Erlebnisberg Pfänder – beide Ziele sind ideal für einen Tag voller Abenteuer.

◄ Bergstation Pfänder

OUTDOOR-ERLEBNISSE

Minigolfplatz Hörbranz
Von April bis Oktober hat bei guter Witterung der Minigolfplatz in Hörbranz geöffnet.
@ www.hoerbranz.at/Unser_Hoerbranz/Freizeit/Sportstaetten/Minigolfplatz

Pfänder – der Berg am Bodensee in Lochau
Die Bergstation des Pfänders ist am einfachsten über die Pfänderbahn € von Bregenz aus oder zu Fuß erreichbar. Verschiedene Wanderwege zur Bergstation, die aktuellen Preise und Öffnungszeiten sind online unter @ www.pfaenderbahn.at zu finden.

Highlights Talstation:
- Spielbereich im Wartebereich
- Pfänderbahn Museum (Eintritt frei)

Highlights Bergstation:
- Großer Spielplatz mit verschiedenen Spielgeräten
- Alpenwildpark Rundgang ca. 30 Minuten (Eintritt frei)
- Zwei Zwischenstationen im Alpenwildpark
- Bungee-Trampolin in der Sommersaison €
- Naturquiz (bei der Tal- oder Bergstation erhältlich) – für Kinder ab dem Lesealter
- Outdoor-Detektivtour als Hörspiel (Schatzkarte bei der Tal- oder Bergstation erhältlich oder als Download verfügbar: www.pfaenderbahn.at/de/erlebnis/detektivtour-am-pfaender)
- Nach Abschluss des Naturquiz' oder der Detektivtour gibt es an der Kassa eine kleine Überraschung.

Winterangebot – siehe *Winteraktivitäten* S. 20.

Erlebnisbericht Pfänder

Sommer 2024

Mit dem Auto fuhren wir zum gebührenpflichtigen Parkplatz Pfänderbahn P6.

Pfänderbahnbenutzer parken bei den Parkplätzen Pfänderbahn P6 und Parkhaus Pfänderbahn P15. Die ersten drei Stunden sind gratis. Das Parkticket an der Kassa der Pfänderbahn vorzeigen, um die drei Stunden gutgeschrieben zu bekommen.

Im Wartebereich der Pfänderbahn hatte unsere 2,5-jährige Tochter schon das erste Highlight im Spielbereich mit der Holzgondel, während wir auf unsere Fahrt nach oben warteten. Als die Bahn dann hier war, konnten wir sie kaum aus der Holzgondel herauslocken.

An der Bergstation angekommen, holten wir uns das Naturquiz an der Kassa ab und sind als erstes zum großen Spielplatz spaziert. Dieser ist jedes Mal ein Highlight für unsere Kleine. Wie viele Stunden wir da wohl schon mit Schaukeln, Rutschen und Klettern verbracht haben? Jedes Mal belohnt mit einer wunderschönen Aussicht auf die Berge ringsum.

Wir haben mit dem Rundweg im Alpenwildpark begonnen und die ersten Fragen mithilfe der Schautafeln gelöst. Unterwegs gab es zwei Zwischenstationen mit einer langen Waldrutsche und einer Balancierstrecke. Der Rundweg ist in ca. 30 Minuten ohne Pausen und ohne Naturquiz machbar. Wir haben uns Zeit gelassen, da unsere Tochter einen Teil des Weges selbst lief. Einige Fragen haben wir zusammen gelöst und eine kleine Jausen-Pause brachten wir auch unter.

Da wir ohne Kinderwagen unterwegs waren, kann ich sagen, dass der Rundweg grundsätzlich kinderwagentauglich, jedoch an einigen Stellen recht steil ist.

Die restlichen Antworten für das Naturquiz finden sich an den Infotafeln beim Spielplatz. Wir haben lange nach den Tafeln gesucht … Da es einiges zu lesen gibt, empfehle ich das Quiz erst ab dem Lesealter. An der Bergstation gibt es ein Restaurant, einen Kiosk und Toiletten.

Wer im Besitz einer V-Card ist, kann dank der Partnerschaft mit der Pfänderbahn eine Berg- und Talfahrt kostenlos erleben.

Der Pfänder ist ein Erlebnis für jede Jahreszeit und hat so einiges für große und kleine Kinder zu bieten. Wir besuchen den Pfänder zu jeder Jahreszeit gerne.

BURGEN & RUINEN

Burgruine Alt Hofen in Lochau

Erbaut wurde die Burg im 11. oder 12. Jahrhundert und ist heute eine kleine Ruine.

Diese ist vom Bahnhof Lochau zu erreichen. Der ca. 2,2 km lange Weg zur Ruine führt durch die Gemeinde Lochau. Einfach nach »Burgruine Alt Hofen Lochau« in Google Maps suchen und dem empfohlenen Weg folgen. Der Bahnhof Lochau ist gut mit öffentlichen Verkehrsmitteln sowie mit dem Auto erreichbar und es stehen kostenpflichtige Parkmöglichkeiten zur Verfügung. Nach der Besichtigung kann der Ausflug auf dem Spielplatz am Lochauer Hafen einen schönen Abschluss finden. Mehr Infos zum Spielplatz Lochau Hafen S. 19.

ERLEBNISPFADE & BESONDERE WEGE

Käse Lehrpfad Eichenberg

Länge: ca. 5,4 km / eine Richtung / kinderwagentauglich: ja, allerdings steilere Abschnitte / Dauer ca. 1,5 Stunden ein Weg

Der 5,4 km lange familienfreundliche Käselehrpfad ist in ca. 1,5 Stunden machbar, wobei der Rückweg hier nicht eingerechnet ist. Der Weg kann mit Kinderwagen begangen werden, jedoch sind einige Abschnitte steil. Entlang des Pfades informieren illustrierte Tafeln über die Käseherstellung und weitere interessante Themen. Es gibt mehrere Einkehrmöglichkeiten und es kann Käse am Käseautomaten vor Ort gekauft werden. Der Startpunkt des Käselehrpfades mit der ersten Tafel befindet sich am Dorfparkplatz in Eichenberg.

@ www.bodensee-vorarlberg.com/kaese-lehrpfad

Walderlebnispfad Möggers

Länge: ca. 2 km / Rundweg / kinderwagentauglich: nein / Dauer: ca. 2 Stunden + Spielzeit

Der 2 km lange Rundgang lässt sich in 1,5 bis 3 Stunden, einschließlich Spielaufenthalt, bewältigen. Optional besteht die Möglichkeit, den Weg durch den Inspirationsweg um ca. 0,7 km zu verlängern, was zusätzlich etwa eine halbe Stunde in Anspruch nimmt. Für den Inspirationsweg ist sehr gutes Schuhwerk erforderlich. Der gesamte Weg ist nicht kinderwagentauglich. Der Erlebnisweg ist kostenlos begehbar, ein freiwilliger Unterstützungsbeitrag für die Instandhaltung ist erwünscht.

@ www.walderlebnispfad.at

TIERISCHE BEGEGNUNGEN

Alpenwildpark Pfänder Lochau
Mehr Infos S. 16.

Alpakawanderung auf dem Bergblütenhof
Die Familie Gmeiner bietet wunderbare Alpakawanderungen an, die nach telefonischer Vereinbarung durchgeführt werden. Für Kinder ab 8 Jahren. Gmeiner-Rucksteig 109, 6900 Möggers, +43 5573 838 55 oder +43 664 493 45 98.

Walderlebnispfad Möggers
Bauernhoftiere besuchen. Mehr Infos unter Erlebnisbericht Walderlebnispfad Möggers S. 21.

SPIELPLÄTZE

Spielplatz Hohenweiler beim Sportplatz
Spielplatzausstattung: Schaukel, Nestschaukel, Rutsche, Klettermöglichkeit, Wippen, Holz-Tipi, Sandkasten mit Wasserspiel. Direkt daneben befindet sich die Volksschule Hohenweiler, dort befindet sich zusätzlich ein kleiner Kletter- & Balancierparcour.

Bergstation Pfänder in Lochau
Mehr Infos unter Pfänder – Der Berg am Bodensee S. 16.

Lochau Hafen
Direkt am Hafen von Lochau befindet sich ein großzügiger Spielplatz mit öffentlichen Toiletten. Neben dem Spielen besteht die Möglichkeit, die öffentlichen Grillstellen zu nutzen oder einen gemütlichen Spaziergang mit Laufrad bis Bregenz Hafen (ca. 1 Stunde) zu unternehmen. Im Sommer kann an der anliegenden Naturbadestelle Schwarzbad geplantscht werden.

SCHLECHTWETTER-PLAN

Escape Room Leiblachtal
Ab 14 Jahren buchbar.
@ www.escaperoom-leiblachtal.at/

Pfänderbahn Museum
Mehr Infos unter Pfänder – Der Berg am Bodensee S. 16.

WASSERSPASS

Strandbad Lochau
Bietet einen Kiosk mit angrenzendem Spielplatz für Kinder. Für sportliche Aktivitäten bieten sich Tischtennis, Volleyball, Klettern und Boccia an. Boccia-Kugeln können an der Kasse des Strandbads ausgeliehen werden.

Stand Up Paddeln in Lochau
Als Familie mal etwas Neues ausprobieren? Dann buche einen Schnupperkurs im Stand Up Paddeln. Nur für gute Schwimmer!
@ www.laendle-sup.at/kurse/

WINTERAKTIVITÄTEN

Bergstation Pfänder
Eine Rodelmulde für Kinder befindet sich beim Gasthaus Pfänderdohle und der Alpenwildpark ist auch über den Winter geöffnet. Der Weg im Alpenwildpark kann etwas rutschig sein und ist bei Schneelage nicht kinderwagentauglich.

KINDERGEBURTSTAG

Kreativ Werkstatt
Für Kinder im Alter von 5–11 Jahren gibt es in der Kreativwerkstatt die Möglichkeit, Geburtstag zu feiern. Getränke und Kuchen können mitgebracht werden. Workshops und Kurse sind zudem auch buchbar.
@ www.lex-kreativwerkstatt.at

Meine Lieblingsorte:

Erlebnisbericht Walderlebnispfad Möggers

Sommer 2024

Wir sind mit dem Auto bis zum gebührenpflichtigen Parkplatz Walderlebnispfad gefahren. Anschließend sind wir der guten Ausschilderung der Route bis zum Erlebnisweg gefolgt.

Zu dieser Zeit war unsere Tochter 2,5 Jahre alt und hat einen Großteil des Weges selbst zurückgelegt, den Rest hat sie in einer Trage verbracht. Die verschiedenen Spielstationen entlang des Pfades fanden sowohl sie als auch wir sehr spannend. Besonders gefallen hat uns die Köhlerhütte, die gegen Ende des Weges mit Heu gefüllt war. Dort haben die Kleine und ich uns sehr ausgetobt. Das Heu habe ich später überall gefunden und gespürt, das war es auf jeden Fall wert. Einige Stationen sind eher für ältere Kinder, während andere für alle Altersgruppen geeignet sind.

Unterwegs überquerten wir einen Bach, indem wir über Steine balancierten, kamen an einem Wasserfall vorbei und liefen über eine Hängebrücke. Der gesamte Weg führt durch einen schattigen Wald – ideal für einen heißen Sommertag.

Zum Abschluss haben wir auf dem Rückweg beim Kiosk des Schönsteinhofes einen Halt eingelegt. Dort gab es für uns Hofprodukte vom Grill aus eigener Zucht und ein Eis, angrenzend ist ein kleiner Spielplatz und die Tiere des Bauernhofs können beobachtet werden. Wir bekamen vom Besitzer altes Brot um die Fische im Teich zu füttern.

Insgesamt verbrachten wir etwa 3 Stunden auf dem Erlebnisweg (ohne den Inspirationsweg in Möggers) und haben den Ausflug sehr genossen. Wir werden bestimmt wiederkommen!

Rheintal Unterland

Das Unterland erstreckt sich vom Kummenberg bis zum Ufer des Bodensees und bildet den nördlichen Teil des Rheintals. Es ist die bevölkerungsreichste und wirtschaftlich stärkste Region Vorarlbergs. Neben der Landeshauptstadt Bregenz zählen auch Dornbirn – die größte Stadt des Bundeslandes – sowie Hohenems zu den zentralen Städten des Unterlands.

Es gehören auch Gemeinden wie Altach, Bildstein, Buch, Hard, Höchst, Gaissau, Fußach, Kennelbach, Langen bei Bregenz, Lauterach, Lustenau, Mäder, Schwarzach und Wolfurt zum Unterland. Sie stehen für Lebensqualität, gute Erreichbarkeit und ein vielfältiges Freizeit- und Kulturleben.

Die unmittelbare Nähe zu Deutschland, der Schweiz und Liechtenstein bringt nicht nur wirtschaftliche Vorteile, sondern auch eine starke grenzüberschreitende Zusammenarbeit mit sich. Der Rhein bildet die natürliche Grenze zur Schweiz und prägt die Landschaft mit seinen Auwäldern, Dämmen und geschützten Naturräumen.

Unsere absoluten Favoriten im Rheintaler Unterland? Das ist gar nicht so einfach zu beantworten! An regnerischen Tagen besuchen wir gerne die Inatura, das Stadtbad in Dornbirn oder das vorarlberg museum in Bregenz. Wenn der Regen Pause macht, fahren wir gerne zum Gebhardsberg und erkunden entweder den Schlossbergtrail oder den Walderlebnispfad. In den Wintermonaten besuchen wir gerne den Zauberwald in Hohenems und schauen uns auf den Weihnachtsmärkten um.

◂ Schloss Wolfurt

OUTDOOR-ERLEBNISSE

Pumptrack amKumma Altach
Der Pumptrack amKumma ist ein drei Meter breiter Trail, der Wellen, Steilkurven und Sprünge beinhaltet.

Minigolfplatz Bregenz €
Der Minigolfplatz in Bregenz liegt direkt neben dem Festspielhaus an der Uferpromenade, dieser hat je nach Witterung im Sommer geöffnet. Die aktuellen Öffnungszeiten können am einfachsten online überprüft werden.

Fitnessparcours Birkenwiese Dornbirn
Der Fitnessparcours befindet sich in der Sportanlage Birkenwiese und umfasst die Stationen Motorik, Crosslauf und Workout. Besonders für Kinder ist der Motorikpark mit seinen 8 Balancegeräten und 2 Trampolinen ein Highlight. Hier haben die Kleinen die Möglichkeit, ihren Gleichgewichtssinn und ihre Körperbeherrschung spielerisch zu trainieren.

Fitnessparcours Achauen Dornbirn
Der Fitnessparcours Achauen, welcher mitten im Wald liegt, hat 18 verschiedene Stationen zu dem Themen Ausdauer, Balance und Kraft. Einige Stationen eignen sich besonders gut für Erkundungstouren mit Kindern. Zusätzlich gibt es auf dem Parcours einen Barfußweg. Dieser Fitnessparcours lässt sich hervorragend mit einem Spaziergang vom Fitnessparcours Birkenwiese verbinden.

Minigolfplatz Dornbirn €
In den Sommermonaten bei Schönwetter hat der Minigolfplatz in Dornbirn geöffnet. Dieser hat 18 unterschiedliche Bahnen und eine Terrasse mit Gastronomie.
@ www.dornbirn.info/de/minigolf

Sportverein Ebnit Dornbirn €
Der Sportverein in Ebnit bietet eine Vielzahl an Outdooraktivitäten. Dazu gehören Reiten, Bogenschießen, Schluchtenfox, Hochseilgarten, Waldführungen und Canyoning.
@ www.sv-ebnit.at

Minigolfplatz Hard €
In Hard direkt am Bodensee befindet sich der Minigolfplatz mit seinen 18 Bahnen. Dieser hat in den Sommermonaten bei schönem Wetter geöffnet.
@ www.hard.at/aktiv-in-hard/minigolf-hard/

Auf der gegenüberliegenden Straßenseite befindet sich ein Café und der Spielplatz beim Binnenbecken liegt nur ein kurzer Spaziergang entfernt.

Skatepark Hard am See
Der große Skatepark liegt direkt in Hard am Seeufer und ist prima mithilfe von Google Maps zu finden.

Minigolfplatz Höchst €
Der Minigolfplatz liegt im Zentrum von Höchst und ladet in den Sommermonaten bei guter Witterung zum Spielen und Verweilen in Liegestühlen ein. Speise- und Getränkeangebot sowie ein Spielplatz für Kinder ist vorhanden. Achtet auf die Öffnungszeiten, da der Platz nicht an allen Wochentagen geöffnet ist. Die aktuellen Öffnungszeiten sind auf Facebook (Minigolf_hoechst) und Instagram (minigolf_hoechst) zu finden.

Pumptrack Höchst
Der Pumptrack in Höchst befindet sich hinter der Rheinauhalle beim Streetballplatz, dieser ist gut über Google Maps auffindbar.

Jugendplatz Habedere Lustenau
Der Jugendplatz bietet eine Vielzahl an Freizeitmöglichkeiten wie Skaten, Basketball und Soccer. Er liegt zwischen dem Parkbad und dem Sportplatz und ist problemlos über Google Maps zu finden.

BURGEN & RUINEN

Gebhardsberg Bregenz
Mehr Infos unter Walderlebnispfad Bregenz S. 26.

Palast Hohenems €
Der Palast in Hohenems bietet täglich Führungen an, Anmeldungen sind am Vortag bis 16 Uhr im Tourismusbüro Hohenems möglich.
@ www.palast-hohenems.at

Burgruine Alt Ems in Hohenems
Zick-Zack-Weg Burgruine Alt-Ems
Länge: ca. 4 km / hin und retour / kinderwagentauglich: nein / Dauer: ca. 1,5 Stunden
Mehrere Wanderwege führen zur Burgruine Alt-Ems oberhalb von Hohenems. Ein familienfreundlicher Zugang beginnt beim Parkplatz Schlossbergstraße und verläuft als Zick-Zack-Weg zur Ruine. Die Route ist auf komoot.com unter »Zick-Zack-Weg – Burgruine Alt-Ems Runde von Judagass« zu finden. Direkt am Parkplatz gibt es einen Spielplatz – perfekt für eine entspannte Pause nach der Wanderung.

Schloss Wolfurt
Zum Wolfurter Schlössle sind es nur ca. 600 m vom Marktplatz aus – ideal für einen kurzen Spaziergang. Zum Schlössle geht es über einen Schotterweg etwas aufwärts. Wer möchte, gönnt sich ein Eis bei der Eismanufaktur Kolibri und lässt die Kinder am Spielplatz Dorfzentrum toben. Perfekt für einen entspannten Familienausflug. Die Route? Ganz einfach über Google Maps zu finden.

ERLEBNISPFADE & BESONDERE WEGE

Waldlehrpfad Bildstein

Länge: ca. 2 km / eine Richtung / kinderwagentauglich: nein / Dauer: ca. 1 Stunde für eine Richtung

Der Waldlehrpfad beginnt im Bildstein-Dorf und bietet auf 25 Schautafeln interessante Informationen über heimische Baum- und Straucharten. Der Pfad endet am Gasthaus Dreiländerblick, von hier aus gibt es einen wunderschönen Ausblick aufs Rheintal und den Bodensee.

Schlossbergtrail Bregenz

Länge: 1,7 km / Rundweg / kinderwagentauglich / Dauer: ca. 1 Stunde je nach Verweildauer / schattig durch Wald / mit Walderlebnispfad kombinierbar

Startpunkt der Rundwanderung ist der kostenpflichtige Parkplatz bei der Landesbibliothek in Bregenz. Der familienfreundliche Weg führt durch den Wald, beinhaltet einen kleinen steilen Abschnitt und bietet einige tolle Stationen zum Erkunden. Der Weg ist das ganze Jahr hindurch begehbar, die unterschiedlichen Facetten der Natur und der Jahreszeiten können so gut beobachtet werden.

Walderlebnispfad Bregenz

Länge: ca. 1,5 km / eine Richtung / kinderwagentauglich: nein / Dauer: ca. 1 Stunde + Verweildauer an den Stationen / schattig durch den Wald / mit Schlossbergtrail kombinierbar

Der rund 1,5 km lange Walderlebnispfad startet, wie auch der Schlossbergtrail, am kostenpflichtigen Parkplatz bei der Landesbibliothek in Bregenz und endet am Gebhardsberg. Entlang des Pfades befinden sich 22 verschiedene Stationen und Infotafeln, die für Abwechslung sorgen. Dieser Ausflug ist von Frühling bis Herbst bestens geeignet. Auf dem Gebhardsberg angekommen, erwarten euch die Ruine und eine Kapelle, und wer möchte, kann im Burgrestaurant eine Pause einlegen.

Bregenzer Kinderrallye

Die Stadt Bregenz bietet für Kinder ab 10 Jahren eine großartige Kinderrallye mit 15 Stationen und Fragen

Erlebnisbericht Schlossbergtrail

Winter 2024/2025

Spontan haben wir uns ins Auto gesetzt, um den Schlossbergtrail zu erkunden. Am Ziel angekommen mussten wir uns erstmal orientieren – der Startpunkt des Weges war zwar relativ leicht zu finden. Der Weg beginnt auf der Seite, an der sich der Parkplatz befindet, aber so ganz klar war uns nicht, in welche Richtung es genau gehen sollte. Also haben wir uns die Übersichtskarte vor Ort immer wieder angeschaut und sind einfach losgelaufen.

Zu Beginn sind wir prompt in die falsche Richtung gegangen – der Weg bergab sah einfach zu einladend aus. Später merkten wir, dass das nicht der richtige war, also hieß es umdrehen und den anderen Pfad ausprobieren. Die Beschilderung war ehrlich gesagt etwas verwirrend – nicht nur am Start, sondern auch unterwegs mussten wir immer wieder raten, ob wir noch richtig sind.

Den gesamten Trail haben wir nicht geschafft, da wir zwischendurch öfter umdrehen und uns neu orientieren mussten. Die Stationen, die wir dafür entdeckt haben, waren wirklich toll – vor allem für Kinder! Unsere Kleine hatte großen Spaß: Balancieren, sich in Baumstämmen verstecken, spielen und mehr – richtig schön gemacht. Der Abschnitt, den wir gelaufen sind, war kinderwagentauglich, wir waren allerdings ohne unterwegs.

Als es kühler wurde und wir gemerkt haben, dass wir die Handschuhe vergessen hatten, entschieden wir uns an einer Abzweigung zur Umkehr in Richtung Parkplatz.

Übrigens: Unterwegs sind uns immer wieder kleine, unscheinbare Stäbe im Boden aufgefallen – jeder mit einer anderen Meterangabe. Zunächst hatten wir keine Ahnung, was es damit auf sich hatte … Bis uns am Ende klar wurde: Das war die Wegbeschilderung! Beim nächsten Mal wissen wir's – und laufen direkt richtig los. So haben wir was zu erzählen.

durch die Stadt. Online können die Fragen und die Karte für die Schnitzeljagd heruntergeladen und gedruckt werden. Wer alle Fragen richtig beantwortet, kann sich im Tourismusbüro Bregenz eine Überraschung abholen.
@ www.visitbregenz.com/planen/programme/bregenz-fuer-familien

Karren Dornbirn

Familienwanderweg Schatzsuche €
»Das Karrengold«

Länge: 4,5 km / eine Richtung / kinderwagentauglich: nein / Dauer: reine Laufzeit ca. 1,5 Stunden + Verweildauer bei den Rätselstationen / teilweise schattig / Seilbahn: ja

Der Karren in Dornbirn bietet eine tolle Möglichkeit für einen Ausflug. Entlang des 4,5 km langen Familienwanderweges können die Kinder mit »Theo« auf Schatzsuche gehen. Die Schatzkarte »Das Karrengold« € kann an der Kassa der Karrenseilbahn Talstation erworben werden. Die Schatzsuche kann entweder beim Auf- oder Abstieg durchgeführt werden und ist ab dem Lesealter empfohlen. Wer keine Lust auf die Schatzsuche hat oder die Wanderung gerne verlängern möchte, dem bietet die Umgebung des Karrens viele weitere Wanderwege. An der Bergstation gibt es das Panoramarestaurant mit einem wunderschönen Ausblick bis zum Bodensee sowie ein kleiner Spielbereich für Kinder. Für die ganz Mutigen gibt es die Karren-Kante: ein 12 Meter langer mit Glas umrandeter Steg, welcher über die Felskante hinaus ragt. Mehr Infos zu Preisen, Öffnungszeiten und Wanderwegen gibt es unter @ www.karren.at

Wer möchte, kann auch mit einem sehr leckeren Frühstück im Restaurant Frischluft am Camping Dornbirn starten und gestärkt das Abenteuer beginnen. Eine Reservation wird empfohlen.

TIERISCHE BEGEGNUNGEN

Mostschenke Möcklebur Dornbirn

Die Mostschenke ist von April bis Oktober geöffnet. Auf dem Bio-Bauernhof können verschiedene Tiere wie Kühe, Kälber, Esel, Schafe und mehr bestaunt werden. Für Kinder gibt es auf einem großzügigen Spielplatz ausreichend Platz zum Toben, mit einem Sandkasten, Schaukeln, Traktoren und weiteren Spielmöglichkeiten. In der Mostschenke kann zusätzlich eingekehrt werden.
@ www.moecklebur.at

Erlebnisbericht Walderlebnispfad

Frühling 2025

Lange habe ich gezögert, aber irgendwann fing ich an, alleine mit der Kleinen wandern zu gehen. Es war unkomplizierter als gedacht. Die Sorgen, ob sie mitlaufen würde oder ob ich sie am Ende doch die ganze Strecke tragen muss, waren fast umsonst. Wir hatten im Vorfeld viel überlegt, welches Tragesystem am besten geeignet wäre, da ich mit der Kraxe nicht besonders warm wurde. Nach einer Trageberatung haben wir uns für eine Preschooler-Trage entschieden. Mit Kind, Rucksack und Trage habe ich mich an einem Werktag bei Sonnenschein auf den Weg gemacht. Natürlich ist die Kleine im Auto eingeschlafen, obwohl sie eigentlich keinen Mittagsschlaf mehr macht. Ich hab sie dann schlafend in die Trage gesetzt und bin losgelaufen. Der Walderlebnispfad beginnt auf der gegenüberliegenden Seite vom Parkplatz und ist mit grünen Pfeilen markiert. Trotzdem habe ich es geschafft, gleich zu Beginn in eine falsche Richtung zu laufen. Bei der ersten Station, dem Barfußweg, bin ich der Richtung vom Pfeil gefolgt (links). Der Weg war etwas steiler und führte querfeldein. Schließlich landete ich beim Holzlabyrinth, wo ich die Kleine geweckt habe, damit sie etwas vom Ausflug mitbekommt. Anfangs war sie vom Wandern nicht ganz überzeugt, doch zum Glück legte sich das schnell. Ab dort sind wir gemeinsam bis zum Gebhardsberg hinauf gewandert. Oben angekommen, haben wir uns mehrere Pausen gegönnt und gemeinsam den Innenhof des Gebhardsbergs erkundet. Das Restaurant hatte an diesem Tag geschlossen, was uns nicht gestört hat. Danach machten wir uns auf die Suche nach dem richtigen Weg des Walderlebnispfades und folgten diesem bergab. Auf dem Rückweg entdeckten wir noch weitere tolle Stationen, wie das Holzhaus und die Musikstation, an denen wir jeweils ein bisschen verweilten. Insgesamt waren wir rund 2,5 Stunden unterwegs und hatten dabei jede Menge Spaß. Etwa ein Drittel des Weges hatte die Kleine selbst bewältigt. Wir werden auf jeden Fall wiederkommen.

T-Ranch Dornbirn

Die T-Ranch in Dornbirn bietet Ponyreiten für Kinder ab 3 Jahren an. Infos zu Kindergeburtstagen auf der T-Ranch auf S. 46. @ www.t-ranch.at

Naturpark Farm Höchst

Die Naturparkfarm ist eine idyllische kleine Farm, auf der ein paar Bauernhoftiere besucht werden können. Direkt angrenzend befindet sich ein kleiner Spielplatz mit Sandkasten, einem Holztraktor, einem Tunnel zum Durchkrabbeln und eine Wasserstelle. Direkte Parkmöglichkeiten gibt es keine. Der nächste Parkplatz befindet sich beim Bruggerloch, auch die Anreise mit dem Bus ist eine gute Option. Von dort aus ist die Naturparkfarm etwa 1 km entfernt und lädt zu einem angenehmen Spaziergang ein.

Doppelmayr-Zoo Wolfurt

Der Tierpark wird privat betrieben und beherbergt eine Vielzahl von Tieren, darunter viele Vogelarten. Der Eintritt ist frei, es stehen einige kostenlose Parkplätze zur Verfügung und der Tierpark ist gut mit öffentlichen Verkehrsmitteln erreichbar. Der Weg ist für den Kinderwagen geeignet und kann in kurzer Zeit bewältigt werden. Beim Parkplatz in der Bildsteinerstraße befindet sich der Spielplatz Klosterwies (S. 36). Die Aufenthaltsdauer hängt davon ab, wie lange die Kinder mit den Tieren oder auf dem Spielplatz verweilen möchten.

SPIELPLÄTZE

Altach

Zentrum

Ein schöner großer Spielplatz, der im Sommer reichlich Schatten bietet, mit vielfältigen Spielmöglichkeiten und einem Wasserbrunnen. In der Nähe gibt es zudem eine Bäckerei.

Spielplatz beim Kinderhaus

Ein neuer Spielplatz, der im Herbst 2024 eröffnet wurde und verschiedene Spielmöglichkeiten bietet. Außerdem gibt es einen Wasserbrunnen sowie eine Beschattung über dem Sandkasten.

Bregenz

Spielplatz Schachen

Der Spielplatz bietet eine riesige Auswahl an Spielgeräten, von Kletter- und Balanciermöglichkeiten über Trampolin und vieles mehr. Mit vielen Naturmaterialien, einer umzäunten Fläche, viel Schatten durch Bäume und zahlreichen Sitzgelegenheiten ist er perfekt für Groß und Klein.

Spielplatz Weidachstraße

Ein großartiger, eingezäunter Spielplatz, der nicht nur für die kleinen, sondern auch für die größeren Kinder viele spannende Möglichkeiten bietet. Einige Bäume sorgen zudem für angenehmen Schatten.

Spielplatz an der Seepromenade beim Bahnhof

Ein schöner Spielplatz mit vielen Geräten und einer alten Lokomotive als Highlight. Er ist gut beschattet und bietet mehrere Schaukeln, Wippen und Rutschen. Der Spielplatz liegt direkt an der Seepromenade gegenüber dem Minigolfplatz (S. 24) und lässt sich gut mit einem Spaziergang (mit oder ohne Laufrad) am See kombinieren. Direkt angrenzend befindet sich die Beachbar, die in den Sommermonaten bei schönem Wetter geöffnet ist. Der Boden der Bar ist mit Sand bedeckt, sodass die Kinder entspannt im Sand spielen können, während die Erwachsenen eine Erfrischung genießen. Ein Imbiss in der Beachbar macht den Besuch perfekt.

Park Mariahilf

Im Park Mariahilf beim Generationenhaus wird jeder Altersgruppe etwas geboten. Die Kleinen können an Spielgeräten wie Rutschen, Klettergerüsten und Schaukeln spielen, während ein Sandkasten mit Wasserbrunnen für zusätzlichen Spaß sorgt. Der Park bietet viel Grün, Schatten und einige Spielmöglichkeiten für Alle.

Spielplatz Bodangasse

Der Spielplatz bietet viel Schatten, eine Wasserstation und verschiedene Spielgeräte, die zum Verweilen einladen. Er liegt direkt neben der Kleinkindbetreuung in der Bodangasse.

Weiherspielplatz

Spielplatzausstattung: Klettermöglichkeit, Schaukel, Rutsche mit Hängebrücke, Sandkasten, verschiedene Wippen, Karussell, Wasserstelle, Sitzbänke und schattenspendende Bäume.

Spielplatz am Hafen beim Café

Spielplatzausstattung: Schaukel, Rutsche, Klettermöglichkeit.

Der Spielplatz am Hafen in Bregenz ist ein beliebtes Ziel für Familien und bietet eine wunderschöne Aussicht auf den Bodensee und den Hafen. Direkt daneben befindet sich ein Café, das in den Sommermonaten geöffnet ist und Eis serviert.

Spielplatz Oberstadt

Die Anreise mit dem Öffentlichen Verkehrsmitteln ist zu empfehlen, wer mit dem Auto anreist, findet eine Parkmöglichkeit beim großen Seestadt-Parkplatz. Von dort aus ist es ein kurzer Spaziergang in die Altstadt von Bregenz, wo sich der Spielplatz befindet. In der historischen Oberstadt bietet der Spielplatz eine Vielzahl an Spielgeräten, darunter ein Kletterparcours und ein Wasserbrunnen. Besonders an heißen Tagen ist der schattige Platz unter den Bäumen ideal und die Umzäunung sorgt dafür, dass Kinder sicher spielen können.

Dornbirn

Achauen bei der Furt

Spielplatzausstattung: Verschiedene Geräte, große Rasenfläche, Rutschen, Schaukeln, Seilbahn, Balancierstrecke, verschiedene Kletterstellen auch für

jüngere Kinder geeignet, Bäume die Schatten spenden, Grillplatz und Zugang zum Wasser (Dornbirner Ach).

Sowohl für jüngere als auch für ältere Kinder gibt es ausreichend Geräte. Entlang der Ach gibt es zudem lange Strecken für einen ausgedehnten Spaziergang, mit oder ohne Laufrad.

Am Wall

Spielplatzausstattung: Verschiedene Geräte, Klettermöglichkeit, Schaukel, Rutsche, Wasserstation, Bänke und Bäume, die Schatten spenden.

Forach, über Elsterweg erreichbar

Spielplatzausstattung: Verschiedene Geräte, Klettermöglichkeit, Schaukel, Nestschaukel, Rutsche, Wipp-Pferd, Sandkasten mit Trinkwasserbrunnen, Bänke und Bäume, die Schatten spenden.

Beim Gasthaus Gütle

Ein kleiner, feiner Spielplatz mit einer Handvoll Spielgeräten. Es bietet sich an, nebenan im Gasthaus Gütle einzukehren, während die Kinder am Spielplatz spielen können. Im Sommer öffnet der Gastgarten des Gasthauses, der sich direkt neben dem Spielplatz befindet.

Volksschule Gütle

Seit 2023 verfügt die VS im Gütle über einen kleinen Spielplatz mit einer Rutsche, Nestschaukel und Klettermöglichkeit.

Haselstauder Sportplatz

Kleiner Spielplatz zwischen Tennishalle und Sportanlage Haselstauden mit Rutsche, Schaukel, Klettermöglichkeit und Nestschaukel.

KIGA Hatlerstraße

Spielplatzausstattung: Rutsche, Schaukel, Balancier- und Klettermöglichkeit, Nestschaukel, Trampolin, Sitzmöglichkeit.

Der Spielplatz befindet sich auf einer Grünfläche zwischen der VS Leopoldstraße und dem KIGA Hatlerstraße.

Park in der Oberen Härte

Über den Park verteilen sich einige Stationen zum Spielen. Kleinkindbereich mit Rutsche, Schaukel, Nestschaukel, Wipp-Pferd, Sandkasten mit Bagger und Trinkwasserstation. Für größere Kinder eine große Rutsche und eine Schaukel. Gleich beim Kindergarten Niederbahn wartet ein spannender Kletter- und Balancierparcours. Direkt neben dem Eingang gibt es außerdem einen großen Matschplatz mit zwei Pumpen.

Achtung: Öffnungszeiten unbedingt beachten, da der Kletter- und Balancierparcours und der Matschplatz zum Kindergarten gehören!

Der Park bietet außerdem viel Platz zum Verweilen, mit einer großen Grünfläche, Sitzbänke, Grillstellen und schattenspendenden Bäumen.

Wohngebietspark Juchen / Vordere Achmühle

Spielplatzausstattung: Schaukel, Rutsche, Seilbahn, Klettermöglichkeit, Wippe, Wipp-Pferd, Sandkasten, Wasserstelle, Bänke und schattenspendende Bäume.

Toller Spielplatz, an dem wir gerne Zeit verbringen, daneben befindet sich der Minigolfplatz. Im Sommer für die Kinder die Wechselkleidung oder Badekleidung nicht vergessen.

Kulturhaus-Bergmannstraße

Spielplatzausstattung: Rutsche, Schaukel, Wippe, Wipp-Pferd und schattenspendende Bäume.

Kulturhaus Park, Frühlingsstraße

Spielplatzausstattung: Karussell, Balancierparcours, Schaukel, Rutsche, Wipp-Spielgeräte, Sandkasten mit Beschattung, Bänke und schattenspendende Bäume.

Sala zwischen Mozartstraße 7 und Sala 3

Kleiner Spielbereich mit Balancierstation, Sandkasten, Wasserbrunnen, Bänke und schattenspendende Bäume.

Schoren / ORF

Spielplatzausstattung: Wippe, Schaukel, Rutsche, Klettermöglichkeit, Sandkasten, Trinkwasserstation, Bänke, etwas Schatten, Parkplätze und Zugang zum Wasser (Ach) vorhanden.

Spielbereiche bei der Stadtbibliothek

Auf der Seite der alten Stadtbibliothek befinden sich eine Rutsche, Schaukeln und ein Wipp-Pferd. In Richtung der Volksschule Markt gibt es einen Kletterparcours für Kinder. Vor der alten Stadtbibliothek sowie in der Umgebung der Innenstadt sind gebührenpflichtige Parkplätze verfügbar.

Spielplatz Inatura

Spielplatzausstattung: Rutsche, Wippe, Schaukel, beschatteter Sandkasten bei der Wasserstation, Röhren zum Durchlaufen, Grünflächen zum Spielen und gebührenpflichtige Parkplätze bei der Inatura vorhanden.

Als Highlight vor dem Spielplatz gibt es ein großes Kleinwasserkraftwerk (Wasserrad).

Staufenblick

Spielplatzausstattung: Originalgroße Dampfwalze, Schaukeln, Rutsche mit Hängebrücke, Karussell, Holz-Zug, Sandkasten, Wipp-Spielzeug, Bänke, große Grünfläche und schattenspendende Bäume.

Auf der großen Grünfläche neben dem Spielplatz befindet sich ein Hühnerstall, da können Kinder Hühner beobachten, sowie eine kleine Halfpipe.

KIGA Weißachergasse

Spielplatzausstattung: Rutsche, Schaukel, Nestschaukel, Wippen, Bänke und schattenspendende Bäume.

KIGA Forach

Spielplatzausstattung: Verschiedene Geräte, Klettermöglichkeit, Schaukel, Nestschaukel, Klettermöglichkeit, Sandkasten.

KIGA Härte

Spielplatzausstattung: Rutsche, Schaukeln, Nestschaukel, Sandkasten, Wippen, große Wiese und schattenspendende Bäume.

KIGA Markt

Spielplatzausstattung: Rutsche, Nestschaukel, Sandkasten mit Wasserstation, verschiedene Wippen.

KIGA Watzenegg

Spielplatzausstattung: Schaukeln, Wippen, Sandkasten und Wasserstation, Bänke und schattenspendende Bäume.

VS Schoren
Kleiner Spielbereich mit Nestschaukel, Kletter- und Balancierstationen.

VS Rohrbach
Spielplatzausstattung: Nestschaukel, Balancier- und Kletterparcours.

Schulhof SPZ
Spielplatzausstattung: Nestschaukel, Klettermöglichkeit, Wippe, Rutsche und Bänke.

Fußach

Sportanlage Müss
Spielplatzausstattung: Sandkasten, Rutsche, Schaukel, Klettermöglichkeit, Wippe, Sitzmöglichkeit, in Seenähe.

Rohrspitz Spielplatz
Neben dem »Il Porto« beim Salzmann befindet sich ein kleiner Spielplatz mit wenigen Spielgeräten.

Gaißau

Beim Kinderhaus
Spielplatzausstattung: Balancierparcours, Schaukeln, Nestschaukel, Rutsche, Klettermöglichkeit, Wippe, Wasserstelle und Bänke.

Hard

Waldspielplatz Kischeru
Spielplatzausstattung: Schaukeln, Nestschaukel, Rutsche, Wippen, Sandkasten, Karussell, Klettermöglichkeit, Bänke.

Spielplatz beim SeneCura am See
Spielplatzausstattung: Rutsche, Klettermöglichkeit, Nestschaukel, Schaukel, Wippen, Sandkasten, Bänke und schattenspendende Bäume.

Abenteuerpark Kiese
Spielplatzausstattung: Balancierparcours, Rutsche, Schaukeln, Wasserstelle, Seilbahn, Sandkasten, Nestschaukel, Bänke und Schatten.

Der Abenteuerpark Kiese hat neben dem Spielplatz einen Pumppark und einen Calisthenics-Park zu bieten. Der Calisthenics-Park ist ein Kletterpark, die Mindestkörpergröße beträgt 1,40 m, daher für größere Kinder oder Jugendliche geeignet.

Spielplatz beim Binnenbecken am See
Der Spielplatz liegt direkt am See und bietet verschiedene Spielgeräte. Das angrenzende Seeufer lädt zu einem Spaziergang ein und das Café am See zu einer Stärkung. Das Café hat über die kalte Jahreszeit Winterpause. In den Sommermonaten kann auch ein fünfminütiger Spaziergang zur Kneipanlage am Dorfbach unternommen werden.

Hohenems

Grillparzerstraße
Spielplatzausstattung: Rutsche, Schaukel, Nestschaukel, Klettermöglichkeit, Wippe, Sandkasten, Wasserstelle, Bänke.

Spielplatz am Dämmle
Spielplatzausstattung: Schaukel, Nestschaukel, Wippe, Rutsche, Sandkasten, Wasserstelle, Klettermöglichkeit, Seilbahn, Bänke und schattenspendende Bäume.

Spielplatz Neunteln
Spielplatzausstattung: Schaukel, Rutsche, Wippen, Sandkasten, Wasserstelle.

Schlossbergstraße
Spielplatzausstattung: Schaukel, Nestschaukel, Wippe, Sandkasten, Rutsche, Bänke, Parkplatzmöglichkeit angrenzend.

Höchst

Bützeweg
Spielplatzausstattung: Klettermöglichkeit, Balanciermöglichkeit, Wasserstelle, Rutsche, Sandkasten, Nestschaukel, Schaukel.

Kaum Parkmöglichkeit vorhanden, ist nur an der Straße möglich.

Hinter dem Pfarrzentrum
Spielplatzausstattung: Karussell, Rutsche, Schaukel, Wippe, Reck, Sitzmöglichkeit.

Die Spielplätze hinter dem Pfarrzentrum und neben der Kirche lassen sich super miteinander durch einen kurzen Spaziergang verbinden. Beide Spielplätze ergänzen sich wunderbar. Zusätzlich befindet sich am Kirchplatz die Eisdiele Portofino, welche sehr leckeres Eis anbietet. Eine Spitzenmöglichkeit, um ein paar gemütliche Stunden zu verbringen.

Kirche in der Doktor-Schneider-Straße
Spielplatzausstattung: Tunnel, Sandkasten, Wasserstelle, Balanciermöglichkeit, Seilbahn, Sitzmöglichkeit, Parkplatz gleich angrenzend.

Naturparkfarm
Spielplatzausstattung: Sandkasten, Wasserstelle, Kriechtunnel, Holztraktor, Bauernhoftiere.

Naturparkfarm – Mehr dazu auf S. 30.

Lauterach

In der Scheibenstraße (bei der Sportanlage Ried)
Spielplatzausstattung: Klettermöglichkeit, Seilbahn, Nestschaukel, Schaukel, Sandkasten, Wasserstelle, Wippe.

Jägerstraße
Spielplatzausstattung: Nestschaukel, Rutsche, Sandkasten, Wasserstelle, Wippe, Schaukel.

Mäderstraße
Spielplatzausstattung: Nestschaukel, Schaukel, Rutsche, Balanciermöglichkeit, Wasserstelle, Sandkasten.

Kinderbaustelle
Die Kinderbaustelle im Zentrum von Lauterach ist ein etwas anderer Spielplatz. Hier befinden sich einige Bagger und eine Wasserstelle, zudem laden mehrere Sitzbänke zum Entspannen ein.

Forellenweg / Im Steinach
Spielplatzausstattung: Rutsche, Schaukel, Wasserstelle, Sandkasten, Beschattung.

Beim Tennisplatz
Spielplatzausstattung: Rutsche, Schaukel, Nestschaukel, Klettermöglichkeit, Balanciermöglichkeit, Wasserstelle, Sandkasten.

Wer den Spielplatzbesuch ausdehnen will, kann der Ach entlang Richtung Wolfurt spazieren. Nach ca. 1,5 km kommt der Spielplatz an der Ach in Wolfurt.

Lustenau

Rathausstraße
Spielplatzausstattung: Rutsche, Sandkasten, Wippen, Karussell, Nestschaukel.

Naturspielpark Am Moosbach
Spielplatzausstattung: Wippe, Balanciermöglichkeit, Wasserstelle, Nestschaukel, Rutsche, Aussichtsturm.

Augarten
Spielplatzausstattung: Schaukel, Balanciermöglichkeit, Nestschaukel, Klettermöglichkeit, Sandkasten, Wasserstelle, Karussell, Rutsche, Hängematte, Liege und Sitzmöglichkeit.

Hasenfeldpark
Spielplatzausstattung: Balanciermöglichkeit, Rutsche, Schaukel, Sandkasten, Tunnel zum Spielen, große Wiese, schattenspendende Bäume, Sitzmöglichkeit.

Wiesenrain
Spielplatzausstattung: Wippen, Balanciermöglichkeit, Klettermöglichkeit, Schaukel, Rutsche, Wasserstelle, Seilbahn, Drehscheibe, Sandkasten, Aussichtsturm, Sitzmöglichkeiten und schattenspendende Bäume.

Schwarzach

Spielplatz Klosterwies
Spielplatzausstattung: Rutsche, Schaukel, Tunnel, Holzhaus, Wippe, Sitzmöglichkeit.

Neben dem Parkplatz befindet sich zusätzlich ein Pumptrack und ein Beachvolleyball-Feld.

Wolfurt

Neben dem Doppelmayr-Zoo
siehe S. 30.

Dorfzentrum
Spielplatzausstattung: Nestschaukel, Wippe, Klettermöglichkeit, Rutsche, Karussell, Wasserstelle mit kleinem Bach.

Die Eisdiele Kolibri befindet sich einen kurzen Spaziergang entfernt.

An der Ach
Spielplatzausstattung: Klettermöglichkeit, Balanciermöglichkeit, Wasserstelle, Rutsche, Sandkasten, Schaukel.

Wer den Spielplatzbesuch ausdehnen will, kann der Ach entlang Richtung Lauterach spazieren. Nach ca. 1,5 km kommt der Spielplatz beim Tennisplatz.

Rickenbach in der Dornbirner Straße
Spielplatzausstattung: Wasserstelle, Sandkasten, Rutsche, Klettermöglichkeit, Schaukel, Haus, Nestschaukel, Wippe.

Erlebnisbericht vorarlberg museum Bregenz

Frühling 2025

Ich bekam eine Führung durch das Museum und durfte mir einige der Kinderstationen anschauen. Nach Erhalt der Schatzkarte beginnt die erste Station schon beim Lift, da erfährt ihr, was es mit der Fassade des Museums auf sich hat. Stock für Stock gibt es eine andere Schatztruhe mit neuen Infos und Aufgaben. Kinder ab Lesealter können die Schatzsuche selbstständig durchführen, jüngere Kinder können viele Stationen auch mit Anleitung von Erwachsenen entdecken. Ich kann es mir auf jeden Fall vorstellen, mit unserer 3-jährigen Tochter vorbeizukommen.

In der Dauerausstellung »Weltstadt oder so?« warten einige spannende Stationen auf euch, inklusive einem großen Holzboot, welches betreten werden darf. In der zweiten Dauerausstellung »Buchstäblich Vorarlberg« verstecken sich in den Schubladen mit dem Zeitgeist verschiedene Stationen für Kinder: Einfach nach dem Zeitgeist Ausschau halten und in die Schublade schauen! Für die Wechselausstellungen lassen sich die Museumsmitarbeiter immer wieder was Neues einfallen. Somit lohnt sich öfters ein Besuch, auch aufgrund des wechselnden Programms.

Zusätzlich kann an der Kassa der »Rucksack voller Ideen« kostenlos ausgeliehen werden, darin befinden sich zusätzliche Aufgaben rund um das Museum. Regelmäßig werden verschiedene Workshops im Kreativatelier und Familienführungen im Museum veranstaltet, diese können dem Programm entnommen werden. Im Sommer gibt es die »Sommer-Kreativ-Woche« hierzu mehr auf S. 163.

- Kostenlose Hin- und Rückfahrt mit Bus & Bahn im Streckennetz des Vorarlberger Verkehrsverbunds (VVV) bei Vorweisung des Online-Tickets. Gültig am Besuchstag.
- An manchen Tagen bietet das Museum auch freien Eintritt, diese sind online ersichtlich.
- Wer das gesehene Zuhause weiterverfolgen will, kann direkt über die Webseite auf den Button »Kinder« gehen. Hier versteckt sich für Kinder eine eigene Webseite mit Spielen und Rätseln rund um das Museum.

SCHLECHTWETTER-PLAN

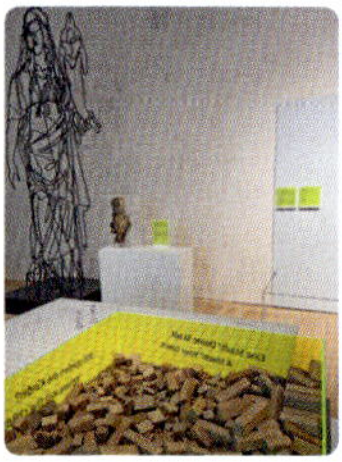

vorarlberg museum Bregenz

Das vorarlberg museum in Bregenz hat einiges für Kinder zu bieten, zum Beispiel eine spannende Schatzsuche durch das gesamte Museum. Auf jedem Stockwerk befindet sich eine Schatztruhe mit verschiedenen Spielen, Rätseln oder Aktivitäten. Ob Dauerausstellung oder Wechselausstellung, überall lässt sich das Museum etwas einfallen und hat neben der Schatzsuche einige Stationen für Kinder im Museum verteilt. Eine genauere Beschreibung findet ihr auf S. 37 im Erlebnisbericht.
Das Museumscafé bietet sich gut als Pausenstation an, hier werdet ihr mit Kaffee, Kuchen und Snacks versorgt.
@ www.vorarlbergmuseum.at

Kunsthaus Bregenz

Das Kunsthaus in Bregenz ist ein offener und kreativer Raum für Erlebnisse und Entdeckungen. Der Eintritt ist für alle bis einschließlich 19 Jahre kostenlos. Zu jeder Ausstellung erscheint ein Entdecker-Heft, welches kostenlos an der Kassa erhältlich ist. Mit dem Entdecker-Heft haben Kinder die Möglichkeit, die Ausstellung auf eigene Faust zu erkunden, zu rätseln oder zu malen. Außerdem werden regelmäßig Workshops und Führungen angeboten, einige davon bereits für Kinder ab 3 Jahren. Zum Geburtstag kann auch ein Kreativworkshop gestaltet werden, mehr dazu auf S. 45.
@ www.kunsthaus-bregenz.at

Greifbar Boulderhalle Bregenz

Bouldern in der Greifbar Bregenz ist eine tolle Aktivität für Kinder. Auf speziellen Routen können Kinder ihre Kletterkünste austesten. Wichtig: Die Aufsicht eines Erwachsenen ist Voraussetzung! Es können auch Kurse ab 4 Jahren gebucht werden, in denen Kinder mit Spaß und Spielen sicheres Bouldern und die Technik erlernen. Kindergeburtstage werden auch angeboten, hierzu mehr auf S. 45.
@ www.greifbar-bouldern.at/

Spielfabrik Dornbirn

Der 2000 m² große Indoorspielplatz bietet jede Menge Attraktionen mit viel Bewegung für Kinder. Eltern können sich im Gastronomiebereich oder der Lounge ausruhen. Betreuung wird keine angeboten, daher obliegt die Aufsichtspflicht bei der Begleitperson. Kinder zahlen ab 2 Jahren, jeden Mittwoch gibt es mit dem Vorarlberger Familienpass eine Ermäßigung. Zusätzlich kann in der Spielfabrik ein Kindergeburtstag veranstaltet werden. Hierzu mehr auf S. 46.
@ www.spielfabrik.at

Erlebnisbericht Inatura

Sommer 2024

Unser erster Besuch in der Inatura war, als unsere Tochter etwa 2,5 Jahre alt war. Ab diesem Alter fanden wir den Besuch passend und wir wurden nicht enttäuscht. Unsere Tochter hatte viel Spaß, und seitdem kommen wir immer wieder gerne vorbei. Wir bevorzugen Nachmittagsbesuche, da die vielen Stationen sie etwas auspowern.

Bei unserem letzten Besuch haben wir bei der Ausstellung »Wald & Wiese« ein Rätsel entdeckt, welches für ältere Kinder gedacht ist. Die Fragen können in der Ausstellung gefunden und gelöst werden.

Achtet bei den Preisen genau auf die verschiedenen Vorteilskarten, nach Vorlage gibt's entweder -10% auf den Eintrittspreis oder der Eintritt ist inkludiert, wie z.B. bei der V-Card oder Bodensee Card PLUS. Falls die Inatura mehr als dreimal im Jahr besucht wird, lohnt sich die Jahreskarte.

Inatura Dornbirn €

Das Erlebnis- und Naturmuseum hat einiges für seine Besucher zu bieten. Die Dauerausstellungen decken verschiedene Themenbereiche ab, besonders faszinierend sind die Stationen, an denen alle selbst aktiv werden können. Es gibt auch spezielle Bereiche für Kinder, die mit praktischen Anwendungen und Spielstationen die Natur spielerisch entdecken können. Zusätzlich werden wechselnde Sonderausstellungen, Veranstaltungen und Kindergeburtstage angeboten. Mehr zum Kindergeburtstag S. 46.

@ www.inatura.at

HIGHMATRAUSCH Dornbirn €

Die Trampolinhalle in Dornbirn bietet spezielle Toddler-Zeiten für Kinder im Alter von 1,5 – 6 Jahren an. Während dieser Zeiten können die Kinder zusammen mit einer erwachsenen Begleitperson die Halle erkunden. Der Zutritt ist nur mit speziellen Sprungsocken erlaubt, die direkt vor Ort erworben werden können. Tickets können vor Ort gekauft oder online reserviert werden. Um sicherzustellen, dass der gewünschte Termin verfügbar ist, empfiehlt es sich, die Tickets im Voraus online zu buchen. Zusätzlich gibt es einen Pumppark, auf dem nicht motorisierte Rollsportgeräte genutzt werden können. Für die Stärkung gibt es Automaten mit Snacks. Geburtstage können hier ebenfalls gefeiert werden (S. 46).

@ www.highmatrausch.at

Erlebnisbericht Trampolinhalle
Sommer 2025

Gemeinsam mit einer Freundin und unseren Kindern (3 und 4 Jahre) haben wir die Trampolinhalle zum ersten Mal ausprobiert. Eine Stunde reichte für uns völlig aus – in dieser Zeit wurde gesprungen, geklettert und balanciert, was das Zeug hält.

Besonders beliebt waren der Sprungturm und der Kletterparcours. Kurz vor Ende waren die Beiden so erschöpft, dass das Eis an der Kassa der krönende Abschluss war. Wir fuhren mit zwei glücklichen, müden Kindern nach Hause – ein richtig schöner Ausflug!

Bereiche in der Halle: Verschiedene Trampoline, Trampoline mit Ballbereich, Kletterparcours, Sprungturm, Balancierbalken und Pumppark.

Steinblock Boulderhalle Dornbirn €

Die Boulderhalle bietet einen Abenteuer-Kinderbereich, in dem die Kleinen ihre ersten Kletterversuche machen können. Das Klettern ist nur mit Kletterschuhen erlaubt, diese können direkt vor Ort ausgeliehen werden. Zudem werden verschiedene Kurse ab 3 Jahren angeboten, in denen Kinder Klettererfahrung sammeln können. Kinder unter 6 Jahren

klettern kostenlos, wenn ein Elternteil eine gültige Eintrittskarte besitzt. Ein Gastrobereich steht ebenfalls zur Verfügung und Kindergeburtstage können hier gefeiert werden. Weitere Informationen zu Kindergeburtstagen finden sich auf S. 46.
@ www.steinblock.at/dornbirn/

Kletterhalle K1 Dornbirn €

Wer als Familie ein neues Abenteuer wagen möchte, kann den Schnupperkurs in der K1 Kletterhalle buchen! Hier können auch Kindergeburtstage gefeiert werden, Infos dazu auf S. 46.
@ www.k1-dornbirn.at

Stadtmuseum Dornbirn €

Das Stadtmuseum in Dornbirn baut je nach Ausstellung interaktive Stationen für Kinder auf. Am besten vorab kurz abklären, ob sich derzeit interaktive Stationen im Museum befinden.
@ www.stadtmuseum.dornbirn.at

Escape Room Dornbirn €

Neben den herausfordernden Spielen für Erwachsene, die ab 14 Jahren spielbar sind, gibt es bei einzelnen Spielen auch eine kindgerechte Version, die ab 10 Jahren geeignet ist.
@ www.secret-room.at

Funworld Erlebnisgastronomie Hard €

In der Funworld erwartet euch eine Vielzahl an Freizeitmöglichkeiten, darunter Bowling, Billard, Lasertag und die Gameworld mit verschiedenen Automaten für Unterhaltung. Beim Lasertag ist ein Mindestalter von 8 Jahren und eine Mindestgröße von 1,30 m vorgeschrieben, empfohlen sind 10 Jahre und 1,40 m. Bowling ist mit den Kinderrampen ab einem Alter von 4–5 Jahren in Begleitung von einem Erwachsenen möglich. Das Restaurant bietet zudem für die kleinen Gäste eine kostenlose Spielecke mit Bällebad, Kletteranlage und Rutsche.
@ www.funworld-hard.at

Jüdisches Museum Hohenems €

Für Kinder ab 6 Jahren hat das Museum eine Kinderausstellung. Kinder und Jugendliche haben bis 19 Jahren freien Eintritt. Im Museumscafé steht für Kinder eine Familienkiste zur Unterhaltung, gefüllt mit verschiedenen Utensilien zur Beschäftigung. Am Museumsempfang kann ein Entdecker-Rucksack kostenlos ausgeliehen werden, mit dem das jüdische Viertel auf eigene Faust erkundet werden kann.
@ www.jm-hohenems.at

Der Ausflug im Museum kann prima mit einem Besuch des nahegelegenen Spielplatzes in der Schloßbergstraße ergänzt werden.

MuM Escape Hohenems

Der Escape Room in Hohenems hat keine Altersbegrenzung, für Kinder unter 14 Jahren ist empfehlenswert, in Begleitung eines Erwachsenen am Spiel teilzunehmen.

@ www.escaperoom-vorarlberg.at

Minigolf Indoor Hohenems

Die Minigolfhalle bietet Minigolfspielen zu jeder Jahreszeit. Zu beachten ist, dass die Halle nicht durchgehend geöffnet ist und während der Turniere für den normalen Betrieb gesperrt wird. Speise- und Getränkeangebot vorhanden.

@ www.vmgv.at

Blaster Arena Hohenems

Die Blaster Arena in Hohenems bietet spannende Indoor-Action für Jung (8+) und Alt. Hier können Besucher in einem Areal taktisches Geschick unter Beweis stellen. Die verschiedenen Game Modes ermöglichen eine Abwechslung beim Spiel. Es besteht auch die Möglichkeit, einen Kindergeburtstag zu buchen, hierzu mehr Infos auf S. 47.

@ www.blaster-arena.at

Kinos im unteren Rheintal

- *Cineplexx Hohenems:* Hat auch Spielautomaten zum Zeitvertreib.
- *Cineplexx Lauterach:* Befindet sich im gleichen Haus wie das Strike Bowling Center und bietet zusätzlich Spielautomaten zum Zeitvertreib.
- *Kinothek Lustenau*
- *Cinema 2000 Dornbirn*

Infos zum Disney Channel Mitmach-Kino für Kleinkinder auf S. 250.

WASSERSPASS

Alter Rhein Altach, Hohenems und Lustenau

Am Alten Rhein in Hohenems, Lustenau und Altach finden sich zahlreiche naturbelassene Stellen, an denen eine Erfrischung oder Baden möglich ist. In Lustenau gibt es einen Naturpark mit Badestrand, der einen Volleyballplatz sowie gebührenpflichtige Parkplätze beim Gasthaus am Rohr bietet. Entlang des Alten Rheins gibt es zahlreiche Grillstellen. Bitte beachtet, dass das Grillen oder Entzünden eines Lagerfeuers vorher bei der Gemeinde angemeldet werden muss.

Bregenz Seebad

Das Seebad bietet seinen Besuchern ein abwechslungsreiches Angebot. Es gibt mehrere Wasserbecken sowie verschiedene Rutschen – darunter eine Röhrenrutsche und eine weitere Rutsche in der Badehalle. Außerdem finden im Seebad regelmäßig Baby- und Schwimmkurse statt. Für die Stärkung nach dem Badespaß sorgt das gastronomische Angebot im Hallenbad.

@ www.seebad-bregenz.at

Bregenz Strandbad €

Das Freibad in Bregenz bietet direkten Seezugang, verschiedene Schwimmbecken, ein Kinderbecken, mehrere Spielplätze sowie ein SB-Restaurant und mehr.

@ www.seebad-bregenz.at

Tretbootfahren in Bregenz am See €

@ www.bootsvermietung-bregenz.at

Stadtbad Dornbirn €

Das Hallenbad in Dornbirn bietet Einiges für seine Besucher. Ein Erlebnisbecken, Sportbecken, Nichtschwimmerbecken und ein Eltern-Kind-Becken. Die Röhrenrutsche liefert Spaß für Jung und Alt. Im Stadtbad finden regelmäßig verschiedene Baby- und Schwimmkurse statt. Wer eine Pause braucht, kann sich im angrenzenden Bistro stärken. Das Stadtbad bietet zusätzlich die Möglichkeit, einen Kindergeburtstag zu feiern. Mehr Infos auf S. 45.

@ www.stadtbad.at

Waldbad Enz Dornbirn €

Das Waldbad hat vier verschiedene Becken: Das Sport- und Schwimmbecken, das Sprungbecken, das Erlebnisbecken mit einer Rutsche und das Kleinkindbecken. Zudem stehen ein Spielplatz und weitere Freizeitmöglichkeiten zur Verfügung.

@ www.waldbadenz.at

Tretbootfahren in Hard am See €

@ www.bootsverleih-hard.at

Kneipanlage Dorfbach Hard

Die Kneippanlage am Dorfbach ist nur ein fünfminütiger Spaziergang vom Spielplatz am Binnenbecken (S. 34) entfernt und liegt in der Nähe des Dorfzentrums. Der kurze Ausflug lässt sich gut mit einem Spielplatzbesuch im Sommer kombinieren.

Strandbad Hard €

Das Freibad in Hard bietet auf 40 000 m² Seezugang verschiedene Schwimmbecken, einen Kleinkindbereich mit Spielplatz, einen Wasserpark auf dem Bodensee und noch einiges mehr.

@ www.hard.at/aktiv-in-hard/strandbad-hard

SUP Surf Max Hard Stand Up Paddeln €

Mal ein neues Familienabenteuer? Dann probiert mal den Einsteigerkurs bei Surfmax in Hard aus. Geeignet für ältere Kinder, die schwimmen können.

@ www.surfmax.at

Erholungszentrum Rheinauen Hohenems €

Das Schwimmbad Rheinauen ist mit 120 000 m² das größte Freibad in Vorarlberg. Es hat einen direkten Zugang zum Alten Rhein, bietet verschiedene Becken zum Baden, eine großzügige Grünfläche zum Verweilen, Kleinkinderbecken mit großem Spielplatz und noch einiges mehr. Für die Stärkung zwischendurch sorgt das Restaurant und es stehen genügend kostenlose Parkplätze zur Verfügung.

@ www.rheinauen.at

Naturbad Bruggerloch Höchst

Das Naturbad hat eine große Liegewiese, einen kleinen Kinderbereich, ein Restaurant und Sanitäranlagen. Zusätzlich gibt es einen Beachvolleyplatz und einen Beachsoccerplatz. Der Badesee liegt direkt am Fahrradweg, die Parkplätze sind begrenzt!

Jannersee Lauterach

Der See im Ried, welcher auch Riedsee genannt wird, hat am westlichen Ufer einen schönen Badebereich. Auf der gegenüberliegenden Seite befindet sich ein abgetrennter Kinderbereich mit flachem Wasser. Die Jausenstation beim Jannersee bietet Getränke und Speisen an. Der See hat ein Zufahrverbot und ist am besten per Fahrrad oder zu Fuß erreichbar. Parkplätze in der Nähe gibt es keine.

Parkbad Lustenau €

Das Parkbad in Lustenau bietet Freizeitspaß für die gesamte Familie. Ein großzügiger Kinderbereich, mehrere Aktivitäten und Becken stehen zur Verfügung. Im »Parki-Restaurant« haben Badegäste die Möglichkeit, sich zu stärken.

@ www.lustenau.at/de/freizeit/sport/sportpark/parkbad

Badeplätze Bodensee

Am Bodensee gibt es einige schöne Badestellen, die hier aufgelistet sind:

@ www.vorarlberg.travel/aktivitaet/baden-im-bodensee/

Rohrspitz Bodensee

Der Rohrspitz befindet sich im Rheindelta Naturschutzgebiet. Der etwa 300 m langen Strand ist ideal für Familien, um dort zu baden. An vielen Stellen können Besucher mehrere Meter ins seichte Wasser laufen. In der Nähe des Badestrandes befinden sich das Seerestaurant »Glashaus«, das Seerestaurant »Il Porto« und ein Kiosk. Besonders das Seerestaurant »Il Porto« punktet zusätzlich mit einem Spielplatz direkt neben dem Restaurant.

@ www.bodensee-vorarlberg.com/rohrspitz

WINTERAKTIVITÄTEN

Eislaufhalle Dornbirn €

Der Publikumslauf im Messestadion bzw. in der Eisarena ist jedes Jahr in den Wintermonaten möglich.

@ www.dornbirn.at

Eislaufplatz Hard €

Der überdachte Eislaufplatz in Hard hat im Winter geöffnet.

@ www.hard.at

Eislaufplatz Hohenems €

Die Kunsteisbahn Herrenried in Hohenems hat im Winter für den Publikumslauf geöffnet.

@ www.hohenems.at

Wichtelwald Hohenems

Von Ende November bis Weihnachten steht am Kirchplatz in Hohenems der Wichtelwald für Kinder bereit. Es gibt einige zwischen den Bäumen versteckte Tiere zu entdecken und spannende Fragen zu beantworten. Der Start des Wichtelwaldes beginnt meist mit der Einschaltfeier in Hohenems. Zu den Öffnungszeiten gibt die Punschhütte Getränke aus. Einsehbar ist der Termin unter @ www.hohenems.at

Rheinhalle Lustenau €

Eislaufen ist auch in der Rheinhalle Lustenau möglich. Saisonbeginn und -ende sind jedes Jahr online zu finden.

@ www.lustenau.at

KINDERGEBURTSTAG

Kunsthaus Bregenz €

Das Kunsthaus Bregenz gestaltet Kreativworkshops sowie Geburtstage. Ein paar Infos sind online auf der Webseite ersichtlich, ansonsten einfach das Kunsthaus kontaktieren.

@ www.kunsthaus-bregenz.at

Greifbar Boulderhalle Bregenz €

In der Greifbar gibt es für 1,5 Stunden ein Programm mit Boulderspielen an der Boulderwand. Anschließend gibt es etwas zu Essen, es darf auch Kuchen mitgenommen werden. Termine sind online buchbar.

@ www.greifbar-bouldern.at

Stadtbad Dornbirn €

Die Feier beginnt im Wasser, das Geburtstagskind kann sich dort mit seinen Freunden austoben. Anschließend gibts im Bistro eine Stärkung. Der Kindergeburtstag muss vorher angemeldet werden und ist für Kinder bis 12 Jahren möglich.

@ www.stadtbad.at

Spielefabrik Dornbirn €

Das Partypaket bei der Spielfabrik ist ab 6 Kindern buchbar, bequem online über die Website.

@ www.spielfabrik.at

Inatura Dornbirn €

Für die Feier in der Inatura gibt es drei verschiedene Rätselrallyes zur Auswahl. Eine davon ist ab 6 Jahren geeignet, die anderen zwei ab 8 Jahren.

@ www.inatura.at

HIGHMATRAUSCH Trampolinpark Dornbirn €

Wer sich am Geburtstag Action wünscht, ist hier genau richtig. Buchbar ist das Paket ab 6 Personen und das Mindestalter aller Teilnehmer beträgt 7 Jahre.

@ www.highmatrausch.at

Steinblock Boulderhalle Dornbirn €

Mit dem Geburtstag-Kletterprogramm kann in der Boulderhalle gefeiert werden. Im Bistro kann eine Pause eingelegt und nach dem Klettern weitergefeiert werden. Die Teilnehmerzahl ist auf höchstens 8 Kinder begrenzt.

@ www.steinblock.at

Kletterhalle K1 Dornbirn €

Spiel, Spaß und Action? Das gibt es beim Kindergeburtstag in der Kletterhalle K1 in Dornbirn für maximal 9 Personen. Beinhaltet sind zwei betreute Einheiten für je 60 Minuten und altersgerechte Spiele.

@ www.k1-dornbirn.at

Escape Room Dornbirn €

Wer eine ganz besondere Herausforderung sucht, kann seinen Geburtstag im Escape Room feiern.

@ www.secret-room.at

Zirkushalle Dornbirn €

Für Kinder ab 6 Jahren kann ein flexibler Geburtstag in der Zirkushalle Dornbirn gestaltet werden.

@ www.zirkushalle.at

Dance Art School Dornbirn €

Feiere einen Tanzgeburtstag in der Dance Art School mit bis zu 15 Kindern oder Teenagern. Kuchen kann selbst mitgebracht werden.

@ www.danceart.at

T-Ranch im Stall Dornbirn €

Kindergeburtstage werden für Gruppen von 5–10 Kindern im Stall für 2–3 Stunden veranstaltet.

@ www.t-ranch.at

Funworld Hard €

Die Funworld bietet verschiedene Geburtstagspakete ab 4 Kinder bis 14 Jahren an. Für Kinder bis 8 Jahre empfiehlt sich das Paket mit Bowling

zu buchen, Kinder von 4–5 Jahren können mit Hilfe von Erwachsenen spielen. Eine Übersicht aller Pakete, Preise und Bedingungen sind online ersichtlich.
@ www.funworld-hard.at

Greußinghof Lauterach
Geburtstagsfeiern für Kinder von 3–10 Jahren können beim Greußinghof in Lauterach gefeiert werden. Auf dem Plan stehen streicheln, striegeln, reiten und der hofeigene Spielplatz.
@ www.greussinghof.at

Cineplexx Hohenems und Lauterach
Kinder bis zum 13. Geburtstag können in einem der beiden genannten Kinos ihren Geburtstag feiern. Das Geburtstagskind erhält 14 Tage vor und nach dem Geburtstag ein kostenloses Kinoticket. Dies gilt ab einer Mindestteilnehmerzahl von 4 Freunden und dem Geburtstagskind, zusätzlich gibt es gratis Popcorn.
@ www.cineplexx.at

Bowlinghouse Hohenems
Für Kinder von 6–12 Jahren könnt ihr ein Geburtstagspackage im Bowlinghouse buchen. Zusätzlich kann ein Smarties-Kuchen dazu bestellt werden.
@ www.bowlinghouse.at

Minigolfhalle Hohenems
Kindergeburtstagsfeiern ab mindestens 10 Personen direkt beim Vorarlberger Minigolfsportverband anmelden.
@ www.vmgv.at

Blaster Arena Hohenems
Für Kinder ab 8 Jahren kann ein Geburtstagspaket zum Spielen in der Blaster Arena gebucht werden.
@ www.blaster-arena.at

Rheinschauen Rheinbähnle Lustenau
Für bis zu 10 Kinder kann im Rheinschauen Rheinbähnle Lustenau der Geburtstag gefeiert werden. Inbegriffen sind eine Zugfahrt, Essen und Trinken.
@ www.rheinschauen.at

VERANSTALTUNGEN UND KURSE FÜR KINDER

Im Bereich der Veranstaltungen und Kurse besteht ein attraktives Angebot für Kinder. Bei Interesse das Programm regelmäßig prüfen und Tickets vorbestellen oder Kurse buchen, da diese schnell ausverkauft sein können.

Vorarlberger Landestheater Bregenz €
@ www.landestheater.org

Vorarlberg Lines Bregenz €
Jedes Jahr gibt es verschiedene Schifffahrten, die für Kinder ausgelegt sind.
@ www.vorarlberg-lines.at

Spielboden Dornbirn €
@ www.spielboden.at

ELKI Dornbirn €
@ www.elki.at

Zirkushalle Dornbirn €
@ www.zirkushalle.at

Kammgarn Kulturwerkstatt Hard €
@ www.kammgarn.at

Harder Familiennest Veranstaltungsfolder
Quartalsmäßig erscheint vom Harder Familiennest ein Veranstaltungsfolder, der eine Übersicht über Angebote, Veranstaltungen und Treffpunkte für Familien bietet. Es ist auf jeden Fall empfehlenswert, diesen herunterzuladen und einen Blick darauf zu werfen.
@ www.hard.at

Kindercampus Höchst
Im Kindercampus in Höchst werden regelmäßig verschiedene Aktivitäten angeboten. Je nach Veranstaltung sind diese entweder kostenlos oder mit einer kleinen Gebühr verbunden. Das Angebot reicht von Baby- und Krabbelcafés über Familiencafés, Kreativwerkstätten und vieles mehr.
@ www.kindercampus.at

Meine Lieblingsorte:

Rheintal Oberland

Das Oberland im Rheintal reicht vom Kummenberg bis zur Liechtensteiner Grenze bei Feldkirch. Sehenswert ist die mittelalterliche Stadt Feldkirch mit seinen schönen alten Gassen und der Schattenburg, welche auf einem Felssporn des Ardetzenbergs thront. Dank der günstigen Lage nahe Liechtenstein und der Schweiz ist die Region rund um Feldkirch ein attraktiver Ausgangspunk für Ausflüge und Unternehmungen.

Neben der Stadt zählen die Gemeinden Fraxern, Götzis, Klaus, Koblach, Meiningen, Rankweil, Röthis, Sulz, Übersaxen, Viktorsberg, Weiler und Zwischenwasser zum Oberland. Sie bieten alles, was das Leben lebenswert macht: gute Erreichbarkeit, hohe Lebensqualität, vielfältige Freizeit- und Kulturmöglichkeiten.

Unsere Lieblingsausflüge im Oberland? Wir besuchen gerne den Wildpark in Feldkirch, ideal für Familien und Naturliebhaber. Manchmal verbinden wir den Ausflug mit einem Spaziergang und einem Eis durch die Altstadt oder machen einen Abstecher zur Schattenburg. Entlang des Triftwegs sind wir gerne im Sommer, dort genießen wir die Abkühlung und die Natur.

◀ Schattenburg in Feldkirch

OUTDOOR-ERLEBNISSE

Fitnessparcours Arbogast
Der Fitnessparcours bietet insgesamt zehn Stationen, davon sechs Mobilisations- und vier Kraftstationen. Es besteht eine Anbindung an die Kneipanlage, zum Wasserhaus und zum Bio-Naturlehrpfad (S. 54).
@ www.goetzis.at/freizeit/sport-bewegung/fitnessparcours-arbogast/

Skatepark Feldkirch Oberau / Gisingen
Auf einer Fläche von 850 m² kann sich hier mit Skateboard, Rollschuh oder BMX ausgetobt werden.

Minigolfplatz Schattenburg Feldkirch
Von April bis Oktober hat der Minigolfplatz mit seinen 16 unterschiedlichen Bahnen geöffnet. Ein Besuch lässt sich ideal mit einem Besuch in der Schattenburg verbinden.
@ www.freizeitbetriebe-feldkirch.at/betriebe/minigolfanlage-auf-der-schattenburg

Jugendpark amKumma – Götzis Skate Park
Die Skateranlage umfasst eine Halfpipe und unterschiedliche Podeste und Rampen sowie ein Kleinspielfeld für diverse Ball- und Bewegungsspiele. Zudem gibt es einige Sitzgelegenheiten und einen Trinkwasserbrunnen.

Schafplatz Rankweil
Das Naherholungsgebiet Schafplatz in Rankweil eignet sich für einen gemütlichen Ausflug in die Natur. Es gibt einen kleinen Bachlauf inklusive Wasserspielplatz, eine Wiese für Ballspiele und einen Fitnessparcours mit 15 Stationen. Ein Parkplatz befindet sich gegenüber der Agrargemeinschaft Rankweil.

BURGEN & RUINEN

Burgruine Tosters Feldkirch
Die Burgruine Tosters lässt sich über mehrere Wanderwege erkunden, je nach gewünschtem Schwierigkeitsgrad. Auf www.komoot.com sind verschiedene Routen zu finden – einfach nach dem Stichwort »Ruine Tosters Feldkirch« suchen und die passende Tour auswählen.

Schattenburg Feldkirch €
Die Schattenburg in Feldkirch ist zu jeder Jahreszeit durch ihr vielseitiges Kinderprogramm ein tolles Ausflugsziel. Auf der Homepage besteht die Möglichkeit, die kostenlose Out-

door-Challenge herunterzuladen und auszudrucken. Bei unserem Besuch haben wir diese auch analog vor Ort vorgefunden. Im Museum werden viele verschiedene Suchspiele und Rätsel für alle Altersgruppen angeboten, die gegen eine kleine Gebühr an der Kassa erhältlich sind. Über das Jahr verteilt, besonders in den Ferien, gibt es ein abwechslungsreiches Programm im Museum. Es lohnt sich, regelmäßig einen Blick auf den Veranstaltungskalender zu werfen. Einige Beispiele sind »Kunstpuzzles für Kleine und Große«, »Ostereiersuche auf der Schattenburg« und »Warten auf Weihnachten«. In der Schattenburg kann auch der Kindergeburtstag gefeiert werden, hierzu mehr auf S. 61. In der Schattenburg gibt es außerdem ein Restaurant. In diesen historischen Mauern zu speisen oder einen Kaffee zu genießen kann bereits ein besonderes Erlebnis sein.

@ www.schattenburg.at

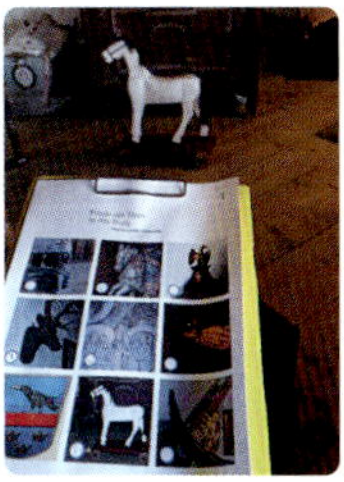

Erlebnisbericht Besuch Schattenburg

Winter 2024/2025

Während eines Verwandtenbesuchs aus dem Ausland haben wir die Schattenburg in Feldkirch besucht und zwei der Bildersuchspiele ausprobiert. Nach einer ausführlichen Beratung durch eine Mitarbeiterin an der Kasse entschieden wir uns für zwei verschiedene Suchspiele und erhielten jeweils ein Blatt mit neun Bildern. Ziel war es, alle Bildausschnitte oder Gegenstände aus den Fotos im Museum zu finden. Die beiden Teenager-Mädchen entdeckten acht von neun gesuchten Ausschnitten und fanden es spannend, im Museum aktiv zu sein. Mit unserer damals 3-jährigen Tochter fanden wir fünf der neun Ausschnitte. Jedes gefundene Bild war ein richtiges Erfolgserlebnis. Auf diese Weise das Bilderrätsel mit einem Kleinkind zu lösen, können wir definitiv empfehlen. Bildersuchspiele und Rätsel gibt es für verschiedene Altersklassen, einfach an der Kassa nachfragen. Wir kommen gerne wieder.

Der Besuch auf der Schattenburg lässt sich auch gut mit der Feldkircher Innenstadt (Kinder-Stadtrallye auf S. 54), dem Minigolfplatz Schattenburg (S. 52) und dem Wildpark (S. 54) kombinieren.

ERLEBNISPFADE & BESONDERE WEGE

Feldkirch Kinder-Stadtrallye

Ein spannender Stadt-Rundgang ist in Feldkirch mit dem Kinderstadtplan und der Kinder-Stadtrallye möglich. Ihr könnt alles bequem online herunterladen und ausdrucken oder den Kinderstadtplan direkt im Tourismusbüro abholen (wir haben im Schattenburg Museum auch einen entdeckt). Knifflige Fragen an 8 Stationen beantworten und dabei die Stadt erkunden: Ein idealer Ausflug, um etwas mehr über die Stadt Feldkirch herauszufinden.

@ www.feldkirch.at/leben-in-feldkirch/kinder-jugend-und-familie/feldkirch-entdecken

Bio-Lehrpfad Götzis

Länge: 1,9 km oder 2,9 km / Rundweg / kinderwagentauglich: teilweise

Der Ausgangspunkt vom Lehrpfad ist bei der Wallfahrtskirche St. Arbogast und ist entweder 1,9 km oder 2,9 km lang. An neun Stationen werden verschiedene Funktionen der Biolandwirtschaft spielerisch vermittelt. Nach der fünften Station kann entschieden werden, ob der längere oder kürzere Weg gegangen wird. Der Lehrpfad ist inhaltlich ab 8 Jahren empfohlen, kann aber auch mit Jüngeren erkundet werden. Es besteht auch eine direkte Anbindung zum Fitnessparcours Arbogast (S. 52).

@ www.goetzis.at/freizeit/ausflugsziele/bio-lehrpfad-arbogast/

Erlebnisweg Trift Rankweil

Länge: ca. 2 km / Rundweg / kinderwagentauglich: ja / Verweildauer an den Stationen einplanen

Im Triftareal gibt es verschiedene Stationen mit Infotafeln über die Geschichte der Trift, dem Naturraum der Frutz und noch einiges mehr. Ein Highlight sind auf jeden Fall die zwei Stationen direkt am Triftkanal, eine der zwei Stationen beinhaltet eine Seilbahn direkt über den Kanal und die zweite Station hat eine Wackelbrücke über den Kanal. Parkplätze gibt es direkt in der Alemannenstraße.

@ www.rankweil.at/Erlebnisweg_Trift

TIERISCHE BEGEGNUNGEN

Wildpark Feldkirch

Immer wieder ein großartiges Ausflugsziel ist der Wildpark in Feldkirch. Es gibt verschiedene Tiere zu beobachten und einzelne dürfen mit dem Futter aus den Futterstationen gefüttert werden. Für eine Stärkung gibt es den Kiosk, prüft hier vorab die Öffnungszeiten, da dieser nicht durchgehend geöffnet hat. Zusätzlich ist ein Selbstbedienungsautomat aufgestellt, hier gibt es warme und kalte Getränke. Der große Spielplatz und die Grillstelle direkt im Wildpark laden zum Verweilen ein – gegrillt werden darf bis 19 Uhr. Wer möchte, kann

Erlebnisbericht Triftweg Rankweil

Sommer 2024

Wir haben einen entspannten Nachmittagsausflug an einem heißen Sommertag zum Triftweg in Rankweil unternommen. Meine Tochter (damals etwa 2,5 Jahre alt), mein 10-jähriges Patenkind und eine Freundin waren ebenfalls dabei. Es ging gleich über den ausgewiesenen Spazierweg zu der ersten Erlebnisstation am Triftkanal.

Die Seilbahn direkt über den Kanal war für Groß und Klein ein richtig tolles Abenteuer, mit ein bisschen Unterstützung konnte auch meine Tochter die Seilbahn ausprobieren und wollte kaum wieder runter. Der Kanal hatte eine erfrischende Temperatur, was wir an diesem Tag gut gebrauchen konnten. Die Stelle eignet sich gut für ein Picknick und einen gemütlichen Zeitvertreib. Station zwei, die Wackelbrücke, war genauso ein tolles Erlebnis für Groß und Klein. Alle sind mehrmals hin und her balanciert, hier benötigte meine Tochter zu dem Zeitpunkt noch etwas Unterstützung. An der Station haben wir uns einen Platz für unser Picknick gesucht und die Zeit verstreichen lassen. Nachdem wir uns genügend ausgetobt, gestärkt und ausgeruht hatten, haben wir den Spaziergang beendet und sind nach einem ca. dreistündigen Aufenthalt nach Hause gefahren. Der Spazierweg ist grundsätzlich für Kinderwagen geeignet, jedoch führt zu den beiden Erlebnisstationen eine Steigung hinunter. Wir hatten einen Bollerwagen dabei, den wir jeweils oben neben dem Weg abgestellt haben. Wir kommen gerne wieder.

💡 Da es etwas nass werden kann und viele Steine vorhanden sind, Badeschuhe und Wechselkleidung/Badesachen für die Kinder mitnehmen.

sich zusätzlich vorab eines der zwei Wildpark-Rallyes auf der Website ausdrucken und die spannenden Fragen im Wildpark lösen. Die einfache Version ist für Kinder ab 10 Jahren empfohlen und die normale Version für Personen ab 15 Jahren. Es gibt gebührenpflichtige Parkplätze und der Wildpark ist kostenlos zugänglich. Spenden können an verschiedenen Stellen im Park hinterlassen werden.

@ www.wildpark-feldkirch.at

SPIELPLÄTZE

Feldkirch

Altenstadt Sportanlage Amberg
Spielplatzausstattung: Klettermöglichkeit, Seilbahn, Rutsche, Karussell, Schaukel, Wippen, Sandkasten, Wasserstelle, Sitzmöglichkeit.

Altenstadt Nägeler
Spielplatzausstattung: Rutsche, Wippe, Sandkasten, Kletter- und Balanciermöglichkeit, Wasserstelle, Hängematte.

Altenstadt Beim Mühlbach
Spielplatzausstattung: Sandkasten, Wasserstelle, Klettermöglichkeit, Spielhaus, Kletter- und Balanciermöglichkeit, Nestschaukel, Hängematte, Sitzmöglichkeit.

Altenstadt Rebbündten (Heldenstraße)
Spielplatzausstattung: Rutsche, Kletter- und Balanciermöglichkeit, Schaukel, Nestschaukel, Sandkasten, Wasserstelle, Sitzmöglichkeit.

Gisingen Oberau
Spielplatzausstattung: Sandkasten mit Wasserstelle, Rutsche, Kletter- und Balanciermöglichkeit, Wippen, Hängematten, Nestschaukel, Sitzmöglichkeit.

Gisingen Oberer Riegel
Spielplatzausstattung: Klettermöglichkeit, Rutsche, Schaukel, Sandkasten mit Wasserstelle, Sitzmöglichkeit.

In der Nähe befindet sich die Eisbar Feldkirch, der Spielplatzausflug kann sehr gut mit Eisessen kombiniert werden.

Innenstadt Reichenfeld
Spielplatzausstattung: Sandkasten, Wasserstelle, Rutsche, Schaukel, Nestschaukel, Seilbahn, viele Kletter- und Balanciermöglichkeiten, große Wiese, schattenspendende Bäume und Sitzmöglichkeit.
Innenstadt Elisabethplatz
Spielplatzausstattung: Sandkasten mit Bagger, Nestschaukel, Schaukel, Rutsche.

Kleiner Spielplatz, gut gelegen, direkt in der Nähe der Innenstadt, zusätzlich befindet sich gleich auf der anderen Seite des Flusses Ill der Spielplatz Elisabethplatz.

Beim Kapuzinerkloster
Spielplatzausstattung: Kletter- und Balanciermöglichkeit, Holzspielhaus, echte Lokomotive zum Bespielen, Rutsche, Schaukel, Sandkasten, Sitzmöglichkeit.
Levis Am Schlosshang (Amberggasse)
Spielplatzausstattung: Rutsche, Schaukel, Kletter- und Balanciermöglichkeit, Wippe und Sitzmöglichkeit.
Nofels Brünneleweg
Spielplatzausstattung: Rutsche, Schaukel, Seilbahn, Kletter- und Sitzmöglichkeit.
Tisis Wolf-Huber-Straße
Spielplatzausstattung: Schaukel, Wippe, Kletter- und Balanciermöglichkeit, Sandkasten, Rutsche, Sitzmöglichkeit und schattenspendende Bäume.
Tosters Erikasiedlung
Spielplatzausstattung: Rutsche, Schaukel, Nestschaukel, Sandkasten, Wasserstelle, Wippen, Sitzmöglichkeit.
Wildpark
Spielplatzausstattung: Schaukel, Nestschaukel, Rutsche, viele Klettermöglichkeiten, Wippen, Holz-Zug, Tunnel, Pavillon, Holzliege, Grillstelle.

Weitere Infos zum Wildpark auf S. 54.

Fraxern

Beim Bewegungskindergarten
Spielplatzausstattung: Rutsche, Sandkasten, Klettermöglichkeit, Brunnen, Holz-Zug, Nestschaukel.

Achtet auf die Öffnungszeiten vom Kindergarten, der Spielplatz ist nur außerhalb der Betriebszeiten zugänglich.

Götzis

Rathausplatz / SPZ
Spielplatzausstattung: Klettermöglichkeit, Rutsche, Sandkasten, Wasserstelle, Nestschaukel, Schaukel, Wippen, Sitzmöglichkeit.
Kalkofenweg
Spielplatzausstattung: Sandkasten mit Sonnensegel, Wasserstelle, Kletter- und Balanciermöglichkeit, Nestschaukel, Pumptrack, Sitzmöglichkeit.
Mösle Stadion
Spielplatzausstattung: Nestschaukel, Rutsche, Klettermöglichkeit, Wippe.
Römerweg
Spielplatzausstattung: Rutsche, Klettermöglichkeit, Schaukel, Wippen, Karussell, Sandkasten, Wasserstelle, Sitzmöglichkeit.

Berg Eichbühelweg
Spielplatzausstattung: Rutsche, Nestschaukel, Wippe, Spielhaus, Schaukel, Sandkasten, Wasserstelle, Sitzmöglichkeit.
Rheinstraße
Spielplatzausstattung: Nestschaukel, Schaukel, Sandkasten, Wasserstelle, Rutsche, Balanciermöglichkeit, Sitzmöglichkeit.
Moos
Spielplatzausstattung: Schaukel, Rutsche, Kletter- und Balanciermöglichkeit, Seilbahn, Sandkasten, Wasserstelle, Spielhaus, Wippe, Sitzmöglichkeit.

Koblach

Frutzspitz
Spielplatzausstattung: Schaukel, Rutsche, Seilbahn, Wippen, Sitzmöglichkeit. Der Spielplatz befindet sich direkt an einem Radweg.
Sorgenwies
Spielplatzausstattung: Rutsche, Schaukel, Sandkasten, Wasserstelle, Klettermöglichkeit, Karussell, Wippen.

Meiningen

Tannenfeld (Güfel)
Spielplatzausstattung: Sandkasten mit Sonnensegel, Seilbahn, Schaukel, Nestschaukel, Spielhaus, Wasserstelle, Rutsche, Schatten, Sitzmöglichkeit, Liegebänke, Hängematten.
Spielplatz beim Sportplatz
Spielplatzausstattung: Sandkasten, Spielhaus, Schaukel, Nestschaukel, Wippe, Sitzmöglichkeit, Hängematte.

Rankweil

Bifang
Spielplatzausstattung: Sandkasten, Wasserstelle, Wippen, Schaukel, Nestschaukel, Rutsche, Klettermöglichkeit, Sitzmöglichkeit, schattenspendende Bäume.
Holzplatz
Spielplatzausstattung: Sandkasten, Wasserstelle, Schaukel, Nestschaukel, Rutsche, Klettermöglichkeit, Wippe, Sitzmöglichkeit, schattenspendende Bäume.
Spielplatz Merowinger
Spielplatzausstattung: Sandkasten, Wasserstelle, Schaukel, Rutsche, Wippen, Klettermöglichkeit, Karussell, Nestschaukel, Hügel und Tunnel, Seilbahn, Sitzmöglichkeit.
Wasserspielgarten beim Sägerplatz
Spielplatzausstattung: Wasserspiel, Klettermöglichkeit, Hängematte, Sitzmöglichkeit.

Gleich in der Nähe (ca. 3 Minuten Laufweg) befindet sich in der Bahnhofstraße eine Eisdiele.

Röthis

Waldspielplatz Ganta
Spielplatzausstattung: Rutsche, Baumhaus, Holzhütten, Schaukel, Balanciermöglichkeit, Holz-Zug, Seilbahn, Sitzmöglichkeit, viel Schatten da mitten im Wald.Ein Parkplatz befindet sich in der Nähe.
Alte Landstraße
Spielplatzausstattung: Rutsche, Klettermöglichkeit, Schaukel, Wasserstelle.

Sulz

Wasserspielplatz Köhlerweg

Spielplatzausstattung: Wasserspiel, Balanciermöglichkeit.

Schattiger Spielplatz direkt neben der Frutz. Achtung: keine Parkplätze vorhanden.

Sulner Pirateninsel

Spielplatzausstattung: großes Piratenholzschiff zum Spielen, Rutschen, Kletter- und Balanciermöglichkeit, Wippen, Rutsche, Nestschaukel, Schaukeln, Sandkasten, Sitzmöglichkeiten.

SCHLECHTWETTER-PLAN

Schattenburg Feldkirch €

Siehe mehr unter *Burgen und Ruinen* (S. 52).

Block Monkey Boulderhalle Feldkirch €

Die Boulder- und Kletterhalle bietet einen Kinderbereich, in dem die Kleinsten ihre ersten Kletterversuche machen können. Das Klettern ist nur mit Kletterschuhen erlaubt, diese können direkt vor Ort ausgeliehen werden. Zudem werden verschiedene Kurse angeboten, in denen Kinder Klettererfahrung sammeln können. Ein Bistro steht ebenfalls zur Verfügung und Kindergeburtstage können hier gefeiert werden. Weitere Informationen zu *Kindergeburtstagen* finden sich auf der S. 62.

@ www.blockmonkey.at

Kartbahn Treff Feldkirch €

Montag bis Donnerstag (außer an Feiertagen) können Kinder von 8–11 Jahren mit speziellen Kinderkarts auf der Fahrbahn um die Wette fahren. Bitte achtet darauf, dass dies nur mit Voranmeldung möglich ist.

@ www.kartbahn-treff.at

Kino Guk Feldkirch €

@ www.guk-feldkirch.at

Kegelbahn Koblach €

Das Sportkegelcenter Koblach bietet die perfekte Mischung aus Kegeln und

leckerem Essen im Restaurant – ein idealer Ort für die ganze Familie.
@ www.skc-koblach.at

Steinblock Boulderhalle Rankweil

Die Boulderhallen Steinblock in Dornbirn und Rankweil gehören zusammen, daher gilt hier dasselbe wie in Dornbirn (siehe S. 41).
@ www.steinblock.at/rankweil/

WASSERSPASS

Waldbad Feldkirch

Das Waldbad in Feldkirch verfügt über ein Sportbecken und ein Erlebnisbecken mit Wasseraktivitäten sowie Rutschen. Zudem gibt es zwei Kleinkinderbecken, welche teilweise beschattet sind. Für zusätzliche Freizeitmöglichkeiten stehen ein Spielplatz und ein Beachvolleyballfeld zur Verfügung.
@ www.freizeitbetriebe-feldkirch.at/betriebe/erlebniswaldbad

Schwimmbad in der Riebe Götzis

Das Freibad in Götzis bietet drei verschiedene Becken: ein Schwimmbecken, ein Erlebnisbecken und ein Kleinkindbecken. Für weitere Freizeitmöglichkeiten gibt es diverse Spiel- und Sportangebote, einen Kinderspielplatz mit einer kleinen Wasserstelle und einer Grillstelle. Zudem befindet sich vor Ort ein Kiosk.
@ www.goetzis.at/freizeit/schwimmbad/

Paspels-Seen Rankweil

Die Paspels-Seen in Rankweil sind ein beliebtes Ausflugsziel, sowohl im Sommer zum Baden als auch in den anderen Jahreszeiten für Spaziergänge. Im Sommer bietet die großzügige Liegewiese, umgeben von schattenspendenden Bäumen, den perfekten Ort zum Entspannen, während das klare Wasser zum Schwimmen einlädt. Direkt neben der Liegewiese befindet sich ein Spielplatz sowie öffentliche Toiletten. Wer eine kleine Erfrischung oder Stärkung sucht, kann diese im Seeblick Stüble genießen. Außerdem bietet das nur etwa 10 Minuten zu Fuß entfernte Giftbüdele in Feldkirch eine weitere Möglichkeit, eine Pause einzulegen. Einige Parkplätze befinden sich vor Ort.
@ www.rankweil.at/Erholungsgebiet_Paspels

Erlebnisbad Frutzau Sulz

Das Erlebnisbad in Sulz hat einiges zu bieten: Eltern-Kleinkind-Bereich mit Kinderbecken, Spielplatz, Spielbach, Schwimmer- und Nichtschwimmerbecken, Erlebnisbecken mit verschiedenen Stationen, Wasserrutsche, Beachvolleyballplatz und Tischtennis. Die beschatteten Liegewiesen bieten genügend Platz zum Entspannen und im Kiosk kann sich jeder eine Erfrischung holen.
@ www.erlebnisbad-frutzau.at

WINTERAKTIVITÄTEN

Eislaufen Vorarlberghalle Feldkirch €

In der Vorarlberghalle in Feldkirch ist im Winter Eislaufen möglich. Saisonbeginn und Saisonende sind jedes Jahr online zu finden.
www.freizeitbetriebe-feldkirch.at/vorarlberghalle

Rodelhänge in Feldkirch

Im Kinderstadtplan Feldkirch sind zwölf verschiedene Rodelstellen vermerkt und eingezeichnet. Auf S. 54 unter *Kinder-Stadtrallye* ist erklärt, wie ihr zu dem Plan kommt.

Kunsteislaufplatz Gastra Rankweil €

Der Kunsteislaufplatz bietet eine perfekte Möglichkeit, sich im Winter im Freien aufzuhalten.
@ www.rankweil.at

Weihnachtswald in St. Arbogast

Jährlich wird in St. Arbogast ein Weihnachtsweg vom Kneipverein Götzis dekoriert. Wie der Weg verläuft und was es alles gibt, kann online nachgelesen werden.
@ www.kneipp-goetzis.at

KINDERGEBURTSTAG

Schattenburg Feldkirch €

Geburtstagsführungen in der Schattenburg sind für Kinder von 6–12 Jahren (min. 4 bis max. 15 Kinder) buchbar. Die Führungen können mit verschiedenen Themen wie zum Beispiel »Spinnen und weben mit Märchen«, »Der Weg zum Ritter mit Rüstung und Waffen« und noch einigen mehr gestaltet werden. Mit allen Gruppen gibt es auch noch eine kleine Schatzsuche durch die Museumsräume.
@ www.schattenburg.at

Kreativraum Farbenspiel Feldkirch €

Der Geburtstag kann im Kreativraum von 4–14 Jahren mit bis zu 8 Kindern gefeiert werden. Das Angebot wird am Alter der Gruppe angepasst, für jüngere Kinder kann ein Themengeburtstag ausgewählt werden.
@ www.kreativraum-farbenspiel.com/kinder

Feldkircher Kinder-Stadtrallye

Es kann eine Entdeckungstour durch Feldkirch mit Kindern im Alter von 8–12 Jahren unternommen werden. Die Rallye dauert ca. eine Stunde und kann kostenlos am Tourismuscounter Feldkirch abgeholt werden. Alternativ lässt sich die Datei nach dem Download ausdrucken.
@ www.feldkirch-leben.at/service/downloads

Wildpark Feldkirch €

Feiert den Kindergeburtstag mit einer kleinen Führung, einem Rätsel oder Quiz im Wildpark Feldkirch. Die etwa 2-stündige Führung ist für bis zu 10 Kinder im Alter von 5–12 Jahren geeignet. Anschließend kann der Geburtstag an der Grillstation oder im Kiosk weiter gefeiert werden.

@ www.wildpark-feldkirch.at

Kino GUK Feldkirch €

Aufregender Geburtstag im Kino Guk Feldkirch, ab 8 Personen.

@ www.guk-feldkirch.at

Block Monkey Boulderhalle Feldkirch €

An den Wochenendtagen können Kindergeburtstage gebucht werden. Diese dauern etwa 90 Minuten und bieten betreuten Kletterspaß mit Spielen und Bouldern. Anschließend kann nach Bedarf die gemütliche Stube zum Feiern genutzt werden – eigene Deko und Kuchen sind erlaubt, wenn Getränke vor Ort gekauft werden. Alternativ können vor Ort kleine Speisen wie Pizza, Flammkuchen und Toasts bestellt werden.

@ www.blockmonkey.at

Steinblock Boulderhalle Rankweil €

Mit dem Geburtstags-Kletterprogramm kann in der Boulderhalle gefeiert werden. Im Bistro kann eine Pause eingelegt werden und nach dem Klettern könnt ihr weiter feiern. Die Teilnehmerzahl ist auf höchstens 8 Kinder begrenzt.

@ www.steinblock.at

VERANSTALTUNGEN UND KURSE FÜR KINDER

Ferienprogramm Feldkirch und Rankweil

Das Ferienprogramm bietet ein abwechslungsreiches und spannendes Angebot nicht nur in den Sommerferien, sondern auch während anderer Ferienzeiten wie den Semester- oder Osterferien.

@ www.rankweil.at/ferien

Saumarkt Feldkirch €

@ www.saumarkt.at

Kreativraum Farbenspiel Feldkirch €

@ www.kreativraum-farbenspiel.com/kinder

VHS Götzis €

@ www.vhs-goetzis.at/aktuelles-programm/kinder/kinderprogramm

Altes Kino Rankweil €

@ www.alteskino.at

Schlosserhus VHS Rankweil €

@ www.schlosserhus.at/programm/kinder

Bregenzerwald

Der Bregenzerwald ist mit einer Fläche von ca. 550 km² die größte Talschaft Vorarlbergs und macht damit fast ein Viertel des gesamten Landes aus. Die Region ist bekannt für ihre einzigartigen Verbindungen aus Tradition, moderner Architektur und wunderschöner Natur.

Zur besseren Orientierung wird der Wald in drei Bereiche unterteilt: den Vorderwald, den Mittelwald und den Hinterwald. Jeder dieser Abschnitte hat seinen eigenen landschaftlichen und kulturellen Charakter – von sanftem Hügelland bis zu hochalpinem Gelände.

Zu den Gemeinden zählen Alberschwende, Andelsbuch, Au, Bezau, Bizau, Buch, Damüls, Doren, Egg, Hittisau, Krumbach, Langen, Langenegg, Lingenau, Mellau, Reuthe, Riefensberg, Schnepfau, Schoppernau, Schwarzenberg, Sibratsgfäll und Sulzberg. Sie alle stehen für hohe Lebensqualität, regionales Handwerk, Gastfreundschaft und ein starkes Bewusstsein für Nachhaltigkeit.

Ob zum Wandern, Skifahren, Genießen oder Entdecken – der Bregenzerwald bietet zu jeder Jahreszeit Erlebnisse für Natur- und Kulturbegeisterte gleichermaßen. Neben den aufgezählten Aktivitäten gibt es zahlreiche Wanderwege, welche sich für Familien eignen. Einfach in einem der Tourismusbüros nachfragen.

◄ Naturrodelbahn Uga in Damüls

OUTDOOR-ERLEBNISSE

Aktivzentrum Bregenzerwald €

Lust auf Action? Im Aktivzentrum im Bregenzerwald kommt garantiert keine Langeweile auf! Vom Klettern im größten Hochseilgarten Vorarlbergs – der über Wasser führt – über Rafting und Kajak bis hin zu Höhlentouren und Bogenschießen ist für jeden etwas dabei. Die meisten Abenteuer sind ab 10 Jahren geeignet – also am besten vorher kurz prüfen, welche Aktivitäten für wen passend sind.

@ www.aktiv-zentrum.at

Alberschwende Skaterplatz

Der Skaterplatz in Alberschwende befindet sich neben dem Pfadfinderheim und kann in den schneefreien Monaten verwendet werden.

@ www.alberschwende.at/Skaterplatz

Au-Schoppernau Mountainbike-Trailcenter

Das Mountainbike-Trailcenter ist mit seinen verschiedenen Routen vielseitig und hat auch familienfreundliche Trails.

@ www.bregenzerwald.at/aktivitaet/mtb-trailcenter-au-schoppernau/

Diedamskopf Au-Schoppernau €

Die Bergstation vom Diedamskopf hat einiges für Kinder zu bieten.

- Hinter dem Panoramarestaurant ist eine Flying Fox Bahn zu finden.
- Zwischen Gipfelkreuz und Bergstation befindet sich eine 50 m lange Holzkugelbahn, die Kugeln können direkt vor Ort gekauft werden.
- »Bergwelt zum Sehen und Staunen« ist eine interaktive Ausstellung direkt am Berg.
- Der Themenweg von der Mittelstation bis zur Bergstation zum Thema »Bergwelt zum Sehen und Staunen«, passend zur Ausstellung. Die Gehzeit liegt bei ca. 1,5 Stunden und beträgt ca. 420 Höhenmeter.
- Didis Indoorspielplatz mit circa 300 m^2 Spielfläche inkl. einer echten Pistenraupe, die zum Spielen anlockt.

Zusätzlich gibt es viele Wandermöglichkeiten für Familien, teils auch kinderwagentauglich.

@ www.diedamskopf.at

Bergstation Uga Express Damüls €

An der Bergstation beim Berggasthof Elsenalpstube befindet sich ein kleiner Spielplatz und als Höhepunkt ein großer Wasserspielplatz, zusätzlich befindet sich ein Foto Point mit einer Panoramaschaukel in der Nähe der Bergstation. Der Ausflug zur Bergstation kann unterschiedlich gestaltet werden, da die Bahn Uga Express hoch und runter fährt. Anbei zwei Vorschläge, es gibt aber einige Wanderwege.

@ www.damuels.at

Rundweg Bergstation Uga zur Alpe Uga, Stausee und Alpe Elsen

Länge: ca. 4,4 km / Rundweg / kinderwagen-

tauglich: nein / Dauer: ca. 1,5 Stunden
@ www.damuels.at/de/tours/damuels-i-rundweg-zur-alpe-uga-stausee-und-alpe-elsa.html

Der Weg von der Bergstation runter bis zur Talstation Uga Bergbahn
Länge: ca. 4,6 km / eine Richtung / kinderwagentauglich: nein / Dauer: ca. 1 Stunde
@ www.damuels.at/de/tours/damuels-von-der-elsenalp-ins-tal.html

Waldseilgarten Damüls €

Der Waldseilgarten in Damüls bietet zwei verschiedene Bambini Parcours an, welche schon ab 3 Jahren geeignet sind. Kinder bis 14 Jahren dürfen nur in Begleitung eines Erwachsenen klettern. Der Klettergarten bietet eine Vielfalt an Herausforderungen – von einfachen Kletterelementen in Bodennähe bis hin zu Sprüngen in 12 Metern Höhe. Zusätzlich sorgt die Flying Fox-Station für Nervenkitzel. Insgesamt ist das Angebot auf sechs Parcours verteilt.
@ www.das-seil.at/

Das Land der Schaukeln Damüls

An verschiedenen Standorten befinden sich im Bregenzerwald Schaukeln mit einem Panorama.
@ www.damuels.at/de/walsertal/das-land-der-schaukeln.html

Doren Erlebnisparcours

Direkt neben dem Fußballplatz im Wald befindet sich ein Kletter- und Balancierparcours für Kinder von 2–10 Jahren. Der Einstieg in den Erlebnisparcours befindet sich etwas unterhalb des Parkplatzes und führt über einen markierten Güterweg durch den Wald (grüne Tafeln). In den Wintermonaten November bis März ist der Park geschlossen.
@ www.doren.at/Doren_er_leben/Sehenswuerdigkeiten/Erlebnisparcours

Mellau Pumptrack

Auf dem asphaltierten Pumptrack kommen Mountainbiker, Skateboarder, Inline-Skater und Scooterfahrer aller Altersgruppen voll auf ihre Kosten.
@ www.mellau.at/Pumptrack

Riefensberg 3D Bogenparcours €

Der Bogenparcours mit 14 3D Schusszielen ist überwiegend gut begehbar, es stehen verschiedene Kurse zum Buchen bereit.
@ www.bregenzerwald.at/aktivitaet/3d-bogenparcours-riefensberg/

Sulzberg Fitnessparcours

Der ca. 2,6 km lange Fitnessparcours befindet sich mit seinen 24 Stationen zwischen dem Wasserturm und dem Hochsträß.
@ www.sulzberg-bregenzerwald.com/aktivitaet/sulzberg-fitnessparcours/

ERLEBNISPFADE & BESONDERE WEGE

Alberschwende Musikwanderweg am Brüggelekopf

Länge: ca. 4,4 km / Rundweg / kinderwagentauglich: nein / Dauer: ca. 1,5 Stunden

Der musikalische Erlebnispfad führt auf den Hausberg von Alberschwende, vorbei an zehn Stationen mit Liedern und Musikstücken, welche abgespielt werden können. An den Stationen befinden sich zwei Steine, einer dient als Sitzbank und der zweite als Infotafel. An jeder Station befindet sich eine Karte des Rundweges für die Orientierung. Als Einstieg sind verschiedene Stellen geeignet, Alberschwende Dorfplatz und Kaltenbrunnen, Egg und Schwarzenberg.

@ www.musikwanderweg.at

Die Runde am Ölberg in Bezau

Länge: ca. 1,5 km / Rundweg / kinderwagentauglich: nein / Dauer: reine Laufzeit ca. 40 Minuten + Verweildauer

Die kurze Runde am Ölberg kann gut mit einigen Stationen kombiniert werden. Optional kann die Runde um den Barfußweg, die Huk's Kinderrunde (Kinder Fitnessparcours mit 12 Kinderstationen) und dem Sport- und Spielplatz am Greben (S. 76) erweitert werden. Der Rundweg startet beim Tourismusbüro in Bezau.

@ www.bezau-bregenzerwald.com/aktivitaet/die-runde-am-oelberg/

Der Weg zum Höhlenpark in Bezau

Länge: ca. 1,6 km / Rundweg / kinderwagentauglich: nein / Dauer: ca. 1 Stunde

Der Erlebnispfad umfasst 25 informative Stationen, an manchen Stationen gibt es was zu entdecken oder probieren. Ein toller Ausflug in den Wald kombiniert mit Höhlen, ideal für kleine und große Kinder. Startpunkt ist das Ortszentrum.

@ www.bezau-bregenzerwald.com/aktivitaet/der-weg-zum-hoehlenpark/

Im Tourismusbüro Bezau kann ein Erlebnis-Kit ausgeliehen werden. Es wird um Reservierung am Vortag erbeten und eine Kaution € ist zu hinterlegen. Im Erlebnis-Kit-Rucksack ist ein Heft mit dabei, in dem es mehr Informationen zu den einzelnen Stationen, Spielideen und die dazugehörigen Utensilien gibt. Es ist für Schulen und Gruppen ausgelegt, daher den Ausflug am besten mit mehr Kindern planen.

»Ferdinands Rätselreise« in Bezau, Bizau, Mellau, Reuthe und Schnepfau

In jeder der angeführten Gemeinden gibt es einen eigenen Rundweg mit vielen Fragestationen zu lösen. Die Broschüre (kleines gebundenes Heft) für das Rätsel mit genauer Wegbeschreibung ist im jeweiligen Tourismusbüro erhältlich oder kann online heruntergeladen und ausgedruckt werden. Die Wege können einzeln abgelaufen oder auch miteinander kom-

Erlebnisbericht Ölberg Bezau

Frühling 2025

An einem sonnigen Freitagnachmittag haben wir uns wieder einmal zu Dritt auf Entdeckungstour begeben. Geparkt haben wir kostenlos bei der Polizei, alternativ steht eine gebührenpflichtige Tiefgarage zur Verfügung.

Wir haben uns für die Runde am Ölberg entschieden, denn dort startet auch der Fitnessparcours mit Huk's Kinderrunde. Insgesamt gibt es 20 Stationen, von denen 12 speziell für Kinder angepasst sind – ideal für Familien. Am Ende führt ein Barfußweg bergab, dieser führt direkt an einem Pavillon vorbei, bei dem eine prima Pause eingelegt werden kann. Auf dem Rückweg haben wir einen Halt beim Spiel- und Sportplatz am Greben gemacht. Auf dem gesamten Weg befinden sich mehrere Bänke und Möglichkeiten für eine Pause.

Wir waren an diesem Tag fast alleine auf der Route und insgesamt etwa 2,5 Stunden unterwegs. Besonders begeistert war unsere Kleine von den vielen Steinen zum Klettern und Balancieren auf dem Weg zum Parcours. Zu dem Zeitpunkt war sie 3 Jahre alt und ist alles selber gelaufen. Die 12 Kinderstationen waren nicht alle für sie geeignet, dennoch konnten wir einige etwas abwandeln oder haben manche ausgelassen. Am meisten Zeit haben wir bei der Station mit dem Tannenzapfen-Zielwerfen verbracht – ein echter Hit.

Alles in allem ein rundum gelungener Ausflug und ein schöner Tag in der Natur.

In Bezau gibt es mehrere Wege, die für Kinder zum Entdecken geeignet sind.
@ www.bezau-bregenzerwald.com/thema/familien-aktivitaeten/kinderplaetze/

biniert werden. Es lohnt sich, vorab einen Blick auf die Fragen online zu werfen – so könnt ihr gut abschätzen, ob das Angebot zu euch passt.
@ www.bezau-bregenzerwald.com/aktivitaet/ferdinands-raetsel-reise/

Bezau
Länge: ca. 3,2 km / Rundweg / kinderwagentauglich: nein / Dauer: ca. 1 Stunde

Bizau
Länge: ca. 3,5 km / Rundweg / kinderwagentauglich: ja (Achtung: Der Barfußweg, der mitgemacht werden kann, ist nicht kinderwagentauglich!) / Dauer: ca. 1,5 Stunden

Mellau
Länge: ca. 4,5 km / Rundweg / kinderwagentauglich: ja / Dauer: ca. 1,5 Stunden

Reuthe
Länge: ca. 3,5 km / Rundweg / kinderwagentauglich: nein / Dauer: ca. 1,5 Stunden

Schnepfau
Länge: ca. 2,5 km / Rundweg / kinderwagentauglich: ja / Dauer: ca. 45 Minuten

Barfußweg Bizau

Länge: ca. 4 km / Rundweg / kinderwagentauglich: nein / Dauer: reine Laufzeit ca. 1 Stunde + Verweildauer beim Bach / teilweise etwas schattig

Im Bizauer Obermoos befindet sich ein schöner Barfußweg, welcher von einem Bach begleitet wird. Der Startpunkt ist in der Ortsmitte bei der Kirche, hier befinden sich auch Parkplätze. Von da aus ist der Weg in ca. 10 Minuten mit der Beschilderung *Moosrundweg* zu erreichen. Der gesamte Rundweg ist ca. 4 km lang, der Barfußabschnitt davon beträgt ca. 600 m. Der Weg lässt sich in etwa einer Stunde begehen. Bei warmen Temperaturen etwas mehr Zeit einplanen, um am Bach zu spielen. Auf dem Weg selbst befinden sich Ruhebänke.
@ www.bizau-bregenzerwald.com/sommer/sport-freizeit/wandern/barfussweg/

Goaßarweag (Ziegenweg) Bizau

Länge: ca. 7,5 km / Rundweg / kinderwagentauglich: keine Info vorhanden / Dauer: ca. 3 Stunden

Der Goaßarweag in Bizau führt über verschiedene Untergründe von Schotterwegen bis zu Wald- und Trampelpfaden. Fünf Stationen gibt es für Kinder zum Tasten, Sehen, Hören, Fühlen, Raten und Klettern. Start ist die Ortsmitte von Bizau. Im Tourismusbüro ist ein Folder mit der Wegbeschreibung erhältlich. Ein Spielplatz befindet sich am Oberberg (S. 76).
@ www.bizau-bregenzerwald.com/sommer/sport-freizeit/wandern/geisserweg/

Erlebnisbericht Barfußweg Bizau

September 2023

Ende Sommer, Anfang Herbst – die Sonne meinte es noch gut mit uns, als ich gemeinsam mit zwei Freundinnen und meiner kleinen Tochter zum Barfußweg in Bizau aufgebrochen bin. Geparkt haben wir bequem bei der Kirche, von dort aus führt der Weg gut beschildert in Richtung Moosrundweg, wo sich der Barfußpfad befindet.

Schon unterwegs gab es für die Kleine – damals etwa 1,5 Jahre alt – einiges zu entdecken: Wir kamen an mehreren Bauernhöfen vorbei und konnten das ein oder andere Tier beobachten. Für die Kleinen ein schöner Einstieg in den Ausflug.

Der Weg bis zum Start des Barfußweges ist sonnig und kinderwagentauglich. Ab dem offiziellen Beginn des Barfußpfads ist der Kinderwagen allerdings nicht mehr geeignet – ich hatte daher eine Trage dabei. Die wurde an diesem Tag ganz schön oft ein- und ausgepackt: Mal wollte die Kleine getragen werden, dann wieder selbst laufen, dann doch wieder zurück in die Trage … Ein sehr wechselhafter Tag für sie – so ist das eben manchmal.

Als wir schließlich beim Barfußweg angekommen waren, hieß es: Schuhe aus und los geht's! Der natürliche Pfad mit verschiedenen Untergründen war für uns alle ein Erlebnis. Besonders beliebt war der kleine Bach, der sich perfekt zum Planschen eignete – ein Highlight für die Kinder und eine schöne Erfrischung für die Füße.

Wir haben uns bewusst Zeit gelassen, sind entspannt gelaufen und haben die Natur rundum genossen. Nach etwa 1 Stunde und 45 Minuten sind wir wieder beim Auto angekommen – zufrieden, bewegt und voller schöner Eindrücke.

Fazit: Ein rundum gelungener Ausflug, den wir sicher wiederholen werden!

Damüls Kinderthemenweg

Länge: ca. 1,8 km / Rundweg / kinderwagentauglich: keine Info vorhanden / Dauer: ca. 30 Minuten

Der Kinderthemenweg in Damüls ist für Kinder bis ca. 10 Jahre geeignet und ist von Juni bis Oktober machbar. Das Quiz für den Themenweg kann im Tourismusbüro Damüls abgeholt werden, wer es ausgefüllt wieder zurück bringt, bekommt eine kleine Überraschung. Start ist beim Feuerwehrhaus und das Ziel beim Spielplatz in Damüls (S. 76).

@ www.damuels.at/de/sommer/kinderthemenweg.html

Neben dem Spielplatz befindet sich ein Waldseilgarten (S. 67) und neben dem Tourismusbüro ein Indoor-Spielpark (S. 77).

Doren Lesewanderweg Stand-WOrtWeg

Länge: ca. 5 km / Rundweg / Dauer: ca. 1,5 Stunden / kinderwagentauglich: keine Info vorhanden / teilweise schattig

Der Rundweg beginnt beim Gemeindeamt und eignet sich besonders für Kinder ab 6 Jahren, da er mit verschiedenen Perspektiven spielt und zum genauen Hinschauen sowie Rätseln einlädt. Der Rätsel-Folder mit Wegbeschreibung kann online heruntergeladen und ausgedruckt werden.

@ www.doren.at/Lesewanderweg

Hittisau Wasserwanderweg

Länge: ca. 7 km / Rundweg / kinderwagentauglich: nein / Dauer: ca. 2 Stunden 15 Minuten + Spielzeit

Der Rundweg führt größtenteils am Wasser entlang durch einen lichtdurchfluteten Wald und beginnt beim Dorfbrunnen in Hittisau. Auf dem Weg werden Brücken überquert und Kinder können sich in der Wasserspielwelt austoben.

@ www.bregenzerwald.at/aktivitaet/hittisau-wasserwanderweg/

An heißen Sommertagen kann der Ausflug mit dem Freibad in Hittisau kombiniert werden.

Langenegg Lausbubenweg

Länge: ca. 3,5 km / Rundweg / kinderwagentauglich: nein / Dauer: ca. 1,5 Stunden / waldschattig

Auf dem Rundweg gibt es für Kinder mehrere Spielstationen mit klettern, balancieren, Tannenzapfen werfen und einiges mehr. Die Tour startet beim Gemeindeamt in Langenegg, auf den Wegweisern ist der Weg anhand von einem roten Punkt markiert und führt überwiegend durch Laub- und Nadelwälder.

@ www.langenegg.at/sehenswertes/

Lingenau Eichhörnchenrunde

Länge: ca. 2,3 km / Rundweg / kinderwagentauglich: keine Info vorhanden / Dauer: ca. 45 Minuten

Der Startpunkt der Kinderrunde ist beim Dorfplatz und beinhaltet Übungen mit »Eddy Eichhorn«. Alternativ kann auch die »Hofrunde« mit Spielplatz am Quellengarten dazu gemacht oder auch das Natur.Museum besucht werden. Mehr Infos:

@ www.bregenzerwald.at/aktivitaet/lingenau-eichhoernchenrunde-kinder-strecke/

Lingenau Natur.Museum

Das Museum unter freiem Himmel in der Dörnlestraße direkt hinter der Kirche lädt zu einem Spaziergang mit 12 Stationen und Quiz ein.

@ www.lingenau.at/Freizeit_Tourismus/Erleben/Naturerlebnis

Riefensberg Barfuß-Fitness-Parcours

Länge: ca. 2,3 km / Rundweg / kinderwagentauglich: nein / Dauer: ca. 1 Stunde / waldschattig

In diesem Parcours stehen die fünf motorischen Grundfähigkeiten im Mittelpunkt: Koordination, Ausdauer, Beweglichkeit, Kraft und Schnelligkeit. An 22 verschiedenen Stationen können diese gezielt gefördert werden. Zur besseren Orientierung sind die Stationen farblich den jeweiligen Grundfähigkeiten zugeordnet.

@ www.riefensberg.at/Barfuss-Parcours_3

Riefensberg Eulenweg

Länge: ca. 2,6 km / Rundweg / kinderwagentauglich: nein / Dauer: ca. 1 Stunde

Der Weg startet bei der Juppenwerkstatt, es können insgesamt 8 Stationen entdeckt werden. Ab dem Pfarrhof weist eine Eule aus Holz den Weg.

@ www.vorarlberg.travel/route/riefensberg-eulenweg-den-wald-mit-allen-sinnen-erleben/

Sibratsgfäll Tobelweg

Länge: ca. 3 km / Rundweg / kinderwagentauglich: nein / Dauer: ca. 1 Stunden + Verweildauer

Die Wanderung führt über Kieswege und Waldboden, entlang kleiner Fließgewässer. Einige Stationen laden zum Ausruhen und Mitmachen ein, der Weg startet in der Dorfmitte.

@ www.sibra-bregenzerwald.com/downloads-prospekte/

Schoppernau Rundweg Franz Michael Felder

Länge: ca. 4,5 km / Rundweg / kinderwagentauglich: keine Info vorhanden / Dauer: ca. 1 Stunde 20 Minuten

Bei diesem Rundweg geht es um Franz Michael Felder, welcher in Schoppernau geboren wurde. Mit Kindern ab Lesealter kann ein Abenteuer-Rucksack im Tourismusbüro Schoppernau zu den Öffnungszeiten ausgeliehen werden. Achtung, der Rucksack muss am selben Tag wieder zurückgebracht werden! Mit dem Rucksack geht es auf Entdeckertour durch Schoppernau, der Weg beginnt im Dorfzentrum. Besonders praktisch ist, dass die Tour nicht vollständig abgeschlossen werden muss und einzelne Stationen unabhängig von den anderen gemacht werden können.

@ www.au-schoppernau.at/aktivitaet/franz-michel-felder-zeigt-dir-seine-welt/

Schoppernau – Gemütliche Wanderung ins Armengemach

Länge: ca. 3,5 km / Rundweg / Dauer: ca. 1,5 Stunden / kinderwagentauglich: ja

Der Startpunkt der Wanderung ist in der Ortsmitte von Schoppernau beim Tourismusbüro. Die Krönung ist der große Spielplatz (S. 76), der sich je nach Startrichtung entweder am Anfang oder am Ende der Wanderung befindet. Rechnet hier unbedingt Zeit fürs Spielen ein. Zudem gibt es eine Stelle, an der die Bregenzer Ache gut zugänglich ist.

@ www.au-schoppernau.at/aktivitaet/au-schoppernau-wanderung-ins-armengemach/

Schoppi's Jagd auf Käse in Schoppernau

Länge: ca. 5,6 km / Rundweg / kinderwagentauglich: keine Info vorhanden / Dauer: ca. 2 Stunden + Rätseln

An 8 Stationen der Rätsel-Ralley können Fragen zur Landwirtschaft gelöst werden. Der Spielplan dazu kann im Tourismusbüro (Startpunkt der Ralley) zu den Öffnungszeiten abgeholt werden, wer diesen später fertig gelöst abgibt bekommt eine Überraschung.

@ www.au-schoppernau.at/aktivitaet/schoppis-jagd-auf-kaese/

TIERISCHE BEGEGNUNGEN

Schaf-Stall-Wolle in Au-Schoppernau €

Große und kleine Schafe im Schafstall erleben und ein Schafwollkissen erstellen – das können Kinder ab 4 Jahren im alten Schafstall unternehmen! Termine sind von Jänner bis April einmal die Woche verfügbar. Dauer: ca. 1,5 Stunden. Anmeldungen sind über das Tourismusbüro Au möglich.

@ www.au-schoppernau.at/aktivitaet/schaf-stall-wolle/

Bezau: Mittendrin am Bauernhof €

Besuch auf einem Bauernhof mit Streicheln und Füttern der Tiere sowie Informationen rund um das Bauernleben. Termine sind einmal die Woche von Mitte Dezember bis Ende April verfügbar. Dauer: ca. 1,5 Stunden.

@ www.bregenzerwald.at/aktivitaet/bezau-mittendrin-am-bauernhof/

Dorner Hof Sibratsgfäll

Der öffentlich zugängliche Hof-Rundweg auf dem Dorner Hof bietet den Besuchern viele Einblicke und Informationen über die Landwirtschaft. Beim Hof-Rundweg sind viele Stationen mit Wissen aufgestellt und Kinder können verschiedene Rätsel und Aufgaben lösen. Danach können sie sich auf dem Themenspielplatz (S. 76) austoben.

@ www.dornerhof-sibra.at

Metzler Naturhautnah in Egg
Ein Besuch beim Bauernhof Metzler in Egg lohnt sich für Groß und Klein: Im offenen Kuh- und Ziegenstall gibt es Tiere zu beobachten und auf der anderen Straßenseite warten ein kleiner Kräutergarten, Hasen und Hühner. Tiere beobachten steht hier im Fokus. Kann auch besucht werden, wenn ihr in der Nähe unterwegs seid und einen kurzen Zwischenstopp braucht. Für alle, die das Hofleben hautnah erleben möchten, gibt es die Möglichkeit, Ziegen- und Kuhmelken zu buchen (nur nach Anmeldung und kostenpflichtig).
@ www.molkeprodukte.at

Bauernhof ganz nah erleben in Mellau
Erlebt in ca. einer Stunde, wie die Tiere hier gefüttert und gemolken werden und habt Einblick in die Stall- und Hofarbeit. Termine sind einmal die Woche von Mitte Dezember bis Mitte April.
@ www.bregenzerwald.at/aktivitaet/bauernhof-ganz-nah-erleben-in-mellau/

Schwarzenberg: Alpaka-Besuch am Brittenberg
Alpakas streicheln und füttern, das geht in Schwarzenberg am Brittenberg einmal in der Woche von April bis Oktober. Die Dauer liegt bei circa einer Stunde und ist ab vier Personen möglich.
@ www.brittenbergalpaka.at

Sonnenbühl Alpakas in Sulzberg
Der Alpakahof in Sulzberg bietet einen Hofbesuch an, hier gibt es die Möglichkeit die Tiere kennen zu lernen und zu füttern. Es können ebenso verschiedene Wanderungen mit Alpakas gebucht werden. Beide Aktivitäten sind nur mit Voranmeldung möglich. Kinder bis 6 Jahren dürfen Alpakas nur in Begleitung von Erwachsenen führen.
@ www.sonnenbuehl-alpakas.at

SPIELPLÄTZE

Alberschwende Hinterfeld Spielplatz (neben dem Tennisplatz)
Spielplatzausstattung: Rutsche, Wippen, Schaukel, Sandkasten, Klettermöglichkeit, Seilbahn, Nestschaukel, Sitzmöglichkeit, Grillstelle.

Andelsbuch Spielplatz am Stausee
Spielplatzausstattung: Rutsche, Schaukel, Sandkasten, Wasserspiel, Wippen, Grillstelle.

Au Spielplatz neben dem Schwimmbad
Spielplatzausstattung: Rutsche, Schaukel, Nestschaukel, Kletter- und Balanciermöglichkeit, Sandkasten, Wasserspielfläche, Holz-Tipi, Seilbahn, Karussell.

Bezau Spiel- und Sportplatz am Greben
Spielplatzausstattung: Seilbahn, Rutsche, Klettermöglichkeit, Volleyballnetz.

Bizau Oberberg Spielplatz
Spielplatzausstattung: Schaukel, Nestschaukel, Wippen, Rutsche, Wasserstelle, Balanciermöglichkeit, Seilbahn, Holzhaus.

Gut kombinierbar mit «Goaßarweag (Ziegenweg) Bizau«, siehe S. 70.

Damüls Spielplatz
Spielplatzausstattung: Nestschaukel, Rutsche, Seilbahn, Sandkasten, Wasserspiel, Klettermöglichkeit, Volleyballplatz.

Gleich nebenan befindet sich der Waldseilgarten – für etwas Action!

Egg Spielplatz
Spielplatzausstattung: Karussell, Nestschaukel, Schaukel, Rutsche, Kletter- und Balanciermöglichkeit, Sitzmöglichkeit.

Krumbach Spielplatz neben Dorfstadion
Spielplatzausstattung: Rutsche, Nestschaukel, Wippen, Holzhaus, Klettermöglichkeit, Sandkasten, Wasserstelle, Schaukel, Sitzmöglichkeit.

Mellau Spielplatz beim Dorfsaal
Spielplatzausstattung: Nestschaukel, Klettermöglichkeit, Rutsche, Wippe, Schaukel, Sitzmöglichkeit.

Mellau Spielplatz im Wald oberhalb der Talstation der Bergbahn
Spielplatzausstattung: Spielhaus mit versetzbaren Wänden, Nestschaukel, Flying Fox mit 30 m, 5 m Rutsche, Motorikparcour.

Sibratsgfäll Spielplatz beim Dorner Hof
Spielplatzausstattung: Sandkasten, Balancier- und Klettermöglichkeit (als Stall dargestellt), Schaukel, Rutsche, Holz-Brotbackstube, Sitzmöglichkeit.

Schnepfau neben der Volksschule
Spielplatzausstattung: Schaukel, Nestschaukel, Rutsche, Kletter- und Balanciermöglichkeit, Wippen, Tunnel, Sandkasten, Wasserstelle, Holz-Tipi, Sitzmöglichkeit.

Schoppernau Spielplatz
Spielplatzausstattung: Sandkasten mit Bagger, Wasserspielfläche, Holzhaus, Holzpferd, Kletter- und Balanciermöglichkeit, Nestschaukel, Rutsche, Trampolin, Seilbahn, Sitzmöglichkeit.

Gut kombinierbar mit »Schoppernau – Gemütliche Wanderung ins Armengemach«, siehe Seite S. 74.

SCHLECHTWETTER-PLAN

Wälderbähnle Bezau/Schwarzenberg

Mit der Nostalgiebahn »Wälderbähnle« werden verschiedene Themenfahrten zwischen Bezau und Schwarzenberg angeboten – von der Oster- und Muttertagsfahrt bis hin zur Nikolausfahrt und vieles mehr. Einfach mal beim Fahrplan reinschauen:

@ www.waelderbaehnle.at

Indoor Spielpark Damüls

Die 170 m² große Spielfläche für Kinder bietet genügend Abwechslung für kleine und große Kinder. Der Spielpark besteht aus dem Funpark, Kleinkindbereich, Tischfußballkasten, Air-Hockey und einem Aufenthaltsraum. Er befindet sich gegenüber dem Tourismusbüro im Mehrzweckgebäude »Haus Alpenrose«.

@ www.damuels.at/de/damuels/info/indoor-spielpark-damuels.html

Kletterhalle Egg

Die Kletterhalle in Egg bietet auf 500 m² vielfältige Routen für Einsteiger und Profis – ohne Kinderecke.

@ www.egg.at/Kletterhalle_Egg

Frauenmuseum Hittisau

Das Museum bietet stets verschiedene Ausstellungen an und diese beinhalten auch einen Kinderrundgang. Je nach Ausstellung wechselt sich der Kinderrundgang ab, mal gibt es mehr Stationen, mal weniger. Daher immer wieder ein Besuch wert.

@ www.frauenmuseum.at

Boulderox Sibratsgfäll

Die Boulderhalle in Sibratsgfäll bietet mit über 30 Routen und einem Kinderbereich mit Rutsche eine tolle Abwechslung für zwischendurch.

@ www.boulderox.com

WASSERSPASS

Schwimmbad Au

Im Freibad von Au finden Besucher ein 25-Meter-Becken sowie ein Kinder- und Babybecken. Das Kinderbecken

ist zusätzlich mit einer Breitrutsche, Luftsprudlern und Wasserwirbeln ausgestattet. Abseits des Wassers finden sich im Freibad auch Tischfußball, ein Schachspiel im Freien, eine Schaukel und eine Wippe. Im Kiosk sind Erfrischungen und Snacks erhältlich. Direkt neben dem Schwimmbad befindet sich ein Spielplatz (S. 76).

@ www.au-schoppernau.at/aktivitaet/freibad-au/

Schwimmbad Bezau €

Das Freibad in Bezau hat einen Kinderbereich mit Doppel-Kinderrutsche und einem Baby-Planschbecken. Darüber hinaus gibt es einen Beachvolleyballplatz und einen Kiosk mit einer großen Terrasse.

@ www.bezau-bregenzerwald.com/aktivitaet/schwimmbad-bezau/

Schwimmbad Egg €

Das Egger Freibad hat von Ende Mai bis Anfang September geöffnet und hat ein Schwimmbecken mit 33 Metern Länge sowie ein beheiztes Kinderschwimmbecken mit Baby-Rutsche. Zusätzlich gibt es eine 50 Meter lange Rutsche und Sprungtürme mit 1 und 3 Metern Höhe. Für die Kleinen steht eine Sandgrube und weitere Spielgeräte zur Verfügung und am Kiosk gibt es eine Auswahl an Erfrischungen und Snacks.

@ www.egg.at/Einrichtungen/Freizeit/Schwimmbad

Freibad Hittisau €

Das Familienbad besitzt ein großes Becken, auf der einen Seite befindet sich das Becken für Längenschwimmen, auf der anderen Seite der Nichtschwimmerberreich. Dieser ist mit einer Breitrutsche, Schwalldusche, Kletternetz und einer 55 m langen Erlebnisrutsche ausgestattet. Zudem gibt es ein Kinderplanschbecken und einen Sandkasten.

@ www.hittisau.at/urlaub-freizeit/natur-erleben/sommer/schwimmen

Quellengarten Lingenau Hallenbad

Das Hotel Quellgarten in Lingenau hat ein Hallenbad, in dem es auch Tagesgäste empfängt. Es gibt ein Becken mit Intervall-Nackenduschen, ein Kinderbecken, welches räumlich getrennt ist, und einen Gartenpool mit Sprudelliegen und Whirlpool-Ecke (im Sommer).

@ www.quellengarten.at

Freibad Mellau

Das Schwimmbad in Mellau hat ein beheiztes Familienbad mit Sprungturm (1 und 3 Meter), eine Breitwellenrutsche und ein beschattetes Babyplanschbecken. Die große Liegewiese lädt zum Verweilen ein und am Kiosk sind kühle Getränke, verschiedene Snacks und vieles mehr erhältlich. Für den Zeitvertreib stehen zusätzlich Tischtennis, Tischfußball und Schaukeln zur Verfügung.

@ www.mellau.at/Schwimmbad

Waldbad Schoppernau

Das Waldbad in Schoppernau besteht aus drei verschiedenen Wasserbecken. Das Schwimmbecken, Kinderbecken mit Rutsche, das Kinderplanschbecken und einem Beachvolleyballplatz. Zusätzlich zu dem Kiosk gibt es ein Café / Restaurant für den Hunger. In der Nähe befindet sich auch ein Spielplatz (S. 76).

@ www.schoppernau.at/Waldbad_Schoppernau

Schwimmbad Schwarzenberg

Das Freibad hat eine wunderschöne Aussicht zu bieten, da es sich in Hanglage befindet. Es besitzt ein beheiztes Schwimmerbecken sowie einen Kinderbereich, eine Rutsche, ein Kleinkindbecken und einen Plantsch-Bereich im Naturwasser des Lindenbaches. Zusätzlich gibt es einen Beachvolleyballplatz, Tischtennis und einen Kiosk mit Restaurant.

@ www.schwarzenberg.at/sommer/schwimmen/schwimmbad-schwarzenberg/

Moorbad Oberköhler Sulzberg

Ein wunderschöner Platz zum Schwimmen direkt am Waldrand mit Schwimmtiefen von 0,5 – 2 Meter. Direkt vor Ort befinden sich Parkplätze, WC und öffentliche Grillstellen.

@ www.sulzberg-bregenzerwald.com/aktivitaet/abkuehlung-im-moorbad-sulzberg/

WINTERAKTIVITÄTEN

Alberschwende Brüggelekopf Rodeln und Skifahren

Rodelbahn: Die ca. 3 km lange Rodelbahn ist teilweise flach, daher ideal für Familien. Zu Fuß ist der Start der Rodelbahn in ca. 1,5 Stunden erreicht. Rodel können auch beim Alpengasthof Brüggele ausgeliehen werden €.

@ www.bregenzerwald.at/aktivitaet/rodelbahn-brueggelekopf-alberschwende/

Skifahren: Das Kinderskigebiet hat zwei verschiedene Liftanlagen, einmal den Tellerlift Zipfellift 2.0 und den Schlepplift Bürggelekopflift.

@ www.skilifte-alberschwende.at

Au Snow-Tube-Bahn €

Die Snow-Tubes können im Tourismusbüro Au zu den Öffnungszeiten ausgeliehen werden. Diese werden nur in Begleitung von Aufsichtspersonen über 14 Jahren ausgegeben.

@ www.au-schoppernau.at/aktivitaet/snow-tube-bahn/

Rodelbahn Bergkristall-Hütte Au

Die Bergkristall-Hütte ist in etwa zwei Stunden über einen ca. 5 km langen präparierten Winterwanderweg zu erreichen. Nach einer Einkehr in der Hütte geht es anschließend mit dem Rodel denselben Weg zurück ins Tal.

@ www.bregenzerwald.at/aktivitaet/rodelbahn-bergkristall-huette-in-au/

Rodellift Grunholzlift in Au €

Der zentral gelegene Grunholzlift in Au bringt Besucher tagsüber sowie am Abend zur etwa 650 Meter langen Rodelbahn.

@ www.bregenzerwald.at/aktivitaet/rodellift-grunholzlift-in-au/

Diedamskopf Au-Schoppernau €

Das Skigebiet Diedamskopf hat zwei Übungslifte (Tellerlift / Schlepplift) und Pisten, die für Anfänger sowie für Skiprofis geeignet sind. Zusätzlich gibt es auch Action im Diedamspark und einen Funslope.

@ www.diedamskopf.at

Rodelbahn Gschwend in Bezau

Die 1,5 km lange Rodelbahn ist mit dem kurzen Aufstieg gut geeignet für Familien. Bis 23 Uhr ist die Rodelbahn beleuchtet. Der Aufstieg beginnt bei den Bezauer Wirtschaftsschulen und führt in Richtung Känzele.

@ www.bezau-bregenzerwald.com/aktivitaet/rodelbahn-gschwend/

Rodelbahn Seilbahn Bezau €

Die etwa 3 km lange Rodelbahn beginnt bei der Bergstation Baumgarten und führt hinunter bis zur Mittelstation Sonderdach. Rodel können direkt bei der Talstation der Seilbahn oder im Panoramarestaurant gegen Gebühr ausgeliehen werden.

@ www.bezau-bregenzerwald.com/aktivitaet/rodelbahn-seilbahn-bezau/

Rodelbahn Escha in Bizau

Der Weg zum Ausgangspunkt der Naturrodelbahn führt etwa 1,2 km lang bergauf. Nach dem Aufstieg geht's auf dem gleichen Weg mit dem Rodel wieder nach unten. Eine Karte mit den eingezeichneten Rodelbahnen gibt es im Tourismusbüro.

@ www.bizau-bregenzerwald.com/winter/ski-schneesport/rodeln/

Skifahren und Rodeln am Bödele €

Das Familienskigebiet am Bödele eignet sich gut fürs Skifahren für die Familie, ein Highlight ist der Schneemann-Parcours für Jung und Alt. Dieser ist 150 m lang und bietet eine abwechslungsreiche Abfahrt mit lustigen Aktivitäten. Mit dem BERGaufRODEL geht's mühelos mit dem Oberlose-Tellerlift bergauf, dann geht's ab auf die Rodelbahn.

@ www.boedele.info

Rodelbahn Uga in Damüls €

Der Startpunkt der Rodelbahn ist mit dem Sessellift Uga Express zu erreichen. Oben angekommen, gibt es eine Einkehrmöglichkeit im Berggasthaus Elsenalpstube. Die Rodelbahn ist etwa 2,5 Kilometer lang. Vor Ort besteht die Möglichkeit, Schlitten auszuleihen. An zwei Abenden pro Woche wird Nachtrodeln angeboten – dann ist die Bahn beleuchtet.

@ www.damuels.at/de/winter/rodelbahn-uga-damuels.html

Motorschlittenfahrt Damüls €

Kinder im Alter von 6–12 Jahren können einmal die Woche in Kindergruppen mit Skidoos auf einer speziellen Bahn richtig Gas geben.

@ www.skischule-damuels.at/de/motorschlittenfahren.html

Damüls Mellau Skifahren €

Im Schneeparadies warten zahlreiche Angebote für Kinder – vom Kinder-Funpark über Übungslifte und Förderbänder bis hin zu speziellen Kursen. Das komplette Kinderprogramm ist online einsehbar.

@ https://www.damuels-mellau.at/de/familie-und-kids.htm

Naturrodelbahn Dosegg Mellau

Über einen Waldweg geht's zu der ca. 800 m langen Rodelbahn in Mellau.

Einen Rodelverleih gibt es direkt vor Ort.
@ www.mellau.com/aktivitaet/rodelbahn-dosegg-in-mellau/

Egg-Schetteregg Skigebiet €
Das Skigebiet Schetteregg hat für Kinder ein eigenes Kinderleitsystem, 11 verschiedene Abfahrten und Stationen und bei jeder wird etwas anderes gefordert: Egal ob erste Skiversuche, Pflug- und Liftfahren, Bremsen, oder Kurvenfahren. Zusätzlich wird die Fuchsjagd zu bestimmten Terminen veranlasst, hier gilt es, so oft wie möglich durch »August's Land« zu fahren, Aufkleber zu sammeln und zu gewinnen.
@ www.schetteregg.at/skigebiet/kinderleitsystem/

Rodeln in Schwarzenberg
Besonders für Kleinkinder gibt es im Dorfzentrum zwei kleine Rodelstrecken mit 400 m und 100 m Länge. Diese führen von der Angelikahöhe den Hang runter.
@ www.schwarzenberg.at/winter/rodeln/

Skilifte Krähenberg Sibratsgfäll €
Am Krähenberg fühlen sich Familien wohl: Zwei Lifte und kindgerechte Abfahrten laden dazu ein, erste Schwünge zu üben oder das Können auf den Skiern zu verbessern.
@ www.kraehenberg.at

Rodelbahn Krähenberg Sibratsgfäll
Beim Krähenberg startet der Weg zur 800 m langen Naturrodelbahn, der Aufstieg dauert etwa 20 Minuten. Rodel können vor Ort ausgeliehen werden.
@ www.sibra-bregenzerwald.com/aktivitaet/rodelbahn-kraehenberg-in-sibratsgfaell/

Rodeln in Sulzberg
Der eher flache Rodelhang befindet sich im Zentrum neben dem Dorflift, etwa 200 m vom Rodelhang entfernt können Schlitten ausgeliehen werden.
@ www.sulzberg-bregenzerwald.com/aktivitaet/rodeln-in-sulzberg/

VERANSTALTUNGEN UND KURSE FÜR KINDER

Wälderkinder Ferienportal
@ www.unser-ferienprogramm.de/waelderkinder/index.php

KUNO Kinderkultur
@ https://www.kunokinderkultur.com/

Werkraum Bregenzerwald
@ https://www.werkraum.at/das-haus/kinderprogramm

Meine Lieblingsorte:

Meine Besuche:

Kleinwalsertal

Das Kleinwalsertal liegt im Nordosten Vorarlbergs und ist ein einzigartiges Gebirgstal, das von rund 30 imposanten Gipfeln umgeben ist. Geografisch gehört es zu Österreich, ist jedoch nur über Deutschland direkt erreichbar – eine Straße führt von Bayern ins Tal, eine Zufahrt aus dem restlichen Vorarlberg gibt es nicht. Das verleiht dem Kleinwalsertal seine besondere Lage und einen ganz eigenen Charakter.

Es umfasst die drei charmanten Ortschaften Riezlern, Hirschegg und Mittelberg. Im Sommer ein Paradies für Wanderfreunde, im Winter ein Hotspot für Schneesport. Zahlreiche Freizeitmöglichkeiten an der frischen Luft – von Wandern über Biken bis Skifahren – bieten Abwechslung für Aktive und Erholungssuchende.

Bei Schlechtwetter lässt sich das Programm gut durch Angebote im benachbarten Deutschland ergänzen. Besonders praktisch: die gut ausgebaute Busverbindung im Tal. Ideal für Wanderungen in eine Richtung – bequem geht's dann mit dem Bus zurück zum Ausgangspunkt.

Einen Lieblingsausflug können wir gar nicht benennen – alle Erlebnisse und Aktivitäten sind einfach wunderschön. Ein Kurzurlaub lohnt sich auf jeden Fall.

◂ Burmiwasser-Weg an der Kanzelwand

Erlebnisbericht einer Campingnacht

Sommer 2024

Im Zuge meiner Recherchen wurde schnell klar, dass wir das Kleinwalsertal besuchen und uns selber einen Blick darüber verschaffen wollen.
Als das Wetter endlich campingreif war, beschlossen wir spontan an einem Wochenende mit unserem Camper-Van hinzufahren. Ein paar Tage vor der Abfahrt wollte ich sicherheitshalber einen Stellplatz reservieren. Tja, was soll ich sagen: Ich bin froh, dass wir nicht einfach losgefahren sind, da die Campingplätze meist sehr stark ausgebucht sind. Ich bekam, nachdem ich alle Plätze abtelefoniert hatte, einen einzigen Stellplatz für nur eine Nacht. Wer dort campen möchte, sollte früh genug einen Stellplatz anfragen. So sind wir dann also für eine Nacht hingefahren.

Am Ankunftstag haben wir uns den gemütlichen Burmi-Weg angeschaut und auch das Rätsel im Tourismusbüro zum Lösen abgeholt. Ein wirklich toller Erlebnispfad mit allerlei Beschäftigungen für Kinder, zu dem Zeitpunkt war unsere Tochter knapp 2,5 Jahre alt. Überall fand sie eine schöne Beschäftigung und hat ausgiebig gespielt. Der Weg ist für Kinderwagen geeignet, wir waren allerdings zu Fuß unterwegs und auf dem Rückweg war sie bei uns in der Trage. Insgesamt waren wir hin und retour, inklusive Spielzeit, etwa 2,5 Stunden unterwegs. Den restlichen Tag haben wir dann entspannt auf dem Campingplatz eingecheckt und das Bergpanorama genossen.

Da der nächste Tag dann leider schon der Abreisetag war, sind wir am Vormittag aufgebrochen, um unsere Zeit im Kleinwalsertal noch voll auszunutzen.

Als erstes ging es zur Heubergbahn, denn da begann unser erster Stopp: Der Naturforscherpfad »Insekten« wurde sogleich von uns getestet. Das Buch haben wir uns am Tag zuvor im Tourismusbüro abgeholt. Die App wurde heruntergeladen und es konnte losgehen.

Die Rätsel waren spannend, der Weg leicht zu finden und sehr schön zu gehen. Später hatte die Kleine viel Spaß am Wandern und hat sich die ein oder andere Station angeschaut. Bei der Sonna-Alp (welche auf dem Weg liegt) gab es einen Brunnen zur Abkühlung. Wir haben nicht alle Rätsel gelöst, da wir noch einen zweiten Stopp geplant hatten. Außerdem hat es uns so gut gefallen und nun haben wir einen Grund mehr, um wieder zu kommen und die Rätsel zu vervollständigen. Insgesamt waren wir 3,5 Stunden unterwegs.

Der nächste Stopp war die Kanzelwandbahn. Mit der ging es zur Bergstation, wo der Burmi Wasserweg auf uns wartete. Die Bahn war für meine Verhältnisse etwas zu lange. Da ich doch etwas an Höhenangst leide, bekam ich einen leicht flauen Magen. Die Auffahrt hat sich aber auf jeden Fall sehr gelohnt, oben angekommen ist die Belohnung gleich ein wunderschönes Panorama.

Wir haben uns als erstes was im Restaurant zu Trinken geholt und für die Kleine gab es Eis. Wir sind dann zügig los, da wir recht spät gesehen haben, dass die letzte Talfahrt schon um 16:45 Uhr ist. Wir sind dem Wasser entlang bis fast zum Riezler See hinunter gelaufen, es gab sehr viele Pausen zum Spielen am Wasser. Da wir die letzte Bahn erwischen wollten, sind wir etwas eher zur Bergstation zurückgelaufen. Das gesamte Panorama auf dem Weg ist wunderschön und die Wasserrinnen und Wasserspiele am Weg entlang sind unterhaltsam. Insgesamt waren wir etwa 2,5 Stunden unterwegs, gerne wären wir noch etwas länger geblieben. Auf dem Weg gibt es keinen Schatten, daher den Sonnenschutz nicht vergessen! Wer möchte, kann ein kleines schwimmendes Boot, eine Ente oder etwas ähnliches mitnehmen. Auf dem Weg gibt es einige kleine Staudämme auf denen das Spielzeug verwendet werden kann.

Nach diesem tollen Abenteuer haben wir uns auf den Nachhauseweg gemacht. Wir kommen wieder ins Kleinwalsertal, gerne auch für die ein oder andere Nacht länger.

OUTDOOR-ERLEBNISSE

Bergschule Kleinwalsertal €

Die Bergschule im Kleinwalsertal bietet u. a. Kletterkurse für Familien an, das Mindestalter liegt bei 8 Jahren und einer Mindestgröße von 1,40 m. Canyoning kann mit Kindern ab 12 Jahren gemacht werden.

@ www.bergschule.at

Minigolfplatz Baad €

In den Sommermonaten ist die Minigolfanlage geöffnet und lädt zum Spielen ein. Bitte beachtet die Öffnungszeiten und Ruhetage, bei Schlechtwetter bleibt die Anlage geschlossen.

@ www.kleinwalsertal.com/de/Region/Entdecken/Infrastruktur-A-Z/Minigolfplatz-Baad_isd_5360

Pumptrack Mittelberg

Beim Parkplatz Walmendingerhornbahn befindet sich der Pumptrack, welcher von 9–22 Uhr mit Fahrrad, Roller oder Inline-Skates befahren werden darf. Alternativ können bei Sport Hilbrand Scooter inkl. Helm gegen Gebühr ausgeliehen werden.

@ www.kleinwalsertal.com/de/Region/Entdecken/Infrastruktur-A-Z/Pumptrack-Mittelberg_isd_50207381

ERLEBNISPFADE & BESONDERE WEGE

Burmiwasser-Weg Bergstation Kanzelwand Riezlern €

Länge: ca. 1,4 km / hin und retour / kinderwagentauglich: ja / Dauer: ca. 1 Stunde + Spielzeit

Der Aufstieg zur Bergstation erfolgt mit der kostenpflichtigen Kanzelwandbahn. Oben angekommen erwartet euch ein Panoramarestaurant mit Eisverkauf sowie ein Spielplatz (S. 91) für Kinder. Gleich oben bei der Bergstation beginnt der Wasserweg, welcher bis runter zum Riezler Alpsee reicht. Der Wasserweg beinhaltet einige tolle Wasserstationen und Wasserbahnen bis zum Alpsee. Für alle, die nicht denselben Weg zurückgehen möchten, stehen zahlreiche abwechslungsreiche Wanderrouten zur Verfügung.

@ www.ok-bergbahnen.com/erlebnisspass/erlebniswelten/burmiwasser.html

💡 Wer möchte, kann kleine Boote oder Enten mitbringen und in den Wasserläufen ein kleines Wettrennen veranstalten. Wechselkleidung nicht vergessen!

Burmi-Erlebnisweg Hirschegg

Länge: ca. 4,2 km / hin und retour / kinderwagentauglich: ja / Dauer: ca. 1 Stunde + Spielzeit

Der Burmi-Weg verläuft direkt neben der Breitach und bietet für Kinder viele aufregende Stationen. Der Startpunkt des Weges ist in Hirschegg ab Walserhaus und ist ausgeschildert. Im Tourismusbüro gibt es ein Burmi-Rätsel, welches kostenlos abgeholt werden kann, hier ist der Weg auch zusätzlich beschrieben. Wer das ausgefüllte Rätsel im Tourismusbüro zu den Öffnungszeiten vorbei bringt, erhält eine kleine Überraschung.

@ www.kleinwalsertal.com/de/Region/Entdecken/Tourensuche/Burmiweg_tour_9462

Wer möchte, kann die Strecke auch nur einmal gehen – je nach Aufenthaltsdauer verkürzt sich so die Tour auf etwa die Hälfte. Das Kleinwalsertal ist sehr gut mit öffentlichen Bussen ausgestattet, der Rückweg kann damit bequem zurückgelegt werden.

Das Haspelwaldmändle

Länge: ca. 6,3 km / Rundweg / kinderwagentauglich: nein / Dauer: ca. 1,5–2 Stunden

Startpunkt der Wanderung ist der Moosparkplatz in Mittelberg, alternativ die Bushaltestelle Mittelberg Kirche. An sechs Stationen gibt es Schilder, welche zu lesen sind: Gut aufpassen und merken, denn am Ende gibt es ein Quiz im Berggasthof Bühlalpe! Im Tourismusbüro kann das Quiz mitgenommen werden. Wer das Quiz gelöst hat, bekommt eine Überraschung zu den Öffnungszeiten im Berggasthof Bühlalpe (Mittwoch Ruhetag). Das Haspelwaldmändle-Quiz kann nur von Mai bis Oktober gelöst werden, der Wanderweg wird ab 4 Jahren empfohlen.

@ www.haspelwaldmaendle.at

Wer sich gern ein Andenken mitnimmt: Zum Haspelwaldmändle gibt es ein liebevoll gestaltetes Buch – genau das Richtige für alle, die besondere Ausflüge gern festhalten.

Drei Naturforscher-Abenteuer Kleinwalsertal

Die Naturforscher-Abenteuer sind drei unterschiedliche interaktive Themenwege für Familien mit Kindern ab 6 Jahren. Für alle Abenteuer kann im Tourismusbüro ein Forscherbuch mit dem benötigten Material erworben werden. Zusätzlich zum Forscherbuch und dem Material wird ein Smartphone für das Hörspiel benötigt, welches als App erhältlich ist. An jeder Station wird ein Hörspiel freigeschaltet und dann kann schon gerätselt und gegrübelt werden. Damit niemand den Überblick verliert, ist in jedem Buch eine Karte mit den einzelnen Stationen eingezeichnet. Die Wege sind gut markiert und im Buch findet sich zusätzlich eine Wegbeschreibung. Pro Abenteuer sollte sich etwa einen halben Tag Zeit gelassen werden, um alle Rätsel zu lösen.

@ www.kleinwalsertal.com/naturforscherabenteuer

Naturforscher Abenteuer 1: Wildtiere €
Länge: ca. 5,5 km / Rundweg / kinderwagentauglich: keine Info vorhanden / Dauer: 1/2 Tag / Startpunk: Bushaltestelle Gemse / Parkplatz Weiher / Mittelberg

Naturforscher Abenteuer 2: Schwarzwasserbach €
Länge: ca. 3 km / eine Richtung / kinderwagentauglich: keine Info vorhanden / Dauer: 1/2 Tag / Startpunk: Bushaltestelle Schröfle-Säge / Oberwäldele

Naturforscher Abenteuer 3: Insekten €
Länge: ca. 3,5 km / Rundweg / kinderwagentauglich: keine Info vorhanden / Dauer: 1/2 Tag / Startpunk: Oberhalb der Bergstation Heuberg am Oberen Höhenweg Richtung Sonna-Alp (mit Seilbahn erreichbar) / Hirschegg

Schnitzeljagd mit QR-Code

Für ältere Kinder und Teenager (ca. 11–15 Jahre) gibt es zwei verschiedene interaktive Schnitzeljagd-Touren mit dem Smartphone durch das Kleinwalsertal. Mit der kostenlosen App »Actionbound« und dem Start-QR-Code kann es schon los gehen. Der Code ist beim Büro der Offenen Jugendarbeit Kleinwalsertal erhältlich und am Ende wartet eine Überraschung auf euch!

- Mission X
  Dauer: etwa 90 Minuten / *Start & Ziel:* Walserhaus in Hirschegg / *Wegstrecke:* Walserhaus Hirschegg – Burmiweg – Außerhirschegg – Evang. Kirche – Walserhaus
  @ www.kleinwalsertal.com/de/Region/Entdecken/Infrastruktur-A-Z/Schnitzeljagd-mit-QR-Code-Mission-X_isd_23675800
- The Old Village
  Dauer: 90–120 Minuten / *Start:* Bushaltestelle Mittelberg Alpenrose / *Ziel:* Baad / *Wegstrecke:* Bushaltestelle Mittelberg Alpenrose – Dorf – Moosstraße – Stützeweg – Jörihalde – Bödmen – Gemstelweg – Baad
  @ www.kleinwalsertal.com/de/Region/Entdecken/Infrastruktur-A-Z/Schnitzeljagd-mit-QR-Code-The-old-village_isd_23643848

Wanderpass €

Im Tourismusbüro Hirschegg kann ein Wanderpass erworben werden. Mit dem Wanderpass sollen dann bei verschiedenen Wanderungen Punkte gesammelt werden, zusätzlich können Stempel an Bergstationen und Hütten gesammelt werden. Kinder unter

14 Jahren erhalten die Punkte doppelt. Ab einer bestimmten Punkteanzahl können Kinder Wandernadeln im Tourismusbüro abholen. Das Beste daran: Hast du den Wanderpass einmal erworben, kannst du diesen beim nächsten Besuch wieder mitnehmen und weitersammeln!

TIERISCHE BEGEGNUNGEN

Ponyreiten Eberlehof

Auf dem Eberlehof ist ein geführtes Ponyreiten für Kleinkinder schon ab einer halben Stunde möglich. Wichtig: Termine sind nur nach Absprache und Anmeldung verfügbar!
Ein Spielplatz ist vorhanden und ein paar kleine Tiere können vor Ort angeschaut werden. Nur Barzahlung möglich.

@ www.eberlehof.com

SPIELPLÄTZE

Spielplatz Hirschegg

Spielplatzausstattung: Rutsche, Schaukel, Nestschaukel, Klettermöglichkeit, Balanciermöglichkeit, Wippen, Seilbahn, Sandkasten.

S'Café im Dorf befindet sich gleich neben dem Spielplatz.

Spielplatz Mittelberg

Spielplatzausstattung: Trampolin, Sandkasten mit Wasserstelle, Nestschaukel, Seilbahn, Klettermöglichkeit, Schaukel, Wippen, Spielhaus, Rutsche.

Spielplatz Riezlern Kanzelwand Bergstation

Spielplatzausstattung: Rutsche, Nestschaukel, Klettermöglichkeit, Wasserspiel.

Spielplatz Riezlern Felderweg

Spielplatzausstattung: Nestschaukel, Rutsche, Klettermöglichkeit, Wippen, Sandkasten, Schaukel, Seilbahn.

WASSERSPASS

Freibad Riezlern

Das Freibad in Riezlern hat während der Sommermonate geöffnet – in der Regel von Mitte / Ende Mai bis Anfang / Mitte September. Besucher erwartet ein großzügiges Schwimmbecken mit abgetrenntem Nichtschwimmerbereich, eine 59 Meter lange Wasserrutsche, eine 50-Meter-Schwimmerbahn sowie ein eigenes Kinderbecken. Zusätzlich gibt es eine Breitrutsche, Sprudelliegen, einen Wasserpilz, Sprungtürme und eine Nackendusche – ideal für Familien und Schwimmer. Bitte beachten: Der Eintritt ist ausschließlich bar zu bezahlen.

@ www.gde-mittelberg.at/gemeinde/betriebe/freibad.html

WINTERAKTIVITÄTEN

Anfängerlifte €

- Mittelberg: Jedermannlift, Wildentallift, Mooslift, Zauberteppich Schützabüal
- Hirschegg: Schlösslelift, Schöntallift, Heubergmuldelift, Skikuli Parsenn, Gaisbühllift
- Riezlern: Schwandlift, Kesslerlift, Ideallift

Crystal Family Snowpark Fellhorn / Kanzelwand €

Crystal Family ist der Name des grenzüberschreitenden Skigebiets Oberstdorf-Kleinwalsertal, das drei Funparks umfasst.
@ www.kleinwalsertal.com/de/Aktivitaeten/Winter/Skifahren/Crystal-Family

- Crystal Slope im Skigebiet Fellhorn (DE) ist unabhängig von Fahrkönnen und deshalb für Anfänger jeden Alters geeignet. Der ca. 840 m lange Funpark umfasst Wellen, Steilkurven, Funboxen und Tunnel.
- Crystal Peak im Skigebiet Fellhorn (DE) ist gut geeignet für alle, die ins Parkfahren einsteigen möchten. Er bietet leichte bis mittelschwere Sprungschanzen und verschiedene Parkelemente.
- Crystal Ground im Skigebiet Kanzelwand (Riezlern) ist für fortgeschrittenere Parkfahrer geeignet und bietet ständig wechselnde Hindernisse.

Burmis Winterwelt Gaisbühllift Hirschegg €

In Burmis Winterwelt kann auch das Murmeltier-Maskottchen Burmi angetroffen werden. Das Übungsgelände am Gaisbühllift im Skigebiet Ifen eignet sich gut für Skianfänger. Es bietet Förderbänder, Schlepplifte, Tore sowie lustige Burmi-Figuren, die spielerisch umfahren werden können.
@ www.kleinwalsertal.com/de/Aktivitaeten/Familie/Winterspass-fur-Kids

Burmi Abfahrt Skigebiet Heuberg Hirschegg €

Ab der Bergstation des Heubergmulde-Lifts befindet sich die Abfahrt, der Weg und die Verhaltensweisen (Fis-Regeln) sind auf Tafeln kindgerecht dargestellt.
@ www.kleinwalsertal.com/de/Aktivitaeten/Familie/Winterspass-fur-Kids

Rodelbahn im Wäldele Hirschegg

Nach einem kurzen Fußweg von etwa 1 km beginnt der Rodelspaß: Auf rund 800 Metern geht es über eine sanft geschwungene, flach verlaufende und präparierte Bahn gemütlich bergab.
@ www.kleinwalsertal.com/de/Region/Entdecken/Tourensuche/Rodelbahn-Waeldele_tour_373517

Burmi Rodelhang Wäldele Hirschegg

Der präparierte Naturrodelhang im Ortsteil Wäldele mit sonniger Lage bietet eine wunderbare Rodelgelegenheit. Der Hang ist ca. 100 m lang und

sehr gut einsehbar, daher auch gut für kleinere Kinder geeignet.
@ www.kleinwalsertal.com/de/Region/Entdecken/Tourensuche/Burmi-Rodelhang-Waeldele_tour_373520

Winterwanderung mit Burmi: Winter Rätsel Hirschegg
Länge: ca. 3,2 km / Rundweg / kinderwagentauglich: keine Info vorhanden / Dauer: ca. 1 Stunde
Im Tourismusbüro Hirschegg kann das Burmi-Rätsel geholt werden und ab da startet auch schon der Wanderweg, welcher in ca. 1 Stunde machbar ist. Die Rundwanderung führt an der Kirche in Hirschegg vorbei bis nach Mittelberg und wieder zurück nach Hirschegg, auf dem Weg können Kinder das spannende Rätsel lösen.
@ www.kleinwalsertal.com/de/Region/Entdecken/Tourensuche/Burmi-Winterwanderung-fuer-die-ganze-Familie_tour_16379396

Burmi Rodelhang Ahorn in Mittelberg
Die ca. 150 m lange Rodelbahn ist perfekt für kleinere Kinder geeignet, da die Bahn sehr gut einsehbar ist.
@ www.kleinwalsertal.com/de/Region/Entdecken/Tourensuche/Burmi-Rodelhang-Ahorn_tour_373516

Schützabühl Rodelhang Mittelberg
Hinter der Kirche in Mittelberg befördert einen eine Bahn entweder mit Ski oder Rodel nach oben zum Schützabühl. Der Rodelhang ist ca. 110 m lang und bietet großen Rodelspaß.
@ www.kleinwalsertal.com/de/Region/Entdecken/Tourensuche/Schuetzabueal-in-Mittelberg_tour_373518

Burmi Rodelhang Jörihalde in Mittelberg
Der Rodelhang an der Jörihalde ist für kleinere Kinder gut geeignet, da dieser gut einsehbar ist. Die Rodelstrecke ist ca. 150 m lang und befindet sich gegenüber vom Loipeneinstieg der Steinbockloipe.
@ www.kleinwalsertal.com/de/Region/Entdecken/Tourensuche/Burmi-Rodelhang-Joerihalde_tour_373519

Eislaufplatz Riezlern €
Der Eislaufplatz hat in den Wintermonaten meistens von Mitte Dezember bis Anfang März, je nach Witterung, geöffnet. Schlittschuhverleih ist vor Ort, am besten die Öffnungszeiten davor kontrollieren.
@ www.kleinwalsertal.com/de/Region/Entdecken/Infrastruktur-A-Z/Eislaufplatz-Riezlern_isd_251502

KINDERGEBURTSTAG

Wildnisschule Mittelberg €
Das Programm für den Kindergeburtstag wird individuell gestaltet; entweder mit oder ohne Übernachtung.
@ www.wildnisschule-kleinwalsertal.com

VERANSTALTUNGEN UND KURSE FÜR KINDER

Wildnisschule Mittelberg €

Die Wildnisschule bietet ein abwechslungsreiches Programm im Outdoorbereich an. Dazu zählen Bogenschießen (ab 12 Jahren), individuelles Bushcraft, Outdoor-Programme oder Kindergeburtstage.

@ www.wildnisschule-kleinwalsertal.com

Sommer Erleben €

Unter »Sommer Erleben« im Kleinwalsertal können verschiedene Abenteuer für Kinder und Familien gebucht werden. Das Angebot richtet sich an die ganz Kleinen bis hin zu Jugendlichen von 16 Jahren.

@ www.kleinwalsertal.com/de/Suchen-Buchen/Travelshop/Sommer_Erleben

Winter Erleben €

Unter »Winter Erleben« im Kleinwalsertal können verschiedene Abenteuer in den Wintermonaten für Kinder oder Familien gebucht werden.

@ www.kleinwalsertal.com/de/Suchen-Buchen/Travelshop/Winter_Erleben

▲ Aussicht auf dem Burmiwasserweg

Meine Lieblingsorte:

Wildwasser

Laternsertal

Das Laternsertal ist ein idyllisches Seitental des Rheintals und erstreckt sich über etwa 10 Kilometer Länge. Es wird vom Fluss Frutz durchzogen und ist von beeindruckenden Gebirgsketten umgeben, darunter die Freschengruppe im Norden und der Walserkamm im Süden. Die Region zeichnet sich durch ihre unberührte Natur, traditionelle Walserkultur und familienfreundliche Freizeitmöglichkeiten aus.

Die einzige im Tal gelegene Gemeinde ist Laterns, die flächenmäßig größte Gemeinde des Bezirks Feldkirch. Mit weniger als 800 Einwohnern bietet sie ein authentisches Bergdorf-Flair, das sowohl Ruhe als auch Abenteuer verspricht.

Für Familien ist vor allem der Klangberg ein Highlight. Dieses Ausflugsziel kombiniert Naturerlebnis mit spielerischer Entdeckung. Kinder können auf dem Spielplatz toben, den musikalischen Rätselweg erkunden oder die frische Bergluft genießen.

Besonders am Laternsertal gefällt uns die abwechslungsreiche Natur und die Gelegenheit, mit der ganzen Familie unvergessliche Stunden in den Bergen zu verbringen.

◀ Wasserspiel an der Seilbahn Laterns

OUTDOOR-ERLEBNISSE

Klangberg Laterns

Der Klangberg in Laterns ist ein wunderschönes Ausflugsziel für Familien und bietet verschiedene Möglichkeiten, einen abwechslungsreichen Tag zu verbringen. Am Wochenende und an Feiertagen lädt die Falbastuba (www.falbastuba.at) zu einem gemütlichen Bergfrühstück ein. Eine schöne Option ist, zunächst mit der Seilbahn zur Bergstation zu fahren, dort zu frühstücken und anschließend den Spielplatz zu erkunden. Später führen dann zwei Rätselwege hinunter. Alternativ lässt sich die Bergstation auch über verschiedene Wanderwege zu Fuß erreichen. Für Familien mit Kinderwagen gibt es einen eigenen, kinderwagentauglichen Weg – dieser verläuft jedoch nicht entlang des Kugelweges oder der musikalischen Rätselrallye. Über den Sommer hinweg finden zudem verschiedene Veranstaltungen statt, wie zum Beispiel der Family Cup, sodass sich ein Blick in den Veranstaltungskalender immer lohnt.

@ www.laterns.net/sommer/angebot/klangberg

Sommerrodelbahn

Kinder ab 3 Jahren dürfen auf der Rodelbahn befördert werden, Kinder bis 8 Jahre dürfen nur mit Erwachsenen zusammen rodeln. Die Rodelbahn befindet sich an der Talstation der Seilbahn Laterns.

@ www.laterns.net/sommer/tarife-betriebszeiten

ERLEBNISPFADE

Klang-Kugelbahnweg

Länge: ca. 3,5 km / von Bergstation zur Talstation / kinderwagentauglich: nein / Dauer: ca. 1,5 - 2 Stunden

Der Klang-Kugelbahnweg führt von der Bergstation zur Talstation und hat acht interaktive Stationen zum Entdecken. Wichtig ist, dass bei der Bergstation eine Holzkugel gekauft € wird, damit die Stationen erkundet werden können. An der Kassa bei der Talstation kann auch ein kostenloses

Rätsel mitgenommen werden, ab Lesealter geeignet. Wer auf dem Weg die 8 Rätsel richtig löst, kann sich bei der Kassa an der Talstation eine Überraschung abholen.

@ www.laterns.net/sommer/tarife-betriebszeiten

Musikalische Rätselrallye

Länge: ca. 3,5 km / von Bergstation zur Talstation / kinderwagentauglich: nein / Dauer: ca. 1,5 - 2 Stunden

Die Rätselrallye wird mit der kostenlosen App Locandy durchgeführt. Die interaktive Hörspiel-Tour »Die Suche nach der magischen Melodie« ist ab Lesealter geeignet. Der Start der Tour ist an der Bergstation und führt anschließend zur Talstation.

@ www.laterns.net/sommer/tarife-betriebszeiten

SPIELPLÄTZE

Spielplatz an der Talstation Seilbahn Laterns

Spielplatzausstattung: Wippen, Trampolin, Wasserspiel, Seilbahn, Sandkasten, Kletterblock, Schaukel.

Spielplatz an der Bergstation Seilbahn Laterns

Spielplatzausstattung: Wasserspiel, Sandkasten, Holz-Tipi, Rutsche, Seilbahn, Wippe, Planwagen aus Holz zum Klettern, Netzschaukel, Balancierstationen, Kugelbahn.

WINTERAKTIVITÄTEN

Naturrodelbahn Laterns €

Der Ausgangspunkt der Rodelbahn befindet sich an der Bergstation der Sesselbahn Gapfohl, die entweder mit der Sesselbahn oder zu Fuß erreicht werden kann. Oben angekommen besteht die Möglichkeit, ein Rodel auszuleihen, um anschließend die rund 4 km lange Naturrodelbahn hinunterzuflitzen.

@ www.laterns.net/winter/angebot/rodelbahn

Einkehrmöglichkeit und Spielmöglichkeit befinden sich bei der Bergstation.

Kinderspaß am Tipi Berg

Das Kinderland bietet für Skianfänger einen Zauberteppich und einen Übungslift für Anfänger. Zusätzlich bietet sich für Skipausen ein Riesen Tipi und der Planwagen zum Spielen an.

@ www.laterns.net/winter/angebot/kinderland

Erlebnisbericht Klangberg

Sommer 2025

Kurz vor 11 Uhr startete unser Ausflug an der Talstation. Nach einem kurzen Moment der Orientierung kauften wir unsere Bergfahrten und fuhren mit dem Sessellift nach oben. Mit dabei waren insgesamt drei Kinder: zwei Kleinkinder von etwa 3,5 Jahren und ein 12-jähriges Kind.

Oben angekommen ging es als erstes zum Mittagessen in die Falbastuba – die perfekte Stärkung, bevor wir loswanderten. Die Kinder konnten sich direkt am Spielplatz austoben, und das Highlight war die lange Kugelbahn. Immer wieder ließen sie die Kugeln rollen, rannten den Hang hoch und probierten es gleich wieder – sie hätten stundenlang so weitermachen können.

Unser Weg startete direkt unterhalb des Spielplatzes, in der Nähe der Seilbahnrutsche für Kinder. Schon der Einstieg war spannend: Wir überquerten einen kleinen Bach und landeten direkt bei einer Holzspielhütte. Nach kurzem Überreden ging es dann endlich richtig los.

Der Wanderweg selbst war abwechslungsreich – Wiesen und Wald – und die interaktiven Stationen mit den Kugeln sorgten für jede Menge Spaß. Bei den Rätseln konnten die Kleinen zwar nicht mitraten, aber das hat ihrer Begeisterung keinen Abbruch getan. Ab und zu entdeckten wir auch ein Musikinstrument, das ausprobiert werden wollte – perfekt für eine kleine Pause zwischendurch.

An der Talstation angekommen, merkten wir, dass für die Lösung eines Rätsels noch eine Runde auf der Sommerrodelbahn nötig war. Für die Kinder war das definitiv die beste Attraktion des Tages und sie hatten riesigen Spaß.

Nach einem leckeren Eis und einer weiteren Spielplatzrunde machten wir uns nach etwas mehr als vier Stunden wieder auf den Heimweg.

Alles in allem ein richtig gelungener Familientag – viel Bewegung, jede Menge Spiel und Spaß und ein paar kleine Abenteuer zwischendurch. Wir kommen definitiv wieder!

Wer im Besitz einer V-Card ist, kann dank der Partnerschaft mit den Seilbahnen Laternsertal eine Berg- und Talfahrt kostenlos erleben.

Meine Lieblingsorte:

Meine Besuche:

Walgau

Walgau ist die Talschaft zwischen Bludenz und Feldkirch. Eingebettet zwischen dem Walserkamm im Norden und dem Rätikon im Süden, begeistert das Tal mit seiner landschaftlichen Vielfalt und einer hohen Lebensqualität.

Die Region umfasst zahlreiche Gemeinden wie Nüziders, Ludesch, Thüringen, Bludesch, Schlins, Satteins, Göfis, Frastanz und Nenzing. Jede davon hat ihren ganz eigenen Charme – ob historische Gebäude, liebevoll gepflegte Ortskerne oder regionale Veranstaltungen, die die Gemeinschaft spürbar machen. Auch die Nähe zu den Alpen und der Walgauer Naturparkregion macht den Walgau zu einem idealen Ausgangspunkt für Freizeitaktivitäten aller Art – vom Wandern über Radfahren bis hin zu Skitouren im Winter.

Unser persönlicher Wohlfühlplatz im Walgau ist der Muttersberg. Wer einmal oben stand, weiß warum. Mit der Seilbahn geht es bequem hinauf auf 1401 Meter, wo uns ein atemberaubender Blick auf das Tal und die umliegende Bergwelt erwartet.

◂ Der Muttersberg auf Vierzehn-Null-Eins

OUTDOOR-ERLEBNISSE

Muttersberg Bludenz

Die Bergstation ist entweder mit der Seilbahn ab Bludenz oder zu Fuß über den Panoramaweg Nüziders / Bludenz in etwa 2 Stunden erreichbar. Rund um die Bergstation gibt es für Kinder verschiedene Spielmöglichkeiten – Outdoor und Indoor. Zudem starten hier Wanderwege, die gut für Familien als auch für erfahrene Wanderer geeignet sind. Besonders empfehlenswert mit Kindern sind der **Madeisa-Rundweg** (ca. 30 Minuten) und der **Kunstweg** (ca. 60 Minuten), die beide ab der Bergstation begehbar sind. Auch die Frassenhütte auf 1 725 m ist super für Übernachtungen – auch mit Kindern.

@ www.muttersberg.at

Outdoor-*Spielplatzausstattung:*
Kletter- und Balanciermöglichkeit, Schaukeln, Rutschen, Sandkasten mit Bagger, Wasserspielplatz, Bodentrampolin, Seilbahn, viel Schatten.
Indoor-*Spielplatzausstattung:*
Kletterwand, Balancier- und Kletterbalken, Schaumstoff-Spielsteine, Einkehrmöglichkeit direkt im Spielraum.

Skaterplatz Nüziders

Der Skateplatz ist problemlos über Google Maps auffindbar und bietet ein paar Hindernisse zum Befahren.

Skaterplatz Schlins

Der Skateplatz lässt sich leicht über Google Maps finden und verfügt über verschiedene Obstacles zum Ausprobieren.

BURGEN & RUINEN

Rundweg zur Ruine Sonnenberg Nüziders

Länge: ca. 3,7 km / Rundweg / kinderwagentauglich: keine Info vorhanden / Dauer: ca. 1,5 Stunden

Diese gemütliche Rundwanderung führt vom Zentrum Nüziders durch ruhige Waldwege hinauf zur Ruine Sonnenberg. Unterwegs gibt es schöne Ausblicke ins Tal und kaum Steigungen – ideal für Familien mit Kindern.

Der Spielplatz Burggasse in Nüziders befindet sich auf der Route, etwas mehr Zeit einplanen!

Burgruine Jagdberg Schlins

Zur Burgruine Jagdberg in Schlins führen mehrere Wanderwege. Auf Komoot (www.komoot.com) findet ihr verschiedene Routen zur Auswahl. Sucht euch einfach die passende Strecke aus und legt los. Wenn keine der vorgeschlagenen Routen passt, laden die vielen Wege für eigene Entdecker-Touren ein. Parkmöglichkeiten: Jupibad und Zentrum von Schlins nähe Gemeindeamt.

Nach der Wanderung kann ein Abstecher im Jupident Bad gemacht werden. Bitte beachtet vorab die Öffnungszeiten.

ERLEBNISPFADE & BESONDERE WEGE

Schatzsuche in Bludenz

Die kostenlose Schatzkarte ist in den Tourismusbüros Brand und Bludenz sowie im Gemeindeamt Bürserberg erhältlich. Nach Erhalt des ersten Rätselhinweises kann schon gerätselt werden, die Lösungen führen zu einem Lösungswort. Das korrekte Lösungswort kann dann im Tourismusbüro vorgezeigt werden, anschließend gibt's eine Überraschung.

@ www.vorarlberg-alpenregion.at/bludenz/de/schatzsuche-bludenz-2_vc4202

Rundweg zur Klangrasttätte *Hellwald* Bludenz

Länge: ca. 5,5 km / Rundweg / kinderwagentauglich: keine Info vorhanden / Dauer: ca. 2,5 Stunden + Spielzeit

Bei dem Weg handelt es sich um einen normalen Wanderweg, das besondere ist die Klangraststätte »Hellwald«. Hier können Klein bis Groß spielerisch Klangerlebnisse erzeugen, zusätzlich gibt es eine Balanciermöglichkeit.

@ www.vorarlberg-alpenregion.at/bludenz/de/rundweg-zur-klangrast-staette-hellwald-bludenz_vc4121

Wer den Weg etwas spannender gestalten will, kann Becherlupen und Kindermikroskope auf den Weg mitnehmen. Alternativ kann auch eine Natur-Schatzsuche veranstaltet werden. Stelle den Kindern eine Suchliste mit Aufgaben zusammen – zum Beispiel nach bestimmten Farben, Formen oder Materialien wie »etwas Rundes« oder »etwas Weiches« zu suchen.

Da der Ausgangspunkt das Val Blu ist, kann nach der Wanderung wunderbar ein Abstecher ins Frei- und Hallenbad gemacht werden.

Waldlehrpfad Bludenz

Länge: ca. 2,3 km / eine Richtung / kinderwagentauglich: keine Info vorhanden / Dauer: ca. 1 Stunden + Spielzeit

Start des Waldpfades in Bludenz ist direkt beim Wasserschloss in Hinterplärsch (nähe Talstation Muttersberg) und endet beim Freizeitbad Val Blu.

Erlebnisbericht Muttersberg

Sommer 2024

An einem warmen Sommertag machten wir uns mit dem Auto auf den Weg zur Talstation des Muttersberg. Der Parkplatz vor Ort ist gebührenpflichtig und praktisch gelegen – ganz ohne Stress ging es dann mit der Seilbahn gemütlich hinauf zur Bergstation auf 1 401 Meter. Schon die Fahrt war ein kleines Abenteuer, besonders für unsere Kleine, damals etwa 2,5 Jahre alt.

Oben angekommen hatten wir uns eigentlich vorgenommen, den Kunstweg zu erkunden – ein gemütlicher Rundweg mit spannenden Kunstwerken entlang des Pfads. Also sind wir motiviert losmarschiert. Wie es mit kleinen Kindern aber oft der Fall ist, kam alles ein bisschen anders: Unsere Tochter hatte von Anfang an keine große Lust aufs Wandern. Erst wollte sie unbedingt in die Trage, dann plötzlich wieder selber laufen, dann wieder getragen werden… Und kaum waren wir ein paar Schritte unterwegs, kam auch schon der erste Hunger- und Durstanfall – obwohl wir kurz davor noch gefrühstückt hatten.

Nach einer Weile beschlossen wir also, die Wanderung abzukürzen und stattdessen direkt zum Spielplatz zu gehen – und das war im Nachhinein genau die richtige Entscheidung. Der Spielbereich beginnt bei der Bergstation und zieht sich bis zur Bühne in der Bergarena – und bietet wirklich einiges: Rutschen, Kletterstationen, Balancierparcours, Trampoline, Schaukeln und ein großer Wasserspielbereich. Besonders gut hat uns gefallen, dass viele Spielgeräte im natürlichen Schatten der Bäume stehen – angenehm kühl und richtig idyllisch.

Wir haben mehrere Stunden verbracht, gespielt, beobachtet und einfach die Zeit genossen. Gegen Nachmittag gab es dann ein spätes Mittagessen, und danach konnte sich unsere Kleine im Indoor-Spielbereich noch so richtig austoben – perfekt, um nochmal Energie loszuwerden, bevor es mit der Gondel wieder talwärts ging.

Insgesamt waren wir fast fünf Stunden oben – und wir waren wirklich begeistert, wie großzügig der gesamte Spielbereich gestaltet ist, wie schön er in den Wald eingebettet liegt und wie viel Abwechslung geboten wird. Gerade der Wasserspielplatz ist an heißen Tagen ein echtes Highlight – also unbedingt Ersatzkleidung einpacken!

Wer im Besitz einer V-Card ist, kann dank der Partnerschaft mit der Muttersbergbahn eine Berg- und Talfahrt kostenlos erleben.

An der Endstation kann der Ausflug mit einer Runde im Wasser abgerundet werden, wer wieder zurück zum Ausgangspunk muss, kann bequem mit dem Bus zurückfahren. Auf dem Weg warten viele Informationen zum Thema Wald, ein Wald-Memory und einige Sitzgelegenheiten für Pausen.
@ www.vorarlberg-alpenregion.at/bludenz/de/waldlehrpfad-bludenz_vc4026

Kili's Erlebnisweg Schlins

Bei diesem Erlebnisweg handelt es sich um einen ca. einstündigen Spaziergang für Kinder und Familien, welcher kinderwagentauglich ist. Auf dem Weg sind insgesamt 16 Tafeln mit Bilderbuchgeschichten, zusätzlichen Spielideen, Quizfragen oder Themeninformationen aufgestellt. Der Inhalt der Tafeln wird etwa alle 3 Monate erneuert. Der Weg beginnt beim Fußballplatz in Schlins, verläuft entlang der Unteren Au, durch den Wald und endet wieder beim Startpunkt. Eine genauere Karte kann online als PDF heruntergeladen werden.
@ www.schlins.at/tourismus-und-wirtschaft/kilis-erlebnisweg

TIERISCHE BEGEGNUNGEN

Sunnahof Tufers Göfis

Am Sunnahof können Kinder Tiere im Freigehege beobachten und sich auf dem großen Spielplatz mit Wasserbrunnen austoben – Ersatzkleidung nicht vergessen! Der Hofladen und die Gärtnerei laden auf eine Erkundungstour ein, danach am besten eine genussvolle Pause in der Hofgastronomie einlegen. Saisonale Aktionen wie Kürbisschnitzen oder Frühlingswochen machen den Besuch besonders abwechslungsreich – Infos dazu gibt's auf der Website.
@ www.sunnahof.or.at

Spielplatzausstattung:
Rutsche, Schaukel, Klettermöglichkeit, Wasserspiel, Sandkasten.

Alpaca Lama Röns €

Das ganze Jahr über, bis auf Juli und August, sind bei Alpaca Lama verschiedene Wanderungen mit Alpacas buchbar.
@ www.alpaca-lama.com

SPIELPLÄTZE

Freizeitplatz Oberfeld Bludesch
Spielplatzausstattung: Nestschaukel, Rutsche, Kletter- und Balanciermöglichkeit, Hängematte, Volleyballplatz, Wasserspiel, Wippe, Spielhaus.

Unterfeld Bludenz
Spielplatzausstattung: Reifen Schaukel, Wippe, Rutsche, Nestschaukel, Sandkasten, Wasserspiel, Tunnel, Hügel, Sitzmöglichkeiten.

Spielplatz St. Anna Bludenz
Spielplatzausstattung: Rutsche, Spielhaus, Klettermöglichkeit, Hängebrücke, Sandkasten mit Bagger, Wippen, Karussell, Schaukel, Sitzmöglichkeiten.

Remise Spielplatz Bludenz
Spielplatzausstattung: Balancier und Kletterparcours, Nestschaukel, Rutsche, Wasserspiel, Sandkasten mit Kran, Sitzmöglichkeit.

Gleich daneben befindet sich das Café Remise, wer etwas ältere Kinder hat, kann während des Spielplatzbesuchs gemütlich einen Kaffee trinken.

Spielplatz beim Schulhof VS Mitte Bludenz
Spielplatzausstattung: Kletter- und Balanciergeräte, große Wippe, Trampolin, 3er-Reck, Hängematten, Sitzmöglichkeiten.

Spielplatz Unterrifatz Bludenz
Spielplatzausstattung: Seilbahn, Karussell, Wippen, Sandkasten, Klettermöglichkeit, Reckstange, Rutsche, Schaukel, Wasserstelle, Sitzmöglichkeit.

Dorfzentrum im Gemeindepark Frastanz
Spielplatzausstattung: Seilbahn, Hängematten, Nestschaukel, Schaukel, Wippen, Baumhaus mit Rutsche, Sandkasten mit Bagger.

Spielplatz Nenzing
Spielplatzausstattung: Rutsche, Schaukel, Seilbahn, Tunnel, Klettermöglichkeit.

Spielplatz Daneu Nüziders
Spielplatzausstattung: Rutsche, Schaukel, Nestschaukel, Seilbahn, Klettermöglichkeit, Wippe, Sandkasten, Wasserspiel, Sitzmöglichkeit.

Spielplatz Wingert Nüziders
Spielplatzausstattung: Sandkasten, Schaukel, Nestschaukel, Rutsche, Wippe, Sitzmöglichkeit.

Spielplatz Burggasse Nüziders
Spielplatzausstattung: Schaukel, Nestschaukel, Rutsche, Sandkasten, Klettermöglichkeit, Wippe.

Spielplatz Röns
Spielplatzausstattung: Kletter- und Balanciermöglichkeit, Sandkasten, Wasserspiel, Wippe, Nestschaukel, Sitzmöglichkeit.

Spielplatz Schnifis
Spielplatzausstattung: Seilbahn, Klettermöglichkeit, Rutsche, Karussell, Wasserspiel, Sandkasten, Schaukel, Nestschaukel, Sitzmöglichkeit.

Spielplatz Thüringen
Spielplatzausstattung: Seilbahn, Rutschen, Schaukel, Sandkasten, Wasserspiel, Klettermöglichkeit, Sitzmöglichkeit.

SCHLECHTWETTER-PLAN

Fohren Center Bludenz
Das Fohren Center bietet spannenden Abwechslung mit Bowling, Air Hockey, Tischfußball, Dartautomaten, Lasertag-Labyrinth (ab 10 Jahren) und Gastronomie für die ganze Familie. Kindergeburtstage sind nach Anfragen möglich, siehe mehr auf S. 111. Jeden zweiten Samstag im Monat wird für Kinder bis 14 Jahren »Disco Bowling for Kids« angeboten.
@ www.fohren-center.at/

Kino Bludenz
Infos zum Disney Channel Mitmach-Kino für Kleinkinder auf S. 250.

Ländle Escape Bludenz
Der Escape Room in Bludenz hat keine Altersbegrenzung, Kinder unter 14 Jahren brauchen eine erwachsene Begleitperson im Raum. Empfohlen ist das Mindestalter von 14 Jahren, die Rätsel sind mehr für Erwachsene ausgelegt, daher etwas schwieriger.
@ www.laendle-escape.at

Boulderraum Bludenz
Der Alpenverein in Vorarlberg betreibt in Bludenz einen Boulderraum.
@ www.alpenverein.at/vorarlberg/Services/Boulderhalle-Bludenz/Boulderhalle-Bludenz.php

Milka Lädele Bludenz
Im Milka Lädele in Bludenz gibt es Erlebnisshopping pur und die Milka Schokoladenwelt. Erlebt, wie seit über 100 Jahren die Alpenmilchschokolade entsteht – spannende Informationen und eine virtuelle Seilbahnfahrt erwartet euch dort.
@ www.milka.at

WASSERSPASS

Val Blu Frei- und Hallenbad Bludenz
Das Val Blu hat ein Freibad sowie ein Hallenbad und kann somit im Sommer wie im Winter besucht werden. Das Hallenbad verfügt über ein Sportbecken, verschiedene Massagedüsen, ein Nichtschwimmerbecken, Rutsche und ein Babybecken. Das Freibad hat in den Sommermonaten einiges zu bieten. Vom Familienbecken, Kinderplanschbecken, Matschplatz, Spielelemente, Sprungturm mit 1 oder 3 Meter Höhe, 50 Meter Becken bis zur Self-Timing-Anlage bis zur

Rutsche bietet es jede Menge Wasserspaß. Neben den Wasseraktivitäten beinhaltet das Freibad Tischtennismöglichkeiten, Liegewiesen und einen Spielplatz. Für den Hunger gibt es das Self-Service-Bistro.
@ www.valblu.at

Schwimmbad Felsenau €
Das Schwimmbad Felsenau ist das älteste Schwimmbad Vorarlbergs und bietet ein Sport- und Schwimmbecken mit einem 1-Meter-Sprungbrett, Massagedüsen und Schwalldusche. Von der Liegewiese aus bietet sich ein wunderschöner Blick auf die Berge. Das Kinderbecken verfügt über ein Sonnensegel und eine kleine Rutsche. Für zusätzliches Freizeitvergnügen bieten sich Tischfußballtische, verschiedene Spielgeräte und der Schwimmbadkiosk.
@ www.freizeitbetriebe-feldkirch.at/betriebe/schwimmbadfelsenau

Naturbad Untere Au Frastanz €
Das Naturbad bietet einen wunderschönen Badesee und Liegewiesen, zusätzlich verfügt es über einen Sprungturm und Holzflöße. Außerhalb des Wassers gibt es zusätzlich Beachvolleyball-, Fußball-, Basketball- und Tischtennis-Möglichkeiten. Kinder kommen auf dem Spielplatz, im Sandbereich und im Wasserspielbereich voll auf Ihre Kosten. Snacks und Getränke gibt es am Kiosk.
@ www.frastanz.at/freizeit-im-walgau

Walgaubad Nenzing €
Das Freibad in Nenzing hat verschiedene Wasserbecken wie das Plansch-, Erlebnis-, Sprung-, 25-Meter-, 50-Meter-, und Aquafitbecken zu bieten. Zusätzlich gibt es zwei verschiedene Rutschen, hier findet sich für jeden das passende Becken für eine Abkühlung. Das Erlebnisbecken ist 1,3 Meter tief, über 900 m² groß und auch für Nichtschwimmer gut geeignet. Es verfügt über einen Wellenball, eine Schaukelbucht mit Bodensprudel, Wasserigel und Strömungskanal. Snacks und Getränke gibt es am Kiosk.
@ www.walgaubad.com

Hallenbad Jupident Schlins €
Das Hallenbad in Schlins verfügt über ein Becken, welches 1,3 Meter tief ist und für Schwimmer und Nichtschwimmer geeignet ist. Es verfügt zusätzlich über einen Wellnessbereich mit Sauna, Ruheliegen, Eisbrunnen und Infrarotsessel. Geöffnet hat das Bad nachmittags bis abends. Unbedingt vorab die Öffnungszeiten kontrollieren.
@ www.jupibad.com

KINDERGEBURTSTAG

Haus Habakuk Bludenz
Das Unterhaltungsprogramm im Haus Habakuk bietet eine tolle Abwechslung mit Kasperletheater, Zaubershow, Kinderdisco und Puppenausstellung. Das Geburtstagsfest kann individuell zusammengestellt werden.
@ www.habakuk.at

Fohren Center Bludenz
Kindergeburtstage können im Bowlingcenter Strike sowie beim Lasertag veranstaltet werden. Es werden verschiedene Varianten angeboten.

- Bowling: Für Kinder bis inkl. 12 Jahren, ab 4 Kinder. 2 Bowlingspiele oder 2 Stunden inkl. Leihschuhe. Kindermahlzeit, kleine Limo, Partydeko und Urkunden sind inkludiert.
- Lasertag: Für Kinder inkl. 14 Jahre (empfohlenes Mindestalter 10) mit mindestens 4 Kindern. Kindermahlzeit, kleine Limo, Partydeko und Urkunden sind inkludiert.
- Bowling & Lasertag: Eine Runde Bowling und eine Runde Lasertag, anschließend Kindermahlzeit, kleine Limo, Partydeko und Urkunden.

@ www.fohren-center.at/

Saminahof Kindergeburtstag Frastanz
Der Kindergeburtstag auf dem Saminahof mit Pferden dauert etwa drei Stunden. Verschiedene Spiele mit Pferden sind inkludiert, ein Pferde-Kuchen kann zusätzlich dazu gebucht werden sowie noch einiges mehr.
@ www.saminahof.at

VERANSTALTUNGEN UND KURSE FÜR KINDER

Fohren Center Bludenz
Jeden zweiten Samstag im Monat veranstaltet das Strike Bowlingcenter für Kinder bis zu 14 Jahren »Disco Bowling for Kids«. Von 14:30 – 16:30 Uhr heißt es dann Partysound, Gewinnspiele, Lightshow und Bowling Fun.
@ www.fohren-center.at

VHS Bludenz
Kurse für Kinder ab dem Schulalter sind bei der VHS buchbar.
@ www.vhs-bludenz.at

Meine Lieblingsorte:

Großes Walsertal

Das wunderschöne Große Walsertal gehört zum UNESCO-Biosphärenpark Großes Walsertal und liegt eingebettet zwischen den Bergen des Bregenzerwaldes und den Walser Alpen. Es bietet eine einzigartige Kombination aus saftigen Alpwiesen, dichten Wäldern, klaren Bergbächen und beeindruckenden Gipfeln.

Zu den Gemeinden zählen Thüringerberg, St. Gerold, Blons, Sonntag, Raggal und Fontanella. Jede Gemeinde wahrt den traditionellen Walser Charakter mit typischen Holzhäusern, kleinen Dorfplätzen und regionalen Gasthöfen.

Das Tal eignet sich hervorragend für Wanderungen, Mountainbike-Touren, Kletterausflüge sowie im Winter für Skitouren und Langlauf.

Unser Lieblingsausflug im Großen Walsertal führt zum Walderlebnispfad Marul. Mitten in der unberührten Natur gibt es spannende Stationen für Kinder und gleichzeitig wunderschöne Ausblicke auf die umliegenden Landschaften.

◀ Unterwegs am Walderlebnispfad Marul

OUTDOOR-ERLEBNISSE

Sommer-Tubingbahn am Hahnenkopf Faschina

Die ca. 75 m lange Sommer-Tubingbahn sorgt für einen großen Rutschspaß für Kinder ab 5 Jahren. Die Öffnungszeiten der Tubingbahn sind die gleichen wie jene der Panoramabahn Stafelalpe.

@ www.mittagspitze.at/de/sommer/sommer-tubingbahn-faschina

Seewaldsee Fontanella

Der Seewaldsee in Fontanella ist entweder einen ca. 30 Minuten langen Spaziergang vom Startpunkt entfernt oder einfach mit dem Bummelzug zu erreichen. Am See gibt es eine Badestelle und Einkehrmöglichkeiten. Besucher können ihr Auto beim Parkplatz bei der Säge in Fontanella abstellen – der Bummelzug fährt direkt von dort ab. Die Fahrzeiten und restliche Infos sind online ersichtlich.

@ www.seewaldsee.at

Canyoning in Vorarlberg, Sonntag

Bei Canyoning gibt es verschiedene Touren in ganz Vorarlberg zu buchen. Einzelne Touren sind ab dem Mindestalter von 10–16 Jahren buchbar.

@ www.canyoning.cc

BURGEN & RUINEN

Burgruine Blumenegg Thüringerberg

Rund um die Burgruine Blumenegg gibt es einige verschiedene kürzere und längere Routen. Hier am besten mit einer App wie Komoot nach »Burgruine Blumenegg« suchen und die beste Route für sich selbst aussuchen.

ERLEBNISPFADE & BESONDERE WEGE

Der kleine Naturdetektiv, Faschina

Gemeinsam mit einer Naturführerin können Kinder auch zusammen mit den Eltern auf eine geführte Erkundungstour gehen. Eine Voranmeldung ist notwendig, der Treffpunkt ist die Talstation der Stafelalpbahn und die Tour geht etwa 3,5 Stunden. Geeignet für Kinder ab 5 Jahren.

@ www.seilbahnen-faschina.at/de/sommer/der-kleine-naturdetektiv.html

Walderlebnisweg Marul

Lange Variante: Länge: ca. 5,6 km / Rundweg / Dauer: ca. 2,5 Stunden + Spielzeit / kinderwagentauglich: nein

Kurze Variante: Länge: ca. 3,5 km / Rundweg / Dauer: ca. 1,5 Stunden + Spielzeit / kinderwagentauglich: nein

Der Weg beginnt direkt am Ortseingang von Marul bei der Infohütte beim gebührenpflichtigen Parkplatz. Auf dem Weg warten tolle und

abwechslungsreiche Stationen wie Ratespiele, Geschicklichkeitsspiele, Infos und noch vieles mehr auf euch. Direkt am Wasser gelegen befindet sich eine Grillstelle auf dem Weg, hier kann eine ausgiebige Pause gemacht werden.

@ www.vorarlberg.travel/route/walderlebnispfad-marul-4/

Kleine Kneipprunde in Raggal

Länge: ca. 1 km / Rundweg / kinderwagentauglich: keine Info vorhanden / Dauer: ca. 30 Minuten

Der Start der kleinen Runde ist beim Gemeindehaus, dort befinden sich auch Parkplätze. Auf dem Rundweg selbst befinden sich ein Tretbecken und ein Barfußpfad.

@ www.raggal.net/natur-und-aktiv/wandern/erlebnispfade/kneipp-rundweg-raggal

Klangraum.Stein in Sonntag

Länge: ca. 4,2 km / Rundweg / Dauer: ca. 1,5 Stunden / kinderwagentauglich: nein / Seilbahn: ja

Der Ausgangspunkt der Wanderung ist die Bergstation der Seilbahnen Sonntag-Stein. Am einfachsten ist der Aufstieg mit der Seilbahn €. Auf dem etwa 4,2 km langen Erlebnisweg geht es überwiegend um das Klangerlebnis in den Bergen. Die verschiedenen Stationen laden zum Hinhören oder auch zum interaktiven Mitmachen ein. Vor allem der einzigartige Grillplatz entlang des Weges lässt sich sehen. Neben einer klassischen Grillstelle steht ein Lehmofen bereit, in dem leckere Pizzas gebacken werden können. Die dafür benötigten Pizzas sind bei der Bergstation der Seilbahn Sonntag-Stein erhältlich. Direkt neben dem Grillplatz sorgt ein abwechslungsreicher Abenteuerspielplatz mit Wasserstelle für Spiel und Spaß bei den Kindern.

@ www.vorarlberg-alpenregion.at/walsertal/de/klangraum-stein-sonntag-3_vc5622

Spielplatzausstattung:

Kletter- und Balanciermöglichkeit, Sandkasten, Wasserstelle und Wasserspiel, Höhle, Spieltisch.

Erlebnisbericht Walderlebnisweg Marul

Sommer 2025

Unser Ausflug begann am Wanderparkplatz in Marul, wo wir gemeinsam mit ein paar Freunden gestartet sind. Mit dabei waren drei Kinder unterschiedlichen Alters – unsere kleine Maus mit etwa 3,5 Jahren, ein Vorschulkind und sogar ein Teenager. Auf diesem Rundweg findet wirklich jede Altersgruppe etwas Spannendes.

Der Walderlebnisweg führt abwechslungsreich am Marulbach entlang und bietet zahlreiche Stationen, die zum Entdecken, Spielen und Staunen einladen. Dank der vielen Wasserstellen unterwegs empfiehlt es sich unbedingt, Wechselkleidung einzupacken. Eine längere Pause haben wir beim Wasserrad eingelegt – eines der Highlights für die Kinder.

Für unsere Kleine hatten wir Wasserschuhe und eine Becherlupe dabei, mit der unzählige Kaulquappen gefangen, genau betrachtet und anschließend natürlich wieder freigelassen wurden. Die Faszination war so groß, dass wir eine Becherlupe beim nächsten Mal definitiv wieder mitnehmen werden.

Da wir uns bei den einzelnen Stationen viel Zeit gelassen haben, war für uns die kürzere Variante genau richtig. Die spannendsten Stationen liegen größtenteils im ersten Abschnitt, danach geht es hauptsächlich bergauf – was für unsere Kleine schnell anstrengend wurde. Am Ende half nur noch die Trage. Da der Weg unabhängig von der Laufrichtung erst bergab und später wieder bergauf führt, überlegen wir beim nächsten Mal, die Runde in entgegengesetzter Richtung zu gehen. So wäre der langweiligere Teil direkt am Anfang bewältigt, und in der zweiten Hälfte würden die vielen Erlebnisstationen für Abwechslung sorgen – die Motivation zum Selberlaufen wäre dadurch deutlich größer.

Der Weg verläuft zum Teil durch den Wald und ist angenehm schattig, wodurch er sich auch an sonnigen Tagen sehr gut eignet. Unter der Woche waren kaum andere Wanderer unterwegs, was die Tour besonders entspannt gemacht hat. Kurz vor dem Parkplatz haben wir sogar noch einen kleinen Supermarkt entdeckt – perfekt für ein Eis zur Belohnung am Ende. Direkt gegenüber befindet sich ein Gasthaus; hier lohnt es sich jedoch, vorab die Öffnungszeiten zu prüfen, da es unterwegs keine Einkehrmöglichkeiten gibt. Ausreichend Jause mitzunehmen ist daher empfohlen.

Neben dem Wasserrad war auch der Wasserfall ein Highlight. Wir waren insgesamt etwa drei Stunden mit ausgedehnten Pausen und viel Spielzeit unterwegs. Alles in allem war es ein wunderschöner Erlebnisweg, der für Familien mit Kindern absolut empfehlenswert ist.

TIERISCHE BEGEGNUNGEN

Holzmichl's Alpakas €

Ein toller Familienausflug lässt sich bei Holzmichl's Alpakas unternehmen: Gemeinsam mit Alpakas kann man für etwa eine Stunde rund um den Thüringerberg wandern. Kinder unter 10 Jahren laufen neben den Erwachsenen kostenlos mit und Kinder unter 16 Jahren dürfen nur mit einem Erwachsenen gemeinsam ein Alpaka führen. Nur nach Voranmeldung.

@ www.holzmichlsalpakas.at

SPIELPLÄTZE

Spielplatz Fontanella

Spielplatzausstattung: Rutsche, Wippen, Nestschaukel, Wasserspiel, Klettermöglichkeit mit Holzspielhaus, Sitzmöglichkeit.

Spielplatz Thüringerberg

Spielplatzausstattung: Rutsche, Schaukel, Seilbahn, Kletter- und Balanciermöglichkeit, Bodentrampolin, Sandkasten mit Wasserspiel, Sitzmöglichkeit.

SCHLECHTWETTER-PLAN

Puppenmuseum Blons
In diesem Museum sind Spielsachen von 1850–1950 ausgestellt. Das Museum hat samstags in den Monaten Juni bis August geöffnet.
@ www.spielzeugmuseumblons.at/

biosphärenpark.haus Sonntag
»Burmentas Rätselrallye« ist kostenlos am Eingang erhältlich und für Kinder ab Lesealter geeignet. Auch jüngere Kinder können sich mit Hilfe eines Erwachsenen an die Rätsel wagen. In der Ausstellung sind die Lösungen zu finden und wer am Schluss das Rätsel knackt, erhält an der Kassa eine kleine Überraschung. Die Rallye ist nur zu den Öffnungszeiten möglich.
@ www.grosseswalsertal.at/de/biosphaerenpark_haus/Angebote_und_Fuehrungen/B_Burmenta_Raetselrallye

WINTERAKTIVITÄTEN

Skifahren Faschina
Die Seilbahnen Faschina bieten verschiedene Übungslifte für Anfänger an.
@ www.seilbahnen-faschina.at

Rodelbahn Sonntag-Stein
Die Naturrodelbahn verläuft von der Alpe Unterpartnom zurück zur Bergstation der Gondelbahn. Zunächst bringt einen die Seilbahn Sonntag-Stein bequem zur Bergstation. Von dort aus führt der Aufstieg entlang des Winterwanderweges, vorbei am Grillplatz, bis zur Alpe Unterpartnom. Bei der Bergstation steht ein Rodelverleih zur Verfügung. Für eine Einkehr empfehlen sich das Alpen-Chalet Partnom oder die Seilbahn Stuba – beide laden zum Verweilen ein. Danach geht's wieder mit der Seilbahn zurück ins Tal.
@ www.vorarlberg.travel/route/rodelbahn-sonntag-stein-sonntag/

VERANSTALTUNGEN UND KURSE FÜR KINDER

Propstei St. Gerold
In der Propstei St. Gerold sind verschieden Seminare und Kurse schon ab Kleinkindalter buchbar. Immer wieder mal die aktuellen Kurse unter »Veranstaltungen und Seminare« in der »Familien und Jugendliche«-Rubrik anschauen lohnt sich!
@ www.propstei-stgerold.at

▲ Alpdorf Laguz

Meine Lieblingsorte:

Meine Besuche:

Tannberg

Der Tannberg ist eine malerische Hochebene im Osten Vorarlbergs, eingebettet zwischen den imposanten Gipfeln des Bregenzerwaldes und dem Lechquellengebirge. Bekannt für seine ursprüngliche Natur und ruhige Atmosphäre, zieht die Region Naturliebhaber und Erholungssuchende gleichermaßen an.

Zu den Gemeinden am Tannberg zählen unter anderem Warth, Schröcken und Lech. Jeder Ort besticht durch seinen eigenen Charme – von traditionellen Holzhäusern und lebendigen Brauchtumsfesten bis hin zu modernen Angeboten für Gäste und Einheimische. Die Landschaft rund um den Tannberg bietet mit seinen weitläufigen Wiesen, dichten Wäldern und klaren Bergseen zahlreiche Möglichkeiten für Aktivitäten wie Wandern, Mountainbiken und im Winter Skifahren oder Schneeschuhwandern.

Einen festen Lieblingsausflug haben wir hier nicht – am liebsten starten wir einfach in Lech. Die Umgebung begeistert uns jedes Mal aufs Neue: Das Gefühl, hoch oben in den Alpen zu sein, die frische Luft zu atmen und den Blick über die Berge schweifen zu lassen, ist einfach unbezahlbar.

◀ Verdiente Pause auf dem Gipsis Rätselweg

OUTDOOR-ERLEBNISSE

Arlberg Alpin

Lust auf Action? Arlberg Alpin bietet auch für Familien und Kinder verschiedene Programmpunkte an, u.a. Familien-Canyoning, Familienklettern, E-Bike-Touren, Bogenschießen und noch einiges mehr. Einzelne Aktivitäten sind schon ab 5 Jahren buchbar.

@ www.arlbergalpin.at

Alpinschule Widderstein

Breites, auch familiengeeignetes Angebot wie Canyoning und Schnupper-Klettersteig wird angeboten.

@ www.alpinschulewidderstein.com

Alpinschule Schröcken

Für Familien mit Kindern ab 6 Jahren gibt es Kletterkurse.

@ www.alpinschule-schroecken.at

Holzschopf Schröcken

Beim Holzschopf in Schröcken können Familien mit Kindern entweder verschiedene Abenteuer-Touren (ab 7 Jahren) oder Canyoning-Touren (ab 8 Jahren) buchen. Die Touren sind auf Kinder abgestimmt und garantieren ein unvergessliches Abenteuer.

@ www.holzschopf.com

Abenteuerpark Schröcken

Kinder ab dem vollendetem 6. Lebensjahr können sich mit Ihrer Aufsichtsperson im Hochseilgarten richtig austoben. Der Abenteuerpark in Schröcken bietet ein vielseitiges Angebot – für ältere Kinder gibt es anspruchsvollere Parcours, darunter Hochseilgarten-Elemente, Flying Fox und der Mega Swing.

@ www.abenteuerpark.net

Spielplatz Bergstation Seekopfbahn Lech

Bei der Bergstation der Seekopfbahn in Lech gibt es einen Kletter- und Balancierparcours, der aus meiner Sicht weniger für Kleinkinder geeignet ist. Generell starten bei der Bergstation mehrere Wanderwege, darunter auch ein Rundweg um den Zürser See. Für geübte Wanderkinder kann dies ein tolles Ausflugsziel sein.

@ www.lechzuers.com

ERLEBNISPFADE & BESONDERE WEGE

Arlenzauberweg Lech

Länge: ca. 2,4 km / ein Weg / Dauer: ca. 1,5 Stunden / kinderwagentauglich: nein

Auf dem Arlenzauberweg finden sich 20 verschiedenen informative und interaktive Stationen zu Tieren und Pflanzen. Unterwegs werden verschiedene Schätze unter die Lupe genommen. Der Weg beginnt bei der Bergstation der Bergbahn Schlegelkopf und führt über den Libellensee bis zur Rud-Alpe. Die Rud-Alpe hat für Kinder vieles zu bieten, wie z. B. den Wasserspielplatz und Streichelzoo. Wer noch etwas mehr Beschäf-

tigung auf dem Weg sucht, kann den Forschungsauftrag »Arlenzauberweg« ausfüllen und bei der Rud-Alpe abgeben. Für richtig ausgefüllte Aufträge gibt es eine Überraschung. Der Forschungsauftrag kann online heruntergeladen und ausgedruckt werden.
@ www.lechzuers.com/de/sommer/aktivitaeten/wandern/der-gruene-ring/der-arlenzauberweg

BlütenReich Rüfikopf

Länge: ca. 1 km / Rundweg / kinderwagentauglich: keine Info vorhanden / Dauer: ca. 45 Minuten

Der Blütenpfad vermittelt an verschiedenen Stationen Wissenswertes über die beeindruckenden Alpenblumen. Zu diesem Themenweg ist bei der Lech Zürs-Information, der Rüfikopfbahn und dem Panoramarestaurant Rüfikiopf gegen eine Gebühr zusätzlich ein Alpenblumen-Büchlein erhältlich. Ganz wichtig: Auf dem Weg die Blumen nicht pflücken! Der Startpunkt des Weges befindet sich in der Nähe der Bergstation Rüfikopfbahn 2.
@ www.lechzuers.com/de/sommer/bergbahnen/panoramaberg-ruefikopf/bluetenreich-ruefikopf

Der Grüne Rätsel-Ring Lech

Länge: ca. 0,6 km / eine Strecke / kinderwagentauglich: keine Info vorhanden / Dauer: ca. 15 Minuten ein Weg

Das Arbeitsbuch zu diesem Themenweg kann bei der Lech Zürs-Information gegen eine Gebühr abgeholt werden. Der Rätselweg beginnt dann Richtung Rud-Alpe. Für die Lösungen müssen verschiedene Aufgaben durch Klettern, Angeln, Treten, Drehen und Pumpen erledigt werden. Der Weg ist für Familien mit kleineren Kindern wie auch für größere Kinder geeignet. Als Belohnung für den Weg wartet bei der Rud-Alpe ein Wasserspielplatz auf die Kleinen. Wer noch nicht genug vom Wandern hat, kann den Spaziergang zum Libellensee erweitern.
@ www.lechzuers.com/de/sommer/aktivitaeten/wandern/der-gruene-ring/der-gruene-raetsel-ring

Gipsis Rätselweg und »Spielend Wandern« in Lech

Länge: ca. 2 km bzw. 3,8 km / Rundweg / Dauer ca. 1 Stunde bzw. 2 Stunden + Rätselzeit / kinderwagentauglich: nein

Der Rundweg beginnt bei der Bergstation der Petersbodenbahn. Diese ist entweder mit der Bahn oder über den »Spielend Wandern«-Weg ab der Talstation erreichbar. Das Rätselheft ist kostenlos bei den Bergbahnen erhältlich, ein weiteres Heft mit Spielen zum »Spielend Wandern«-Weg gibt es in der Tourismusinformation. Das einzige, was noch benötigt wird, ist ein

Smartphone, um das Rätsel zu lösen. Entlang des Weges befinden sich Einkehrmöglichkeiten. Der Rundweg endet wieder an der Bergstation; von dort aus kann derselbe Weg ins Tal gewählt oder die Bahn genutzt werden.
@ www.lechzuers.com/de/der-gruene-ring/gipsis-raetselweg

Murmele Wanderpass & SummitLynx €

Kinder können sich ab Laufalter im Tourismusbüro den Murmele Wanderpass holen. An verschiedenen Stationen im Wandergebiet können vier Stempel gesammelt werden. Wer alle vier Stempel beisammen hat, erhält eine kleine Überraschung im Tourismusbüro. Ähnlich funktioniert das digital mit der App SummitLynx.
@ www.warth-schroecken.at/de/sommer/wanderpass.html

SteinZeitWeg Rüfikopf

Länge: ca. 400 m / ein Weg / Dauer: ca. 20 Minuten / kinderwagentauglich: ja

Ein kurzer Weg zum Thema Gesteine, welcher kinderwagentauglich ist. Die einzelnen Stationen drehen sich um die Geologie vom Rüfikopf. Der Themenweg hat auch einen künstlerisch inszenierten Steinpark mit Panorama-Fotomotiven zu bieten. Am Ende des Weges startet der Themenweg »BlütenReich Rüfikopf« und lässt sich somit wunderbar kombinieren.
@ www.lechzuers.com/de/sommer/bergbahnen/panoramaberg-ruefikopf/steinzeitweg-ruefikopf

TIERISCHE BEGEGNUNGEN

Geführtes Alpakatrekking €

Zu allen Jahreszeiten bietet der Adlerhof Montag- und Donnerstagnachmittag Wanderungen mit Alpakas an. Nur nach Reservierung möglich!
@ www.adlerhof-lech.at

SPIELPLÄTZE

Spielplatz Sportplaz Lech

Spielplatzausstattung: Nestschaukel, Seilbahn, Trampolin, Balancier- und Kletterparcour, Karussell, Wasserspiel, Tunnel, Schaukel, Rutsche, Holzhaus.

Spielplatz Rud-Alpe

Spielplatzausstattung: Trampolin, Wasserspiel, Balancier- und Kletterparcours, Schaukel, Rutsche, Baumhaus und Streichelzoo.

Die Rud-Alpe liegt bei den Themenwegen »Arlenzauberweg« und beim »Grünen Rätsel-Ring« auf dem Weg und lässt sich prima mit einem der Wege verbinden. Wer lediglich zur Rud-Alpe möchte, kann diese von

Lech aus über den Spazierweg in ca. 20 Minuten erreichen.
@ www.rud-alpe.at

Spielplatz an der Schlegelkopfbahn
Spielplatzausstattung: Rutsche, Schaukel, Nestschaukel, Sandkasten.

SCHLECHTWETTER-PLAN

Bowling im sport.park.lech €
Auch bei schlechtem Wetter lässt sich in Lech die Zeit angenehm verbringen. Im sport.park.lech kann das Bowlingkönnen unter Beweis gestellt werden.
@ www.sport-park-lech.at/home/bowling/

Eishalle im Hotel Monzabon €
Das Hotel Monzabon in Lech bietet eine ca. 300 m² große Kunsteisfläche zum Eislaufen an. Schlittschuhe können direkt vor Ort ausgeliehen werden.
@ www.stuben-arlberg.at/ausflugsziel/eislaufhalle-monzabon

WASSERSPASS

Tauchen am Arlberg €
Schnupperkurse in den Gebirgsseen sind schon ab 8 Jahren möglich. Von Beginner bis Profi, alle können dieses unvergessliche Erlebnis ausprobieren.
@ www.lechzuers.com/de/sommer/arlberg-alpin/tauchen

Waldschwimmbad Lech €
Das Waldschwimmbad bietet ein Sportbecken, ein Aquafitbecken mit Sprudelliegen und Massagedüsen, ein Kinder- und Babybecken inklusive einer Breitwellenrutsche. Außerhalb des Schwimmbeckens verfügt es über einen Kinderspielplatz und Kiosk, sowie andere Freizeitaktivitäten. Außerhalb des Schwimmbades, gleich nebenan, befindet sich eine Grillstelle.
@ www.lechzuers.com/de/sommer/aktivitaeten/waldschwimmbad

WINTERAKTIVITÄTEN

Rodelbahn Oberlech nach Lech €
Der Startpunkt der Rodelstrecke befindet sich in der Nähe der Bergbahn Oberlech, dieser ist entweder bequem mit dem Lift oder über den Winterwanderweg erreichbar. Auf rund 1,2 km geht es über die familienfreundliche Strecke von Oberlech bis nach Lech. Rodel können vor Ort an mehreren Stellen ausgeliehen werden.
@ www.lechzuers.com/de/winter/wintersport/weitere-aktivitaeten/rodeln

Erlebnisbericht Tagesausflug Lech

Sommer 2025

An einem Sonntag voller Sonnenschein führte uns unser Weg nach Lech. Geplant hatten wir zwei Wanderungen, naja... Wie das manchmal so ist, haben wir am Ende nur eine geschafft.

Im Tourismusbüro haben wir uns das Rätselheft für den Grünen Rätsel-Ring besorgt und sind dann zur Seilbahn gelaufen. Unser erstes Ziel war der neue Gipsi-Rätselweg. Leider war nirgendwo wirklich klar ausgeschildert, wo der Start ist. Wir haben sogar die paar Mitarbeiter gefragt, die vor Ort waren – weitergeholfen hat uns das nur bedingt. Da wir die Tickets am Automaten kaufen mussten, entschieden wir uns für eine Fahrt mit der Oberlech-Bergbahn. Oben angekommen, stellten wir fest, dass wir noch einmal weiter mit der Petersbodenbahn fahren mussten. Zum Glück hat uns dort ein sehr netter Mitarbeiter weitergeholfen. Kleiner Tipp: An der Talstation können gleich Tickets für beide Bahnen gekauft werden.

Oben an der Bergstation angekommen, wurden wir von einer Hüpfburg überrascht, ab da beginnt auch der Rätselweg. Die sieben Stationen waren spannend und sogar unsere Kleine mit 3,5 Jahren konnte bei einigen mithelfen. Für die Rätsel braucht ihr auf jeden Fall ein Smartphone – zusammen mit Karte, Stift und dem Smartphone lässt sich alles lösen. Kinder ab einem Lesealter können sich selbstständiger an den Rätseln probieren.

Der Weg führt an der Kriegeralpe vorbei, wo wir uns eine Pause mit einem leckeren Kaiserschmarren gegönnt haben. Unsere Kleine ist den Gipsi-Rätselweg komplett selbst gelaufen. Wir haben auf dem Weg auch verschiedene Blumen gesucht, fotografiert und zuhause nachgeschlagen, wie diese heißen. So hielt sich auch die Motivation zum Laufen und Entdecken.

Einkehren, ein Abstecher zur Rud Alpe und das viele Spielen und Entdecken haben uns 6 bis 7 schöne Stunden geschenkt. Ein wirklich gelungener Tag, der definitiv zeigt: Für einen Ausflug nach Lech sollte ein ganzer Tag eingeplant werden!

Wer im Besitz einer V-Card ist, kann dank der Partnerschaft mit den Seilbahnen eine Berg- und Talfahrt kostenlos erleben.

Kinderländer Lech – Oberlech – Zürs
In allen drei genannten Kinderländern stehen zu den Öffnungszeiten Förderbänder zur freien Verwendung zur Verfügung. Für Kinder, welche die ersten Schwünge schon beherrschen, gibt es jeweils ein Übungsgelände € mit modernen Übungsliften und ersten Abfahrten.
@ www.skiarlberg.at/de/Lech-Oberlech-Zuers/Ski-Action/Kinderlaender

Rodelbahn Schröcken €
Die ca. 2 km lange Rodelstrecke beginnt in der Parzelle Neßlegg und reicht bergab in die Parzelle Heimboden. Ein Rodelbus fährt regelmäßig zwischen Start und Ziel hin und her. Auf der Rodelstrecke besteht Helmpflicht.
@ www.warth-schroecken.at/de/winter/aktivitaeten/rodelbahn-schroecken.html

Kinderländer Warth-Schröcken €
Die Kinderländer in Warth-Schröcken bieten jede Menge Spaß und Abwechslung für junge Skifahrer. Auf den abwechslungsreichen Übungsgeländen mit verschiedenen Liften finden Anfänger als auch Kinder, welche sicherer auf den Pisten sind, etwas Passendes. Von sanften Übungshängen über kindgerechte Förderbänder und Seillifte bis hin zu kleinen Hindernissen und abwechslungsreichen Spielstationen – es ist für jeden etwas dabei. Eine detailliertere Übersicht ist online zu finden.
@ www.skiarlberg.at/de/Warth-Schroecken/Ski-Action/Kinderland

Rodeln bei der Dorfbahn Warth €
Zum Startpunkt der Rodelbahn fährt eine Seilbahn nach oben. Wer möchte, kann den Aufstieg zu Fuß über den Winterwanderweg machen, dieser beginnt gegenüber der Wäldermetzge in Warth. Rodel können an der Talstation ausgeliehen werden.
@ www.warth-schroecken.at/de/winter/aktivitaeten/rodeln-an-der-dorfbahn-warth.html

Rodelbahn »Höhi« in Warth €
Am Ortsende von Warth befindet sich die ca. 700 m lange Rodelbahn, welche zu Fuß gut erreichbar ist. Ein bis zwei Mal wöchentlich finden Rodelabende statt, da fährt ein Traktor – die Rodel an einer langen Kette daran befestigt – bergauf. Rodelverleih gibt es in den örtlichen Sportgeschäften, die Rodel für den Rodelabend werden gestellt.
@ www.warth-schroecken.at/de/winter/aktivitaeten/rodelbahn-in-warth.html

Eislaufen am Natur-Eislaufplatz Zürs €
Gemütliche Runden auf dem Eislaufplatz drehen – inklusive wunderschöner Aussicht – ist in Zürs möglich.
@ www.lechzuers.com/de/winter/wintersport/weitere-aktivitaeten/eislaufen

Klostertal

Das Klostertal ist ein idyllisches Tal in Vorarlberg, das sich von Bludenz bis zur Grenze nach Tirol erstreckt. Eingebettet zwischen dem Rätikon im Süden und dem Verwall im Norden, besticht das Tal durch seine abwechslungsreiche Landschaft, die von sanften Tälern bis zu beeindruckenden Berggipfeln reicht.

Das Klostertal umfasst Gemeinden wie Klösterle, Dalaas, Innerbraz und Thüringen. Jede dieser Gemeinden verbindet Tradition mit moderner Lebensqualität – sei es durch gut erhaltene historische Gebäude, lebendige Dorfgemeinschaften oder ein vielseitiges Angebot an Veranstaltungen. Das Tal ist ein Paradies für Naturliebhaber und Sportbegeisterte: Wandern, Klettern, Mountainbiken im Sommer und Skifahren oder Schneeschuhwandern im Winter bieten hier für jeden Geschmack etwas.

Unser persönlicher Lieblingsausflug im Klostertal führt zum Sonnenkopf ins Bärenland. Die Kombination aus Natur, Abenteuer und kindgerechter Unterhaltung macht das Bärenland zu einem ganz besonderen Ort, welchen wir immer wieder gerne erkunden.

◂ Bärensee mit Floßanlage am Sonnenkopf

OUTDOOR-ERLEBNISSE

Bärenland am Sonnenkopf Klösterle €

Die Bergstation vom Sonnenkopf, wo sich das Bärenland befindet, ist am besten mit der Seilbahn erreichbar, alternativ auch zu Fuß (je nach persönlicher Ausdauer etwa 2 Stunden).

@ www.sonnenkopf.com

Highlights Bergstation:

- Indoorspielbereich im Restaurant
- Hüpfburg auf der Terrasse
- Sehr großer Spielplatz mit Wasserspiel, Klettermöglichkeiten und viel mehr (S. 132)
- Im Sandkasten/Schürffeld kann nach kleinen Silberbären gesucht werden
- Kugelbahn
- Interaktiver Bärenweg
- Verschiedene Wanderwege
- Kindertaugliche Mountainbike-Touren
- Grillstelle

Rodelspaß am Sonnenkopf – siehe unter *Winteraktivitäten* S. 134.

E-Trail Park in Stuben am Arlberg €

Bereits ab 4 Jahren können die speziellen, besonders leichten Elektromotorräder ausgeliehen werden. So haben sowohl Kinder als auch Erwachsene die Möglichkeit, ihre Geschicklichkeit, Genauigkeit und Konzentration spielerisch zu trainieren und unter Beweis zu stellen.

@ www.e-trial-arlberg.at

ERLEBNISPFADE & BESONDERE WEGE

Schatzsuche Dalaas

Die Schatzkarte mit dem ersten Hinweis kann während der Öffnungszeiten im Tourismusbüro oder im Gemeindeamt Dalaas abgeholt werden. Wer alle 8 Rätsel richtig löst, darf sich an einem der beiden Abholorte auf eine kleine Überraschung freuen. Der Weg führt durch Dalaas und die reine Laufzeit beträgt ca. 20 Minuten – plant zusätzliche Zeit zum Rätseln ein.

Erlebnisbericht Bärenland am Sonnenkopf

Sommer 2024

Unser Ausflug startete mit der Auto-Anreise bis zum Parkplatz bei der Talstation der Sonnenkopfbahn. Von dort aus ging es bequem mit der Gondel weiter. Mit etwas Glück wird eine Gondel voller Teddybären erwischt, was vor allem für die Kleinen ein Highlight ist!

Oben angekommen, gönnten wir uns ein Frühstück im Panoramarestaurant – und das war wirklich ausgezeichnet. Das Buffet ließ keine Wünsche offen: von Wurst und Käse über frisches Obst bis hin zu warmen Waffeln und Crêpes war alles dabei. Das Frühstück sollte jedoch unbedingt am Vortag reserviert werden.

Gestärkt und gut gelaunt haben wir uns anschließend auf den Spielplatz begeben. Unsere Tochter war zu diesem Zeitpunkt etwa 2,5 Jahre alt und konnte bereits viele Spielgeräte ausprobieren. Einige waren noch etwas zu anspruchsvoll, aber insgesamt war das Angebot sowohl für jüngere als auch ältere Kinder sehr gut geeignet. Was uns allerdings etwas gestört hat: Auf dem Spielplatz gab es nur wenig Schatten. Daher unser Tipp – unbedingt an Sonnencreme und Sonnenhut denken!

Das persönliche Highlight unserer Kleinen war ganz klar die große Holzkugelbahn, die Wasserspielstationen und die Klettermöglichkeiten. Eigentlich hatten wir vor, auch noch den interaktiven Bärenweg zu erkunden – doch daraus wurde nichts. Die Eindrücke hatten ihre Spuren hinterlassen und unsere Tochter schlief erschöpft ein. Rückblickend hätten wir Frühstück und Mittagsschlaf wohl etwas besser planen sollen, denn nach etwa zweieinhalb Stunden war unser Ausflug an der Bergstation auch schon zu Ende – entsprechend müde und nicht mehr ganz so fröhlich.

Zum Glück hatten wir unsere Trage dabei, die bei Ausflügen in die Berge ohnehin nie fehlen darf. So beschlossen wir, den Rückweg zur Talstation zu Fuß zu machen, während unsere Kleine ihren Mittagsschlaf nachholte. Für die Strecke von der Bergstation bis nach unten haben wir mit Pausen etwa 2,5 Stunden gebraucht. Der Weg war wunderschön – immer wieder plätscherten kleine Rinnsale neben dem Pfad, die wie winzige Wasserfälle aussahen und für eine herrlich entspannte Stimmung sorgten.

Trotz kleiner Pannen war es ein rundum gelungener Tag. Wir kommen auf jeden Fall gerne wieder!

💡 Wer im Besitz einer V-Card ist, kann dank der Partnerschaft mit Klostertaler Bergbahnen eine Berg- und Talfahrt kostenlos erleben.

Wäldletobelweg-Quiz Klösterle am Arlberg

Länge: ca. 3,4 km / Rundweg / kinderwagentauglich: keine Info vorhanden / Dauer: ca. 1,5 Stunden

Das Quiz mit den Fragen kann im Tourismusbüro Klösterle am Arlberg abgeholt werden. Wer die Fragen richtig beantwortet hat, bekommt eine Überraschung im Tourismusbüro, dort wo der Rundweg auch startet und endet.

@ www.vorarlberg.travel/route/lehrpfad-kloesterle-am-arlberg/

Wichtel-Erlebnisweg in Wald am Arlberg

Länge: ca. 1,4 km / ein Weg / Dauer: ca. 1 Stunde / kinderwagentauglich: ja

Alfonz, der Wasser-Wald-Wichtel, begleitet alle auf dem Erlebnisweg und gibt Einblicke in sein Wichtelleben. Der Startpunkt des Weges ist die Bushaltestelle »Außerwald« in Wald am Arlberg und endet bei der Bushaltestelle »Stelzistobel«. Auf dem Weg gibt es Geschichten und Spielstationen zu entdecken, vor der letzten Tafel befindet sich ein Grillplatz, bei dem eine ausgedehnte Pause eingelegt werden kann. Direkt vor Ort befinden sich keine Parkplätze, daher ist eine Anreise mit Bus vorteilhaft, ansonsten kann ein Stück weiter beim Kristbergsaal in Dalaas oder bei der Sonnenkopfbahn geparkt werden.

@ www.vorarlberg-alpenregion.at/klostertal/de/wichtel-erlebnisweg-wald-am-arlberg-2_vc5628

Der Weg kann im Winter auch gut begangen werden, da gibt es zusätzlich das Wichtel-Postamt. Zusätzlich kann auch eine Geschichten-Tour im Sommer und Winter gebucht werden, hier gibt es einen geführten Ausflug mit Geschichten.

@ www.vorarlberg-alpenregion.at

TIERISCHE BEGEGNUNGEN

Alpenranch Ponyreiten

Die Alpenranch im Klostertal bietet Ponyreiten für Kinder von 2-6 Jahren (von den Eltern geführt) an.

@ www.alpenranch.at/preise/

Klostertaler Lamatrekking

Zusammen mit Lamas wandern gehen, nur mit Voranmeldung.

@ www.vorarlberg-alpenregion.at/klostertal/de/lamatrekking-in-braz_vc4214

SPIELPLÄTZE

Spielplatz Dalaas (beim Sportplatz)

Spielplatzausstattung: Rutsche, Schaukel, Wippe, Sandkasten, Klettermöglichkeit.

Am Sonnenkopf Bärenland Klösterle

Spielplatzausstattung: Schaukel, Seilbahn, Sandkasten, Wippen, Kletter- und Balanciermöglichkeit, Holzkugelbahn, Wasserspiel, Karussell.

Spielplatz Wald am Arlberg (neben der Volksschule)
Spielplatzausstattung: Sandkasten, Rutsche, Wippe Schaukel, Nestschaukel, Klettermöglichkeit.

WASSERSPASS

Freibad Braz

Über die Sommermonate hat das Schwimmbad Braz geöffnet. Das Freibad hat ein Schwimmbecken mit Nichtschwimmerbereich, eine große Rutsche, ein Kinderbecken mit kleiner Rutsche, eine große Liegewiese, einen Kinderspielbereich und einen bewirteten Kiosk zu bieten.
@ www.innerbraz.at/Unsere_Gemeinde/Freizeit/Freibad

Freibad Dalaas

In den Sommermonaten hat das Freibad in Dalaas geöffnet. Es verfügt über ein Nichtschwimmer- und ein Kinderbecken, eine große Liegewiese, einen bewirtschafteten Kiosk, Tischtennis und einen Kinderspielplatz.
@ www.dalaas.at/Einrichtungen/Freizeit/Freibad

AlmWasserPark Klösterle am Arlberg

Das Naturschwimmbad hat in den Sommermonaten meist ab Mitte Mai bis Anfang September geöffnet. Die Öffnungszeiten richten sich an den Temperaturen und der Witterung. Es verfügt über einen Schwimmbereich, Kinderbecken, einen 2-Meter-Sprungturm und ein Sprungbrett. Außerhalb des Wassers gibt es eine große Liegewiese, eine Kinderspielecke und einen Beachvolleyplatz.
@ www.vorarlberg-alpenregion.at/klostertal/de/akiv-sein/almwasser-park-kloesterle

Gleich gegenüber befindet sich der Kneipp- und Relax-Garten Alfenz. Ideal, um den Ausflug mit einem Spaziergang durch den Garten zu kombinieren – vor oder nach dem Badevergnügen.

WINTERAKTIVITÄTEN

Rodelbahn Dalaas

In Dalaas ist die Rodelbahn etwa in 15 Minuten zu Fuß vom Kristbergsaal erreichbar. Der Rodelhang ist etwa 400 m lang.
@ www.vorarlberg-alpenregion.at/klostertal/de/no-translation-sbvg8zdr_vc5633

Rodelbahn Sonnenkopf Klösterle

Die Rodelbahn am Sonnenkopf führt von der Berg- zur Mittelstation und ist

etwa 2 km lang, das Rodelvergnügen dauert ca. 20 Minuten. Ein Rodelverleih befindet sich direkt an der Talstation.
@ www.sonnenkopf.com/de/wintersport/rodeln.html

Rodeln am Fuchslochbühel in Klösterle
Direkt beim Fuchslochbühellift (kleiner Skilift, auch für Kinder geeignet) können Familien den Rodelspaß genießen. Die Rodelmöglichkeit befindet sich direkt hinter der Kirche in Klösterle am Arlberg. Die Rodellänge beträgt ca. 300 m.
@ www.vorarlberg-alpenregion.at/klostertal/de/no-translation-mjl2yt08_vc5632

KINDERGEBURTSTAG

Am Sonnenkopf im Restaurant €
Im Restaurant bei der Bergstation kann sehr gut der Geburtstag gefeiert werden, anschließend kann sich die Rasselbande auf dem Outdoorspielplatz austoben. Mehr Infos zum Sonnenkopf S. 130.

VERANSTALTUNGEN UND KURSE

Museumsverein Klostertal €
Die Kinderuniversität bietet im Museum Klostertal verschiedene Kurse an, teilweise schon für Kinder ab 6 Jahren. Die Teilnahme ist nur mit einer vorherigen Anmeldung möglich. Wichtig: Prüft vorab das angegebene Alter für den jeweiligen Kurs. Das Programm ist online ersichtlich.
@ www.museumsverein-klostertal.at/programm/

Meine Lieblingsorte:

Brandnertal

Das Brandnertal liegt im Süden Vorarlbergs und ist ein ideales Ziel für Familien und Naturliebhaber. Das rund 13 Kilometer lange Tal ist über Bludenz–Bürs erreichbar und verläuft durch die Rätikongruppe (eine Untergruppe der Alpen an der Grenze zur Schweiz und Liechtenstein). Die Schesaplana (2965 m) stellt den höchsten Punkt des Brandnertals und zugleich den höchsten Gipfel des Rätikons dar.

Besonders rund um Brand öffnet sich das sonst eher enge Tal zu einer weitläufigen Landschaft, die zum Verweilen einlädt.

In den Gemeinden Brand, Bürserberg, Bludenz und Bürs warten Wanderwege, klare Bergseen, Bergbahnen, Almen und abwechslungsreiche Freizeitangebote für Groß und Klein. Das Tal bietet zu jeder Jahreszeit vielfältige Möglichkeiten für Wanderungen, Wintersport und Naturerlebnisse.

◄ Auf dem Natursprünge-Weg im Brandnertal

OUTDOOR-ERLEBNISSE

Bogenschießen mit Bogenwelt Brand und Bürserberg €

Die Bogenwelt bietet zwei verschiedene Parcours mit 3D-Tiernachbildungen an, 1× in Brand mit 34 Stationen und 1× in Bürserberg mit 28 Stationen. Kinder bezahlen ab 10 Jahren.

@ www.bogenwelt.at

Kletterpark Brandnertal Brand €

Mit dem Bambini Parcours im Brandnertal können Kinder ab 3 Jahren (unter einer Körpergröße von 1,20 m) schon die ersten Kletterversuche wagen. Ab einer Mindestgröße von 1,20 m gibt es etwas schwierigere Parcours und ab der Mindestgröße von 1,40 m können die anspruchsvolleren Parcours geklettert werden. Es gibt Flying Fox-Stationen und verschiedene Seil- und Brückenkonstruktionen auf einer Länge von 500 Metern.

@ www.kletterpark-brandnertal.at

Der Ausflug lässt sich prima mit einem Besuch im Alvierbad (S. 141) oder dem Tiererlebnispfad (S. 141) verbinden, beides befindet sich in der Nähe und ist zu Fuß erreichbar.

Bikepark Brandnertal €

Der Bikepark im Brandnertal bietet mit seinen Mountainkarts ein einzigartiges Erlebnis. Die Funsport-Geräte können an der Talstation der Einhornbahn II gemietet werden, anschließend geht es mit dem Lift zur Bergstation. Auf einer ca. 3 km langen anfängertauglichen Strecke geht's dann bergab. Kinder ab 10 Jahren, welche bis an die Fußrasten reichen, dürfen ein eigenes Kart fahren. Unter 14 Jahren ist eine volljährige Aufsichtsperson Pflicht, Minderjährige dürfen nur mit Einwilligung von Obsorgeberechtigten die Funsportstrecke nutzen. Zusätzlich bietet der Bikepark unterschiedliche Mountainbike-Strecken für jedes Fahrniveau an – vom Anfänger bis zum Profi.

@ www.bikepark-brandnertal.at

Rundwanderung Lünersee ab Brand bei Bludenz

Die Rundwanderung rund um den Lünersee beträgt etwa 6,1 km und dauert ca. 1,5–2 Stunden. Der Weg ist nicht kinderwagentauglich. Nach der Wanderung ist eine Einkehr in der Douglass Hütte am Lünersee möglich, Kinder freuen sich hier auf den Spielplatz. Der Start ist bei der Lünerseebahn in Brand.

@ www.luenersee.at/de/erlebnisse/wandern

@ www.douglasshuette.at

E-Segway Touren im Brandnertal

Ein einzigartiges Erlebnis für besondere Tage durch das Brandnertal. Touren können bei Bergsport-Events unter Aktivitäten gebucht werden. Kinder können sich schon ab 10 Jahren mit einem gültigen Fahrradausweis beweisen.

@ www.bergsportevents.at

Es können auch Touren im Winter im Schnee gebucht werden.

Spielplatz in der Schesa Bürs

Spielplatzausstattung: Rutsche, Klettermöglichkeit, Schaukel, Nestschaukel, Wippe, Seilbahn, Sandkasten, Sitzmöglichkeit.

ERLEBNISPFADE & BESONDERE WEGE

Barfußweg Brand

Länge: ca. 2,5 km / Rundweg / Dauer: ca. 1 Stunde / kinderwagentauglich: ja

Von der Bergstation der Dorfbahn ist der Startpunkt des Barfußweges in wenigen Minuten erreicht. Ab da heißt es Schuhe und Socken ausziehen und die Natur mit den Füßen spüren. Neben dem Pfad befindet sich ein Weg, welcher kinderwagentauglich ist, zusätzlich kann auf dieser Route die Innere Parpfienzalpe besucht werden. Diese bietet eine Gastwirtschaft, einen Spielplatz und frische Alp-Produkte können gekauft werden.

@ www.vorarlberg-alpenregion.at/brandnertal/de/barfuss-weg-brand-1_vc3963

Die Dorfbahn ist im Angebot der V-Card enthalten. Der Weg kann zusätzlich mit dem Naturssprünge-Weg (siehe unten) und dem Tierwelten-Weg (S. 140) kombiniert werden.

Natursprünge-Weg Brand

Länge: ca. 4,7 km / eine Richtung / Dauer: ca. 2 Stunden + Spielzeit / kinderwagentauglich: ja, sollte allerdings geländetauglich sein

Auf dem interaktiven Wanderweg gibt es 11 Stationen zu entdecken und erleben. Der Startpunkt ist jeweils die Bergstation der Dorfbahn oder der Panoramabahn. Es ist möglich, den Weg in beide Richtungen zu gehen und jeweils mit einer Bahn hoch- und mit der anderen wieder hinunterzufahren. Bollerwagen können bei den Bergstationen gegen Gebühr ausgeliehen werden. Bei den Bergstationen und am Weg gibt es Alphütten, Restaurants und Spielmöglichkeiten.

@ www.vorarlberg-alpenregion.at/brandnertal/de/naturspruenge-weg-brandnertal-3_vc3908

Beide oben genannten Bahnen sind im Angebot der V-Card enthalten. In der Übersichtskarte der Bergbahnen Brandnertal sind Einkehrmöglichkeiten und Spielplätze in den Bergen eingezeichnet. Entweder vor Ort mitnehmen oder online unter »Prospekte« einsehen.

www.vorarlberg-alpenregion.at/brandnertal/de

Wer den Weg noch etwas ausweiten möchte, kann den Barfußweg (S. 139) dazunehmen. Geübte können den Themenweg mit dem Tierwelten-Weg kombinieren. Beim Restaurant Frööd, direkt bei der Bergstation der Panoramabahn, gibt es einen Spielplatz.

Tierwelten-Weg Brand

Der Weg beinhaltet 9 interaktive Stationen auf ca. 4,3 km. An den Stationen wird kindgerecht Wissen über heimische Tiere vermittelt. Der Weg ist in ca. 1,5 Stunden begehbar, der Startpunkt ist jeweils die Bergstation der Dorfbahn oder der Palüdbahn. Es ist möglich, den Weg in beide Richtungen zu gehen und jeweils mit einer Bahn hoch- und mit der anderen wieder hinunterzufahren. Auf dieser Route befinden sich zwei Einkehrmöglichkeiten mit Spielplatz.

www.vorarlberg-alpenregion.at/brandnertal/de/tierwelten-weg-brandnertal-1-79wn84m7_vc3906

Beide oben genannten Bahnen sind im Angebot der V-Card enthalten. In der Übersichtskarte der Bergbahnen Brandnertal sind Einkehrmöglichkeiten und Spielplätze eingezeichnet. Entweder vor Ort mitnehmen oder online unter »Prospekte« einsehen.

www.vorarlberg-alpenregion.at/brandnertal/de

Wer den Weg noch etwas ausweiten möchte, kann den Barfußweg (S. 139), welcher auf dem Weg liegt, dazunehmen. Geübte können den Themenweg mit dem Natursprünge-Weg (S. 139) kombinieren. Bei der Palüdbahn befindet sich der Alpengasthof Melkboden mit einem Spielplatz.

www.melkboden.at

Rätseltour mit Brandolin in Brand

Die kostenlose Rätselkarte ist im Tourismusbüro in Brand erhältlich, auf dieser ist der erste Hinweis für die Rätseltour vermerkt. Die Tour dauert etwa 1 Stunde und startet beim Abholort. Die Buchstaben der Lösungen ergeben ein Lösungswort, wer das korrekte Wort im Tourismusbüro vorzeigt, erhält eine Überraschung.

www.vorarlberg-alpenregion.at/de/raetseltour-mit-brandolin-in-brand_vc4209

Märchen- und Sagenweg Bürs

Länge: ca. 3 km / Rundweg / kinderwagentauglich: keine Info vorhanden / Dauer: ca. 1 Stunde

Der Ausgangspunkt der Route ist beim Gemeindeamt in Bürs, in der Nähe befinden sich Parkplätze. Auf dem Weg gibt es mehrere Stationen mit Märchen und Sagen aus der Region und einige Rastplätze mit Bänken.

www.vorarlberg-alpenregion.at/brandnertal/de/maerchen-sagenweg-buers-1_vc3961

TIERISCHE BEGEGNUNGEN

Pony to go bei der Alpenrose in Brand

Die Alpenrose in Brand bietet über das ganze Jahr mit »Pony to go« Ponyspaziergänge für Kinder von 3–5 Jahren an. Die Ponys werden von den erwachsenen Begleitpersonen nach einer kurzen Einweisung selbst geführt.

@ www.alpenrosebrand.at/reiten/

Tiererlebnispfad Brand

Länge: ca. 1,4 km / Rundweg / Dauer: ca. 1 Stunde / kinderwagentauglich: ja

Auf dem kostenlos zugänglichen Erlebnisweg begegnen euch heimische Bauernhoftiere wie Ziegen, Schweine, Hühner und noch einige mehr. Der Rundweg ist etwa 1,4 km lang, es geht auch etwas aufwärts, dennoch ist der Weg für Kinderwagen geeignet.

Der Ausflug lässt sich prima mit einem Besuch im Alvierbad oder dem Kletterpark (S. 138) verbinden, beides befindet sich in der Nähe und ist zu Fuß erreichbar.

Walliserhof in Brand

Beim Walliserhof in Brand können unterschiedliche Pakete (z. B. geführte Spazierausritte, Reitstallbesuche, …) mit Pferden je nach Reitkönnen online gebucht werden.

@ www.walliserhof.at/de/active-nature/reiten-in-den-bergen/79-0.html

SCHLECHTWETTER-PLAN

Klimmerei Boulderhalle Bürs

Die Boulderhalle hat mit dem 580 m² großen Boulderpark so einiges zu bieten. 120 verschiedene Routen sind auf verschiedene Niveaus angepasst – separater Kinderbereich inklusive. Zu den Servicezeiten hat auch das Bistro für Pausen geöffnet.

@ www.klimmerei.at

WASSERSPASS

Alvierbad Naturbadesee

Eine Abkühlung im Bergquellwasser? Das ist im Alvierbad möglich. Durch die angelegten Wasserpflanzen wird das Bad natürlich gereinigt. Für Kinder gibt es einen Erlebnisbereich, zwei kinderfreundliche Becken mit kleinen Wasserläufen und einen Spielplatz. Neben der großen Liegewiese gibt es einen Beachvolleyballplatz und Tischtennismöglichkeiten.

@ www.vorarlberg-alpenregion.at/brandnertal/de/unsere-vielfalt/aktiv/schwimmen

WINTERAKTIVITÄTEN

Anfängerskigebiet Brandnertal €

Im Brandnertal gibt es vier verschiedene Pisten, welche für Anfänger gut geeignet sind. Bei einigen ist die Piste von den Terrassen der Restaurants einsehbar.

@ www.vorarlberg-alpenregion.at/brandnertal/de/magazin/anfaengerskigebiet-brandnertal_m4683

- Der Schedlerhoflift im Tal Brand ist ein kurzer Schlepplift und bietet leichte und breite Pisten, welche gut geeignet für Skianfänger und Familien sind.
- Der Tschenglalift am Bürserberg ist eine Anfängerpiste mit Schlepplift und eignet sich gut für Familien und Anfänger.
- Das Förderband Palüd bietet neben der Bergstation der Gondelbahn Palüd Fahrten auf dem »Zauberteppich«. Das Gebiet ist eingezäunt und flach, daher ideal für (kleine) Anfänger.
- Nebem dem Melkboden Schlepplift befindet sich Brandolins Fuchspark. In diesem Kinderland gibt es eine flache Anfängerpiste, eine Wellenbahn und einen Riesenslalom für Kinder. Ein Highlight ist die WISBI-Strecke (Wie-Schnell-Bin-Ich-Strecke), hier können Besucher jeden Alters ihre Geschwindigkeit testen und Rekorde aufstellen.

@ www.vorarlberg-alpenregion.at/brandnertal/de/brandolins-fuchspark_vc5653

Rodelbahn Eggen Brand €

Ausgangspunkt der Rodelstrecke ist die Bergstation der Dorfbahn in Brand, vor Ort gibt es einen Rodelverleih. Von der Bergstation aus geht es in 25 Minuten auf ca. 3 km abwärts zur Dorfbahn Talstation. Einmal die Woche wird Nachtrodeln mit Flutlicht angeboten.

@ www.vorarlberg-alpenregion.at/brandnertal/de/unsere-vielfalt/aktiv/rodeln

Rodelbahn Schattenlagant Brand

Um bei dieser Rodelbahn zum Ausgangspunkt zu gelangen, ist eine rund 5 km lange Winterwanderung einzuplanen, die etwa 1,5 bis 2 Stunden dauert. Der Einstieg zur Rodelstrecke befindet sich bei der Hütte Schattenlagant, ein idealer Ort für eine gemütliche Einkehr nach dem Aufstieg. Damit der Schlitten nicht den ganzen Weg hinaufgezogen werden muss, besteht die Möglichkeit, direkt bei der Hütte einen Rodel auszuleihen. Es wird jedoch dringend empfohlen, diesen im Voraus telefonisch zu reservieren, um sicherzugehen, dass auch einer verfügbar ist. Nach einer Stärkung geht es anschließend bergab.

@ www.vorarlberg-alpenregion.at/brandnertal/de/rodelbahn-schattenlagant-brand-1_vc3899

Rodelsafari Brand

Die Rodelsafari in Brand ist eine Kombination aus Winterwandern und Rodeln. Es stehen verschiedene

Rodelstrecken für den Rodelspaß zur Verfügung. Der Ausgangspunkt ist jeweils die Panoramabahn Bergstation / Burtschasattel und die Gehzeit liegt zwischen 2 und 2,5 Stunden. Einmal die Woche kann die Rodelsafari mit einem Guide in der Nacht erlebt werden. Alle Infos zu den Varianten sind online ersichtlich.

@ www.vorarlberg-alpenregion.at/brandnertal/de/rodelsafari-5-1_vc3412

Eislaufplatz Brand €

Eislaufen ist auf dem Kunsteislaufplatz Scesa in Brand möglich. Auch Eisstockschießen gibt es hier! Eislaufschuhe können direkt vor Ort ausgeliehen werden.

@ www.vorarlberg-alpenregion.at/brandnertal/de/kunsteislaufplatz-85dvvkov_vc7456

Backyard Snowpark und Fun Run €

Für geübte im Schnee gibt es beim Tannlegerlift jede Saison einen abwechslungsreichen Snowpark für Freestyle-Skifahrer und -Snowboarder. Neben dem Snowpark befindet sich zusätzlich der Fun Run mit schnellen Wellen und steilen Kurven.

@ www.vorarlberg-alpenregion.at/brandnertal/de/unsere-vielfalt/aktiv/skifahren/angebot-piste#wisbi

Rodelhang Schass / Glareu Bürs

Der familienfreundliche, unpräparierte Rodelhang ist etwa 500 Meter lang und gut zu Fuß erreichbar. Geparkt werden kann beim Gemeindezentrum in Bürs.

@ www.vorarlberg-alpenregion.at/brandnertal/de/rodelmoeglichkeit-schass-glareu-2_vc3732

Rodelbahn Löcher Bürserberg €

Der Aufstieg erfolgt über die Einhornbahn I, anschließenden geht es mit dem Rodel in ca. 20 Minuten die etwa 1,4 km lange Naturrodelbahn bergab. An bestimmten Terminen gibt es zusätzlich Nachtrodeln. Ein Rodelverleih direkt vor Ort ist vorhanden.

@ www.vorarlberg-alpenregion.at/brandnertal/de/rodelbahn-loecher-buerserberg-1-1_vc3970

KINDERGEBURTSTAG

Walliserhof Brand €

Beim Walliserhof in Brand können schöne Geburtstagsfeiern mit Pferden individuell gestaltet werden. Da dreht sich alles um das Kennenlernen der Pferde, Pferdekontakt, Putzen, Kuscheln und noch viel mehr. Einzelne Services wie Geburtstagskuchen oder Schnitzelessen können dazugebucht werden.

@ www.walliserhof.at/de/active-nature/reiten-in-den-bergen/79-0.html

Montafon

Im Montafon zeigt sich Vorarlberg von seiner wilden und ursprünglichen Seite. Eingebettet zwischen den Gebirgszügen der Silvretta, des Rätikon und des Verwall, erstreckt sich das rund 39 Kilometer lange Tal bis an die Grenze zur Schweiz. Rauschende Bergbäche, klare Seen, dichte Wälder und blühende Alpwiesen prägen das Landschaftsbild und laden das ganze Jahr über zum Entdecken ein.

Die Dörfer Schruns, Tschagguns, St. Gallenkirch, Gaschurn, Partenen, Gargellen, Vandans, Silbertal, Bartholomäberg und Gortipohl bilden das Herz des Tals. Sie sind Ausgangspunkte für zahlreiche Aktivitäten und gleichzeitig Orte, an denen die traditionelle Walserkultur noch heute sichtbar ist – sei es in den typischen Holzhäusern, in den Bräuchen oder in der regionalen Küche.

Ob gemütliche Familienwanderung oder hochalpine Bergtour – im Sommer eröffnet sich ein abwechslungsreiches Naturerlebnis. Im Winter verwandelt sich das Montafon in eine sportliche Bühne: Skigebiete wie Golm, Silvretta Montafon oder Gargellen locken mit Pisten, Panoramablicken und abwechslungsreichen Angeboten für Groß und Klein.

Das Montafon ist damit eine Region, in der Natur, Kultur und Tradition eine harmonische Einheit bilden – und ein ideales Ziel für alle, die die Alpenlandschaften erleben möchten.

◂ Auf dem Gaglaweg in Gargellen

OUTDOOR-ERLEBNISSE

Golm Erlebnisberg

Der Familienerlebnisberg Golm im Montafon bietet für Familien mit Kindern aller Altersklassen ein abwechslungsreiches Freizeitangebot. Alle einzelnen Aktivitäten werden im jeweiligen Kapitel genauer beschrieben. Verschiedene Programmpunkte können an einem Tag wunderbar miteinander kombiniert werden. Zusätzlich laden unzählige Wege in unterschiedlichen Schwierigkeitsgraden zum Wandern ein. Gute, mit öffentlichen Verkehrsmitteln erreichbare, Parkplätze sind bei der Talstation Vandans oder der Mittelstation Latschau verfügbar. Vor dem Nutzen der Parkmöglichkeiten sollte genau überlegt werden, was unternommen werden soll, da es unterschiedliche Endstationen gibt – aufgelistet bei den Ausflugsvorschlägen.

@ www.montafon.at

- Golmis Forscherpfad (S. 153)
- Golm Waldrutschenpark
- Waldseilpark Golm (S. 147)
- Flying Fox über dem Stausee
- Alpine Coaster
- Familien Skivergnügen (S. 157)
- Naturerlebnispfad Kristakopf (S. 151)

Ausflugsvorschlag 1: Als erstes Golmis Forscherpfad erleben, Pause im Haus Matschwitz mit Spielplatz machen, anschließend mit den Rutschen ins Tal gleiten. Endstation Latschau.

Ausflugsvorschlag 2: Mit dem Waldrutschenpark starten und anschließend einen Stopp beim Waldseilpark einlegen; dann Flying Fox oder den Alpine Coaster erleben. Endstation vom Waldseilpark und Flying Fox ist Latschau. Endstation vom Alpine Coaster ist Vandans.

Alpine Coaster Golm

Mit bis zu 40 km/h von Latschau bis nach Vandans mit der Allwetterrodelbahn! Unterwegs gibt es mit 44 Jumps, 360°-Kreisel und 15 wilde 180°-Kehren einiges an Abwechslung. Die Fahrt dauert ca. 8 Minuten. Altersbegrenzung: Kinder ab 3 Jahren dürfen mitfahren, Kinder ab 8 Jahren und einer Körpergröße von 1,40 m dürfen allein fahren. Ab 14 Jahren darf auch jemand mitgenommen werden.

@ www.golm.at/de/erlebnisse/alpine-coaster-golm

Flying Fox Golm

Spüre den Adrenalinkick auf einem 565 m langen Höheflug über das Staubecken – vom Waldseilpark bis zum Alpine-Coaster! Wichtig: Gewichtsgrenze von mind. 25 kg bis max. 110 kg beachten.

@ www.golm.at/de/erlebnisse/flying-fox-golm

Waldrutschenpark Golm

Europas größter Waldrutschenpark bietet 7 unterschiedliche Rutschen auf einem 2,4 km langen Wanderweg von

Matschwitz nach Latschau. Kinder ab 4 Jahren dürfen die Rutschen verwenden. Die Rutschen sind geschlossen und können auch bei leichtem Regen verwendet werden. Ausgangspunkt für die Tour ist die Mittelstation Matschwitz, die mit der Golmerbahn II € erreichbar ist. Plant etwa 1,5 bis 2 Stunden ein, je nach Pausen oder wie oft ihr rutschen möchtet.
@ www.golm.at/de/erlebnisse/waldrutschenpark-golm

Waldseilpark Golm €
17 unterschiedliche Parcours in verschiedenen Schwierigkeitsgraden warten darauf, erklettert zu werden. Die erforderliche Kletterausrüstung (Helm und Sitzgurt) wird bereitgestellt. Kinder unter 10 Jahren dürfen nur in Begleitung einer volljährigen Person klettern. Für Kinder zwischen 10 und 14 Jahren ist das Klettern unter Aufsicht einer volljährigen Begleitperson gestattet. Ab 14 Jahren ist das eigenständige Klettern erlaubt. Voraussetzung für die Teilnahme ist eine Mindestgröße von 1,20 m. Der Zwergle-Parcours ist für Kleinkinder, welche die ersten Kletterversuche starten. Dieser beinhaltet 14 Übungen auf einer Höhe von 0,5 – 1 Meter. Die Eltern können direkt am Pfad nebenherlaufen.
@ www.golm.at/de/erlebnisse/waldseilpark-golm

Bergerlebnis Gargellen, Bergstation Schafbergbahn
An der Bergstation der Schafbergbahn lässt sich wunderbar einen Ausflugstag verbringen. Der einfachste Aufstieg erfolgt über die Bergbahn. € Freizeit und Einkehrmöglichkeiten befinden sich vor Ort.
@ www.montafon.at/bergbahnen-gargellen

- Mountaincart (siehe unten)
- Abenteuerspielplatz beim Schafberg Hüsli (S. 154)
- Entdeckerrundweg Marie mit Tieren (S. 151)
- 2-tägige Familien-Schmugglertour

@ www.madrisa-rundtour.com/de/sommer/montafon/familientour

Mountaincart Gargellen €
An der Bergstation der Schafbergbahn beginnt das Abenteuer auf drei Rädern: Mit den Mountaincarts geht es über eine rund 6 km lange Strecke entlang des Forstwegs bis zur Talstation. Die Carts sind in verschiedenen Größen verfügbar und ermöglichen eine sichere Fahrt für die ganze Familie. Erwachsene und Jugendliche ab 16 Jahren fahren allein, Kinder ab 10 Jahren und 1,40 m dürfen mit Begleitung selbstständig fahren. Jüngere Kinder nehmen zusammen mit einem Elternteil im Cart Platz. Die Aufsichtspflicht bleibt bei den Erziehungsberechtigten. Carts gibt's direkt an der Bergstation zum Ausleihen.
@ www.montafon.at/bergbahnen-gargellen/de/aktiv/mountaincarts

Erlebnisbericht Abenteuerberg Hochjoch

Sommer 2025

Gegen 10:30 Uhr startete unser Familienabenteuer bei der Talstation der Hochjoch Bahn in Schruns. Ausgestattet mit ausreichend Sonnenschutz und Proviant parkten wir am gebührenpflichtigen Parkplatz und machten uns auf den Weg zur Bergstation mit der Gondel – unsere kleine Entdeckerin war zu diesem Zeitpunkt etwa 3 Jahre alt.

Oben angekommen, genossen wir zuerst einmal das beeindruckende Bergpanorama, das sich vor uns ausbreitete. Direkt daneben befindet sich ein Spielplatz – ideal für den ersten Spielstopp, bei dem unsere Tochter sich nach der Gondelfahrt austoben konnte (siehe *Spielplatzausstattung* auf S. 149).

Anschließend folgten wir den Schildern zum Naturkräftepfad. Die Stationen entlang des Weges sind wirklich spannend, allerdings eher für etwas ältere Kinder ausgelegt. Trotzdem gab es genug zu entdecken: Besonders die Felsen entlang des Weges und die Stationen waren für unsere kleine Klettermaus ein echtes Highlight – hier war ein ausgiebiger Kletterstopp angesagt!

Ein besonderes Erlebnis war das Entdecken von einigen letzten Schneeresten, was natürlich für große Begeisterung sorgte. Danach ging es weiter zu den eindrucksvollen Windtürmen und schließlich zum idyllischen Seebiotop. Dazwischen legten wir eine kleine Jausenpause ein – mit Blick auf die Natur schmeckt es gleich doppelt so gut.

Beim Seebiotop gab es für uns und besonders für unsere Tochter viel zu beobachten: Frösche, Kaulquappen und ein Barfußweg, der zum Erkunden einlud. Nach so vielen Eindrücken und spannenden Momenten war es kein Wunder, dass unsere Kleine sich einen kleinen Powernap in ihrer Trage gönnte – wir nutzten die Zeit, um den Rundweg gemütlich ausklingen zu lassen.

Zum krönenden Abschluss gönnten wir uns am Kiosk ein wohlverdientes Eis und einen weiteren ausgiebigen Spielplatzbesuch.

Unser Fazit: Der Ausflug war rundum gelungen und auch mit kleineren Kindern gut machbar. Dennoch sind viele der Stationen des Naturkräftepfads für etwas ältere Kinder (ab etwa 5–6 Jahren) spannender und verständlicher.

Bevor es endgültig nach Hause ging, machten wir bei der Talstation einen kleinen Spaziergang durch Schruns. Das Ortszentrum ist wenige Schritte entfernt und so konnten wir den Tag ganz entspannt bei einem Kaffee im Ort ausklingen lassen. Nach etwa sechs Stunden Aufenthalt traten wir glücklich und zufrieden die Heimreise an.

Abenteuerberg Hochjoch Schruns
Die Bergstation wird ganz einfach über die Hochjoch Bahn € erreicht. Dort oben startet der Rundweg »Naturkräftepfad Seebligasee« mit interaktiven Stationen und Seebiotip. Direkt bei der Bergstation befindet sich ein großer Abenteuerspielplatz und Einkehrmöglichkeiten. Ein idealer Ort, um einen Tag zu verbringen. Wer etwas mehr Action wünscht, kann mit den Mountaincarts bis zur Mittelstation runterfahren.
@ www.silvretta-montafon.at/de/aktivitaeten/erlebniswelten/abenteuerberg-hochjoch

Spielplatzausstattung:
Motorik-Parcours, Klettermöglichkeit, Kinder-Tubingbahn, Slackline-Park, Trampolin, Schaukel, Rutsche.

Ausflugsvorschlag: Nach einem Spielstopp bei der Bergstation am Abenteuerspielplatz über den Waldwiesenweg Kropfen bis zur Mittelstation wandern. Die Strecke beträgt etwa 2,7 km und dauert ca. 1 Stunde. Der Weg bietet Schatten und ist nicht für Kinderwagen geeignet. Anschließend im Gasthaus Kropfen (@ www.kropfen-hochjoch.at) einkehren, Kinder können sich am Spielplatz noch etwas austoben. Dann mit der Bahn von der Mittelstation wieder ins Tal fahren.
@ www.silvretta-montafon.at/de/aktivitaeten/wandern/top-wanderungen/waldwiesenweg-kropfen

Mountaincart Hochjoch Schruns €
Ab der Bergstation der Hochjoch Bahn gibt es die Möglichkeit, mit den Mountaincarts auf einer Strecke von etwa 4,2 km bis zur Mittelstation zu fahren. Der Spaß erfolgt auf drei Rädern in unterschiedlichen Cartgrößen und ist für die ganze Familie geeignet. Erwachsene und Jugendliche ab 16 Jahren dürfen ohne Begleitung das Cart benutzen. Kinder ab 10 Jahren und 1,40 m Größe dürfen mit Erwachsenenbegleitung allein fahren. Kleinere oder jüngere Kinder fahren nur mit einem Erwachsenen im selben Cart. Die Aufsichtspflicht liegt bei den Erwachsenen. Die Carts sind im Intersport-Shop an der Hochjocher Bergstation erhältlich.
@ www.silvretta-montafon.at/de/events-erlebnisse/bergerlebnisse/mountaincarts_e_3531

Trailpark Hochjoch Schruns €
Der Trailpark bietet Fahrvergnügen auf einer etwa 7 km langen Strecke für die ganze Familie. Voraussetzung ist das Tragen von Helm und Schutzkleidung. Ausgangspunkt ist die

Bergstation der Hochjoch Bahn.
@ www.silvretta-montafon.at/de/aktivitaeten/biken/trailpark-hochjoch

Alpenwelt Nova St. Gallenkirch

Die Alpenwelt Nova wird am einfachsten über die Nova Bahn € von St. Gallenkirch aus erreicht. Hier gibt es spannende Themenstationen, an denen Besucher jeden Alters auf spielerische Weise mehr über die Herstellung regionaler Produkte erfahren. Dabei stehen auch Kühe, Schafe, die alpine Pflanzenwelt sowie die Kultur des Montafons im Mittelpunkt. Der Themenweg »Vier Barga« ladet zu einer kleinen Wanderung ein (S. 153).

Die verschiedenen Spielstationen: Käse-Sudoku, Milchkannen-Kegel, Matschspielplatz mit Sonnensegel, Kuhglockenspiel, Kugelbahn und noch ein paar mehr.
@ www.silvretta-montafon.at/de/aktivitaeten/erlebniswelten/alpenwelt-nova

ERLEBNISPFADE & BESONDERE WEGE

Muntafuner Gaglerwege im ganzen Montafon

Die Muntafuner Gaglerwege (übersetzt aus dem Dialekt »Montafoner Kinderwege«) bieten in elf Montafoner Gemeinden einen eigenen Rätselrundweg mit interaktiven Stationen. Alles, was für das Lösen der Rätsel benötigt wird, gibt es im Gaglaweg-Rucksack, dieser kann gegen Pfand in einer der Tourismusinformationen oder Bürgerservicestellen ausgeliehen werden. Für das gelöste Rätsel gibt es am Schluss ein kleines Geschenk. Die Wege sind geeignet für Familien mit Kindern und dauern je nach Weg etwa 1,5 bis 2,5 Stunden. Übersicht aller Gaglerwege und die genauen Routen online.
@ www.montafon.at/de/Bergerlebnisse/Wandern/Kinderwanderwege/Muntafuner-Gaglaweg

Gaglerweg Bartholomäberg
Länge: ca. 7 km / Rundweg / Dauer: ca.2,5 Stunden / kinderwagentauglich: nein

Gaglerweg Gaschurn
Länge: ca. 5,3 km / Rundweg / Dauer: ca. 2 Stunden / kinderwagentauglich: ja

Der öffentliche Spielplatz bei der Schule ist nur ein paar Minuten Fußmarsch entfernt und kann im Anschluss besucht werden.

Gaglerweg Gargellen
Länge: ca. 5,2 km / Rundweg / Dauer: ca. 2 Stunden / kinderwagentauglich: nein

Gaglerweg Gortipohl
Länge: ca. 4 km / Rundweg / Dauer: ca. 1,3 Stunden / kinderwagentauglich: nein

Gaglerweg Partenen
Länge: ca. 5 km / Rundweg / Dauer: ca. 2 Stunden / kinderwagentauglich: nein

Gaglerweg Schruns
Länge: ca. 2,3 km / Rundweg / Dauer: ca. 1 Stunde / kinderwagentauglich: ja

Gaglerweg Silbertal
Länge: ca. 3 km / Rundweg / Dauer: ca. 1,5 Stunden / kinderwagentauglich: nein

Gaglerweg St. Anton im Montafon
Länge: ca. 3,5 km / Rundweg / Dauer: ca. 1,5 Stunden / kinderwagentauglich: ja

Gaglerweg St. Gallenkirch
Länge: ca. 4,7 km / Rundweg / Dauer: ca. 1,5 Stunden / kinderwagentauglich: nein

Gaglerweg Tschagguns
Länge: ca. 6,2 km / Rundweg / Dauer: ca. 1,5 Stunden / kinderwagentauglich: ja

Gaglerweg Vandans
Länge: ca. 4,6 km / Rundweg / Dauer: ca. 2 Stunden / kinderwagentauglich: ja

Entdeckerrundweg Marie am Schafberg Gargellen
Länge: ca. 3 km / Rundweg / kinderwagentauglich: keine Info vorhanden / Dauer: ca. 2 Stunden + Spielzeit
Der Entdeckerrundweg startet an der Bergstation der Schafbergbahn € und führt auf etwa 3 Kilometern durch eine spannende Erlebniswelt für Kinder. Entlang des Weges warten Tiere, Spielstationen und ein Bachbett, in dem Schatzsucher nach Goldnuggets graben können. Den perfekten Abschluss bietet der große Abenteuerspielplatz.
@ www.montafon.at/bergbahnen-gargellen/de/aktiv/wandern

Naturerlebnispfad Kristakopf Latschau
Länge: ca. 3 km / Rundweg / Dauer: ca. 1,5 Stunden / kinderwagentauglich: nein
Bei diesem etwa 3 km langen Erlebnispfad geht es von der Golmerbahn in Latschau über den Kristakopf und den Klettergarten wieder zurück zum Ausgangspunkt. Auf dem Weg wird Wissenswertes über natürliche Zusammenhänge, Kreisläufe, Pflanzen und Tiere erklärt. Neben den Informationen werden Besucher animiert, die Natur zu erleben, zu fühlen und Fragen zu bearbeiten.
@ www.golm.at/de/naturerlebnispfad-kristakopf-latschau_vc4809

Kann wunderbar mit dem Waldseilpark (S. 147) kombiniert werden.

Naturkräftepfad Seebligasee am Hochjoch Schruns

Länge: ca. 3,1 km / Rundweg / Dauer: ca. 1 Stunde / kinderwagentauglich: ja / kein Schatten

Der Weg startet an der Bergstation der Hochjoch Bahn. € Von dort führt der Pfad über ein atemberaubendes Panorama und bietet unterwegs verschiedene interaktive Stationen sowie ein Seebiotop. Unterwegs laden Naturerlebnisse wie das Klettern über Felsen, ein Barfußpfad und das Erkunden der Umgebung zum Mitmachen ein. Direkt bei der Bergstation befindet sich zudem ein großzügig angelegter Abenteuerspielplatz.

@ www.silvretta-montafon.at/de/aktivitaeten/wandern/familienwanderungen/naturkraeftepfad-seebligasse

Silberpfad am Kristberg im Silbertal

Länge: ca. 2,7 km / Rundweg / Dauer: ca. 1 Stunde / kinderwagentauglich: ja

Der Rundweg bietet 12 verschiedene Stationen, einige davon interaktiv, und startet bei der Bergstation der Kristbergahn. € Zusätzlich bietet eine kostenlose App die Möglichkeit, das Rätsel des »Silberschatzes« zu lösen. Das Highlight befindet sich am Ende der Wanderung: die Silberspielwelt. Gleich nebenan gibt es den Panoramagasthof.

@ www.montafon.at/kristberg/de/wandervielfalt/silberpfad

Ausstattung Silberspielwelt: Indoor-Spielmöglichkeiten, Holzkugelbahn, Sandkasten, Trampolin, Kletter- und Balanciermöglichkeit, Wasserspiel, Rutsche, Sitzmöglichkeit.

Erlebnisweg Litzbach Silbertal

Länge: ca. 9 km / hin und retour / Dauer: ca. 3 Stunden + Spielzeit / kinderwagentauglich: ja

Der etwa 9 km lange Erlebnisweg hat 12 interaktive Stationen zu entdecken, ein idealer Ausflug mit Kindern. Wandern, Klettern, Entdecken, Probieren, Balancieren, Staunen, alles ist erlaubt und erwünscht. Hin und retour geht es auf demselben Weg, welcher kinderwagengerecht ist; zusätzlich befinden sich am Ende des Weges zwei Einkehrmöglichkeiten (Almhütte Fellimännle und Jausenstation Hasahüsli). Startpunkt der Tour ist der Felsa Parkplatz in Silbertal.

@ www.vorarlberg.travel/route/erlebnisweg-litzbach/

Die Almhütte Fellimännle und die Jausenstation Hasahüsli haben jeweils einen Spielplatz, daher ideal für eine Pause.

Themenweg »Vier Barga« in der Alpenwelt Nova St. Gallenkirch

Länge: ca. 2,5 km / Rundweg / Dauer: ca. 1 Stunde + Spielzeit / kinderwagentauglich: ja

Der etwa 2,5 km lange Themenweg bietet verschiedene Infotafeln und Spielmöglichkeiten mit Bezug zur Region. Die Laufzeit beträgt ca. 1 Stunde, rechnet noch etwas Spielzeit mit ein. Nach dem Rundweg können sich Kinder in der Alpenwelt Nova austoben, diese befindet sich in der Nähe des Weges. Einkehrmöglichkeiten befinden sich vor Ort.

@ www.silvretta-montafon.at/de/aktivitaeten/wandern/familienwanderungen/themenweg-vier-barga

Monti Lux Schatzwanderweg, Gafrescha St. Gallenkirch €

Länge: ca. 2,2 km / Rundweg / Dauer: ca. 1 Stunde / kinderwagentauglich: ja

Beim ehemaligen Brunellawirt, jetzt Vermalawirt, kann eine Schatzkarte erworben werden. Der einfachste Aufstieg ist mit der Garfrescha Bahn. Mit der Schatzkarte kann die Schatzsuche beginnen, auf dem Weg warten Rätsel und Fragen auf euch. Am Ende gibt's eine kleine Überraschung. Prüft vorab die Öffnungszeiten des Gasthauses. Der Vermalawirt bietet für kleine Entdecker auf über 400 m² einen Spielbereich mit allerlei Beschäftigung.

@ www.vermalawirt.at

Golmis Forscherpfad Vandans

Länge: ca. 2,4 km / ein Weg / Dauer: ca. 2 Stunden + Spielzeit / kinderwagentauglich: nein

Startpunk des Pfades ist die Bergstation der Golmerbahn €, von da aus geht es auf etwa 2,4 km bergabwärts. Auf dem Weg gibt es 22 verschiedene Stationen zu entdecken, darunter auch ein großes Wasserspiel, welches für Abkühlung sorgt – Wechselkleidung nicht vergessen! Einkehrmöglichkeit besteht bei den Berg- und Talstationen, zudem befinden sich direkt am Weg Rastmöglichkeiten. Das Haus Matschwitz bei der Mittelstation der Golmerbahn II hat einen Spielplatz mit mehreren Spielmöglichkeiten zu bieten.

@ www.golm.at/de/erlebnisse/golmis-forschungspfad

Anschließend den Weg im Rutschenpark mit Rutschen abkürzen. Dieser ist für Kinder ab 4 Jahren erlaubt. Alternativ zu Fuß oder mit der Bahn zum Startpunkt zurück.

TIERISCHE BEGEGNUNGEN

Lamatrekking Montafon Bartholomäberg €

Verschiedene Wanderrouten in Begleitung von Lamas sind in Bartholomäberg bei Lamatrekking Montafon möglich.

@ www.mymontafon.com

Montafon Alpakas Gaschurn

Alpakawanderungen in Gaschurn sind bei »Montafon Alpakas« möglich. Bis zu fünf Personen können jeweils ein Alpaka führen, weitere Gäste dürfen als Begleitpersonen mitwandern. Kinder unter 5 Jahren dürfen kein Tier führen, zwischen 6 und 9 Jahren führen sie gemeinsam mit einem Erwachsenen. Ab 10 Jahren dürfen Kinder ein Alpaka eigenständig führen. Außerdem können Geburtstagsfeiern für Kinder dort gefeiert werden (S. 158).

@ www.montafon-alpakas.at

SPIELPLÄTZE

Spielplatz Bartholomäberg

Spielplatzausstattung: Kletter- und Balanciermöglichkeit, Rutsche, Tunnel, Schaukel, Nestschaukel, Holz-Tipi, Karussell, Sandkasten, Wasserspiel, Sitzmöglichkeit.

Abenteuerspielplatz Gargellen, Bergstation Schafbergbahn

Spielplatzausstattung: Balanciermöglichkeit, Wippe, Schaukel, Nestschaukel, Rutsche.

Spielplatz Gaschurn bei der Schule

Spielplatzausstattung: Kletter- und Balanciermöglichkeit, Rutsche, Nestschaukel, Karussell, Reck, Schaukel, Hängematte, Sandkasten, Sitzmöglichkeit.

Abenteuerspielplatz Gaschurn

Spielplatzausstattung: Rutsche, Schaukel, Reck, Klettermöglichkeit, Holz-Spielhaus, Wippe, Sandkasten, Wasserstelle, Sitzmöglichkeit.

Der Abenteuerspielplatz ist super mit einer kleinen Wanderung kombinierbar. Ausgangspunkt ist Gaschurn Zentrum, von da aus ist der Spielplatz bei der Schule gut zu Fuß erreichbar.

@ www.vorarlberg.travel/route/gaschurn-abenteuerspielplatz/

Spielplatz Gortipohl

Spielplatzausstattung: Rutsche, Sandkasten, Schaukel, Wasserstelle, Wippen, Grillstelle, Sitzmöglichkeit.

Silberspielwelt Kristberg

Siehe mehr auf S. 152 unter *Silberpfad am Kristberg im Silbertal*.

Spielplatz Schruns

Spielplatzausstattung: Klettermöglichkeit, Rutsche, Wippen, Schaukel, Nestschaukel, Holz-Zug, Karussell, Sandkasten, Sitzmöglichkeit.

Spielplatz Silbertal

Spielplatzausstattung: Kletter- und Blanciermöglichkeit, Rutsche, Schaukel, Nestschaukel, Holz-Spielhaus, Hängematte, Sitzmöglichkeit.

Spielplatz St. Gallenkirchen

Spielplatzausstattung: Klettermöglichkeit, Rutsche, Karussell, Wasserspiel, Schaukel, Nestschaukel, Sitzbänke.

Spielplatz Tschagguns
Spielplatzausstattung: Rutsche, Schaukel, Wippen, Nestschaukel, Kletter- und Balancier- sowie Sitzmöglichkeit.

Erlebniswald Tschagguns
Spielplatzausstattung: Hochwippe, Kettenkarussell, Drehwippe, Praterkarussell, Kletter- und Balanciermöglichkeit, Schaukel, Seilbahn, Sandkasten, Wasserstelle, Sitzmöglichkeiten.
Siehe Erlebnisbericht unten.

Im Erlebniswald steht eine Grillstelle zur Verfügung – vorher anmelden! Es fällt eine Gebühr an.

@ www.aktivpark-montafon.at/index.php/erlebnisszene/11-erlebniswald

Erlebnisbericht Aktivpark und Erlebniswald Montafon

Sommer 2025

Wir waren im Montafon unterwegs und dachten uns: Schauen wir doch mal beim Aktivpark vorbei! Da es an diesem Tag immer wieder geregnet hat, war das perfekt. Ich war mit meiner Tochter (3 Jahre) und meinem Patenkind (12 Jahre) dort. Der Park ist überdacht und bietet viele verschiedene Aktivitäten. Der Eintritt war zwar gratis, aber fast alles hat extra gekostet. Im Bambini-Areal fühlte sich meine Tochter am wohlsten. Ihre absoluten Favoriten waren die Hüpfburg und die Minicars. Mein Patenkind fand die Angebote dagegen eher langweilig, weshalb wir schon nach kurzer Zeit weiterzogen. Direkt daneben befindet sich der Erlebniswald Montafon. Dort fühlten wir uns sofort wohl. Der Spielplatz ist von Bäumen umgeben, weitläufig und abwechslungsreich. Es gibt Schaukeln, Rutschen, Kletter- und Balanciermöglichkeiten, einen Sandbereich und vieles mehr. Wir blieben über eine Stunde und hatten alle großen Spaß. Besonders meine Tochter wollte gar nicht mehr nach Hause. Der Erlebniswald hat uns überzeugt und wenn wir wieder ins Montafon fahren, werden wir ihn bestimmt noch einmal besuchen.

Abenteuerspielplatz Vandans
Spielplatzausstattung: Rutsche, Sandkasten, Wasserspiel, Schaukel, Nestschaukel, Holz-Spielhaus, Balanciermöglichkeit, Sitzmöglichkeit, Grillstelle.

SCHLECHTWETTER-PLAN

Aktivpark Montafon Tschagguns €
Im Erlebnisbereich des Aktivparks kommen Kinder von 3–12 Jahren voll auf ihre Kosten – auch bei Schlechtwetter. Bungee-Trampolin, Minicars, Trampoline, Air-Hockey, Riesenrutsche, kleines Fußballfeld, Bambini-Areal (kostenlos) und vieles mehr warten auf kleine Abenteurer.
@ www.aktivpark-montafon.at/index.php/erlebnisszene/10-erlebnisreich

Die vier Montafoner Museen in Schruns, Gaschurn, Silbertal und Bartholomäberg €
Zu den vier Museen zählen das Heimatmuseum Schruns, das Alpin- und Tourismusmuseum Gaschurn, das Bergbaumuseum Silbertal und das Museum Frühmesshaus Bartholomäberg. In jedem der vier Museen können Kinder ab Volksschulalter eine Museumsrally erleben. Jedes Museum hat eine eigene Rallye mit Fragen und Rätseln, nach dem Lösen der Rallye wartet eine Überraschung.
@ www.stand-montafon.at/Museumsrallyes_fuer_Kinder

energie.raum Illwerke Partenen
Der energie.raum ist eine Erlebniswelt, welche Einblicke in verschiedene elektrisierende Themen wie Energie, Umwelt, Wasserkraft und Technik bietet. Es handelt sich um eine Kombination aus Ausstellung und Museum.
@ www.illwerkevkw.at/energie-raum

JUFA Hotel Montafon Schruns €
Die Indoor-Spielwelt ist eine tolle Schlechtwetteralternative und hat für Kinder von etwa 3–12 Jahren abwechslungsreiche Spielmöglichkeiten. Kletterturm, Trampoline, Bällebad, Fußballplatz und kreative Spielzonen – auch für Tagesgäste gegen eine Gebühr zugänglich.
@ www.jufahotels.com/hotel/montafon/

WASSERSPASS

Mountain Beach Gaschurn €
Im Mountain Beach ist für jeden etwas dabei! Die 6.300 m² große Wasserfläche und die großzügige Liegewiese laden zum Entspannen ein. Action gibt's auf der Raftingstrecke mit Luftreifen, dem AirBubble-Hüpfkissen, beim Blobbing oder an der Kletterpyramide. Für Kinder gibt es ein eigenes Becken mit Wasserspielen und einen Spielplatz. Weitere Highlights wie Fähreboote, Balancebalken und Seilbahn sorgen für Abwechslung. Wer eine Pause vom Wasser braucht,

kann Volleyball oder Tischtennis spielen. Das Restaurant bietet gutbürgerliche Gerichte und Snacks an.
@ www.mountainbeach.at/

Alpenbad Montafon Tschagguns €

Das größte Alpenbad in der Region hat so einiges zu bieten. Es verfügt über einen großzügig angelegten Naturbadeteich mit Nichtschwimmerbecken, 50-Meter-Schwimmbahnen und Sprungfelsen und einem 25 m langem Sportbecken. Für Kinder in allen Altersstufen gibt es im Erlebnisbecken allerlei, wie Wasserfontänen, Strömungskanal, Blubber, Doppelwellenrutsche und Röhrenrutsche. Kleinkinder können im Bambini-Becken und der Spielwiese gemütlich spielen. Wer eine Pause vom Wasser braucht, kann eine Runde Beachvolleyball spielen.
@ www.aktivpark-montafon.at/index.php/schwimmbad

Rätikonbad Vandans €

Ob sportlich oder entspannt – die Anlage bietet ein Schwimmbecken mit vier Startsockeln und Kletterwand, ein Mehrzweckbecken mit 14 m langer Doppelwellenrutsche, ein Relaxbecken mit Sprudelliegen, Massagebank und Kaskade sowie ein Kinderbecken mit Clowndusche. Zusätzlich stehen zwei Beachvolleyballplätze zur Verfügung.
@ www.vandans.at/Raetikonbad_Vandans

WINTERAKTIVITÄTEN

Nachtrodelbahn Garfrescha €

Mit der Garfrescha Bahn geht es bequem hinauf zur Bergstation, von wo aus das Rodelvergnügen beginnt: Auf rund 5,5 km führt die beleuchtete Strecke in etwa 20 Minuten rasant talwärts. Der Rodelverleih befindet sich an der Talstation und Einkehrmöglichkeiten sind vorhanden.
@ www.silvretta-montafon.at/de/events-erlebnisse/bergerlebnisse/nachtrodeln-garfrescha_e_1254

Golm Skifahren mit der Familie €

Das Familienskigebiet Golm bietet abwechslungsreiche Skierlebnisse für Groß und Klein. Eine kurze Übersicht findet ihr unten. Mehr Details gibt's online auf der Website:
@ www.golm.at/de/skifahren/skifahren-mit-der-familie

- Der Schlepplift Sücka befindet sich direkt im Skigebiet Golm und ist gut für Anfänger geeignet.
- Der Schlepplift Innerbach liegt direkt bei der Talstation Vandans und ist perfekt für die ersten Übungen auf Skiern.
- Die Familienabfahrt am Golm bis zum »Hexenwald« ist eine Breite und leichte Piste (blaue Piste Nr. 4), welche direkt zum Wald führt. Die ein oder andere Hexe kann gesichtet werden.
- In Golmis Wilder Welt dreht sich alles um Action für Kinder mit

Wellen, Kurven, einer 240 m langen Funline und noch einiges mehr. Das alles befindet sich bei Grüneck bei der blauen Piste Nr. 1.

- Auf Golmines Wellengarten wartet Golmine auf deine High-Five Begrüßungen, als Abschluss kann die Fahrt mit einem Sprung abgeschlossen werden.
- In Golmis Wald können alle auf spielerische Weise bei verschiedenen Stationen die FIS-Regeln lernen.

Naturrodelbahn am Golm von Latschau nach Vandans

Vandans ist von Latschau aus bequem mit der Golmerbahn erreichbar. Von der Bergstation führt eine etwa 3 km lange Naturrodelbahn ins Tal, die mit dem Rodel befahren werden kann.

@ www.golm.at/de/erlebnisse/rodeln

Silbis Winterwelt, Kristberg Montafon Silbertal

Das öffentlich und kostenlos verfügbare Übungsgelände mit Förderband befindet sich neben der Kristbergkirche St. Agatha neben dem Kristberglift. Familien können mit Kindern hier die ersten Schwünge üben.

@ www.montafon.at/kristberg/de/schneezeit/silbis-winterwelt

Skigebiet Silvretta Montafon

Das Familienskigebiet Silvretta Montafon bietet präparierte Pisten in unterschiedlichen Schwierigkeitsgraden sowie moderne Liftanlagen. Zusätzlich gibt es neben dem Snowpark Montafon eine 800 m lange familienfreundliche Freeridercross-Strecke und verschiedene Skischulen. Für die kleinsten Gäste sorgt das Maskottchen Moni Lux immer wieder für fröhliche Begegnungen.

@ www.silvretta-montafon.at/de/aktivitaeten/ski-snowboard/skifahren-mit-kindern

Naturrodelbahn Kapell in der Silvretta Montafon

Die 5 km lange Rodelbahn beginnt bei der Bergstation der Hochjoch Bahn und dauert etwa 20–25 Minuten. Einkehrmöglichkeit gibt's beim Gasthaus Kropfen.

@ www.silvretta-montafon.at/de/aktivitaeten/rodeln

Aktivpark Montafon Tschagguns

Eislaufen ist auf der Kunsteisbahn im Aktivpark Montafon möglich.

@ www.aktivpark-montafon.at/index.php/winterangebot

KINDERGEBURTSTAG

Montafon Alpaka

Kinder ab 7 Jahren können den Geburtstag zusammen für 2,5 Stunden mit Alpakas in Gaschurn feiern. Mindestens 4 bis maximal 8 Kinder und eine Begleitperson sind möglich. Verschiedene inkludierte Leistungen sind inbegriffen, z. B. basteln oder

Schatzsuche, Getränke und Alpakawanderungen.
@ www.montafon-alpakas.at

Montafoner Museen €
Wie spielten Kinder vor 100 Jahren? Und wer löst das knifflige Museumsrätsel zuerst?
Beim Geburtstagsprogramm im Museum für Kinder von 7–12 Jahren (max. 12 Kinder) wird Geschichte lebendig. Nach Spiel und Rätselrunde warten Muffins und Saft zur Stärkung. Die Feier dauert etwa 1,5–2 Stunden.
@ www.stand-montafon.at/Kindergeburtstag_im_Museum

Waldseilpark – Golm €
Das Kletterabenteuer im Wald dauert etwa 2 bis 3 Sunden, die Kletterausrüstung wird zur Verfügung gestellt. Verpflegung ist nicht inkludiert, es wird aber ein Platz mit Tisch und Bänken zur Verfügung gestellt – Jause und Kuchen also selbst mitbringen. Die Mindestgröße für alle Kinder beträgt 1,20 m.
@ www.golm.at/de/erlebnisse/waldseilpark-golm/kindergeburtstag

▼ Gaglaweg Bartholomäberg

JÄHRLICH WIEDERKEHRENDE EVENTS IN VORARLBERG

Januar – März

Familienspielfest Hohenems
Das Familienspielfest der Stadt Hohenems findet jährlich im März statt.
@ www.hohenems.at

Rhein-Schauen Mäder €
Osterfahrten werden jährlich in Mäder beim Rhein-Schauen angeboten, je nachdem wie Ostern fällt, ist die Osterfahrt nach März.
@ www.rheinschauen.at/maeder/veranstaltung

Wälderbähnle €
Osterdampf beim Wälderbähnle.
@ www.waelderbaehnle.at

April – Juni

Stadt der Kinder Bregenz
Die beliebte Veranstaltung »Stadt der Kinder« in Bregenz findet jedes Jahr meistens im Juni statt. Am Tag der Veranstaltung verwandelt sich die Bregenzer Innenstatt zu einem Kinderparadies. An verschiedenen Standorten der Innenstadt heißt es dann spielen, tanzen, basteln und toben.
@ www.visitbregenz.com

Frühlingsfest Bregenz
Jedes Jahr findet das Frühlingsfest in Bregenz auf dem Parkplatz West statt. Der Rummelplatz hat für jüngere und ältere Kinder einiges zu bieten.

Rankweiler Sommer
Der Rankweiler Sommer bietet ein abwechslungsreiches Programm für alle Altersgruppen. In den Sommermonaten Juni bis September werden immer wieder Veranstaltungen organisiert, welche Spaß, Spiel, Sport sowie kulturelle und kulinarische Angebote umfassen.
@ www.rankweil.at

Montfortspektakel Mittelaltermarkt Feldkirch
Historischer Markt mit historischem Handel, klassischem Handwerk und authentischer Gastronomie in der Feldkircher Altstadt.
@ www.feldkirch-leben.at/erleben/events-feste/montfortspektakel

Kinderfest Feldkirch
Feldkirch verwandelt sich an einem Tag in ein wahres Kinderparadies voller Attraktionen und Stationen zum Spielen, Lachen, Mitmachen und Staunen.
@ www.feldkirch-leben.at

Frühlingswoche Sunnahof Göfis
Die Frühlingswoche, meist im April, bietet jährlich ein vielfältiges Programm für Kinder. Termin wird auf der Website bekannt gegeben.
@ www.sunnahof.or.at

Homunculus – Das Figurentheaterfestival
Einmal im Jahr, meist im Mai, findet das Figurentheaterfestival statt und bietet auch ein Kinderprogramm an.
@ www.homunculus.info

Hard Kino am See im Juni oder Juli
Einmal im Jahr verwandelt sich die Harder Bucht in ein Kino unter freiem Himmel. Auch Kinderfilme werden gezeigt, prüft frühzeitig das Programm
@ www.hard-kinoamsee.at

Juli – September

Kindersommer im Stadtgarten Dornbirn
Der Kindersommer im Stadtgarten wird in Zusammenarbeit von vai (Vorarlberger Architektur Institut), der inatura, dem Kunstraum Dornbirn und dem Stadtmuseum Dornbirn für Kinder von 7–11 Jahren veranstaltet. Er erstreckt sich über zwei Ferienwochen im Sommer, jeweils von Montag bis Freitag. Kosten können anfallen. Infos sind vorab bei den jeweiligen Partnern online ersichtlich.

Kinderbaustelle Hohenems
Die letzten Jahre hatte die Stadt Hohenems in den Monaten Juli bis August eine Kinderbaustelle gleich neben dem Wifi. Genauere Informationen gibt es jedes Jahr online über die Stadt Hohenems.
@ www.hohenems.at

Sommerferienprogramm Hohenems
Jedes Jahr bietet die Stadt Hohenems ein abwechslungsreiches Kinderprogramm für die Ferienzeit im Juli und August. Meistens ist das Programm »Aktivsommer« ab Mitte Juni ersichtlich. Kosten können anfallen.
@ www.hohenems.at

Ferienangebot »school ist out« Lustenau
Die Gemeinde Lustenau bietet jährlich einen abwechslungsreichen Ferienkalender für die Sommerferien. In den Monaten Juli bis August wird ein vielseitiges Programm für Kinder erstellt. Kosten können anfallen.
@ www.lustenau.at

Sommerspaß Ferienprogramm Lauterach
Das Ferienprogramm in Lauterach bietet jedes Jahr von Juli bis August in den Sommerferien ein vielseitiges Programm für Kinder.
@ www.lauterach.at

Familienfest Lauterach
Gegen Ende der Vorarlberger Sommerferien findet das Familienfest in der Seifenfabrik statt.
@ www.lauterach.at

Spielebus Dornbirn
Der Spielebus in Dornbirn ist immer von Juli bis August in den Sommerferien aktiv. Jede Woche steht dieser bei einer anderen Volksschule in Dornbirn.

Vormittags und nachmittags wird zu den Öffnungszeiten eine Vielzahl an Spielmöglichkeiten innen sowie außen angeboten. Die Aufsichtspflicht liegt bei der erwachsenen Begleitung.
@ www.familienzentrum.dornbirn.at

Spielefest Dornbirn im inatura-Hof
Das große Dornbirner Spielefest im inatura-Hof findet jährlich Anfang September statt. Die große Fläche bietet viel Platz für verschiedene Spielstationen.
@ www.dornbirn.at

Mittelaltermarkt Hard
Jährlich findet der Mittelaltermarkt in Hard meist Anfang September statt. Für Kinder ist er besonders interessant, da viele Besucher in historischen Kostümen erscheinen und ein spezielles Programm angeboten wird. Der Termin wird frühzeitig bekannt gegeben und ist online ersichtlich.
@ www.taterman.at

Schwimmfest im Schwimmbad in der Riebe, Götzis €
Jährlich findet das Schwimmfest in der Riebe statt. Das Programm und Aktivitäten werden online angeführt.
@ www.goetzis.at/freizeit/schwimmbad/schwimmfest/

Kinder-Stadt Klein Feldkirch €
Alle zwei Jahre findet die Kinder-Stadt Klein Feldkirch für Kinder im Alter von ca. 7–12 Jahren statt. Dies ist eine eigene Stadt für Kinder, in der sie die Möglichkeit erhalten, ihre eigene Stadt zu gestalten. Die Kinder können spielerisch in verschiedene Berufe hineinschnuppern, einen Bürgermeister wählen und vieles mehr.
@ www.feldkirch.at/leben-in-feldkirch/kinder-jugend-und-familie/kinder-stadt-kleinfeldkirch

Götzner Kindersommer
In den Sommerferien bietet die Marktgemeinde Götzis ein abwechslungsreiches Ferienprogramm für Kinder. Das Programm gibt es online zum Downloaden.
@ www.goetzis.at/leben-in-goetzis/jugend-familie/goetzner-kindersommer/

Gauklerfest Feldkirch
An einem Juli-Wochenende verwandelt sich die Feldkircher Innenstadt zu einem Spektakel für Groß und Klein. Straßenkünstler aus der ganzen Welt beleben die Innenstadt und bieten ein spannendes Programm.
@ www.feldkirch-leben.at/erleben/veranstaltungen/gaukler-festival

feldaus feldein – Sommerprogramm Feldkirch
Mit »feldaus feldein« bringt die Stadt Feldkirch Kunst und Kultur direkt zu den Menschen – in Parks, auf Schulhöfe und andere Treffpunkte in den Stadtteilen. Die Veranstaltungen sind kostenlos, ohne Anmeldung und ideal für Kinder, Familien und alle Neugierigen.

@ www.feldkirch.at/leben-in-feldkirch/kinder-jugend-und-familie/ferien-programme/feldaus-feldein

vorarlberg museum Bregenz »Sommer – Kreativ – Woche«
Seit Sommer 2024 veranstaltet das vorarlberg museum in Bregenz für Kinder ab 8 Jahren die »Sommer – Kreativ – Woche«.
@ www.vorarlbergmuseum.at

Kinder-Sommer-Programm der Stadt Bregenz
Die Stadt Bregenz bietet ein abwechslungsreiches Sommerprogramm für Kinder von 5–10 Jahren. Ob Schminken, Verkleiden, Entdecken oder kreative Workshops – das Angebot lädt zum Mitmachen und Ausprobieren ein. Alle Programmpunkte sind kostenlos und ohne Anmeldung zugänglich. Eine Anmeldung ist nur bei Workshops erforderlich und erfolgt direkt vor Ort bei den Betreuern. Das Programm deckt Themenbereiche wie Sport, Kreativität, Abenteuer und Kultur ab.
@ www.bregenz.gv.at/leben/familie/ferienprogramme-und-betreuung/kinder-sommer-programm

Göfner Kindersommer
In Göfis findet in den Sommerferien ein abwechslungsreiches Programm statt. Eine frühzeitige Anmeldung wird empfohlen, Infos gibt es direkt über die Gemeinde. Kinder aus Göfis werden vorgezogen.
@ www.goefis.at

Reiseziel Museum
Von Juli bis September heißt es: Reiseziel Museum! Dieses findet jeweils einmal im Monat an einem Sonntag statt. Museen in Vorarlberg, Liechtenstein und der Schweizer Grenzregion bieten an diesen Tagen ermäßigten Eintritt und abwechslungsreiche Programme für Kinder. Ein Blick ins Programm lohnt sich – dort finden sich viele unerwartete Highlights, auch in kleineren, oft übersehenen Museen.
@ www.reiseziel-museum.com

Oktober – Dezember

Kilbi Lustenau
Jedes zweite Wochenende im Oktober findet die Lustenauer Kilbi im Zentrum statt. Alle Infos und das Programm sind online ersichtlich.
@ www.lustenau.at

Kürbiswoche Sunnahof Göfis
Die Kürbiswoche am Sunnahof ist ein herbstliches Highlight – meist Anfang Oktober. Mit Kürbisschnitzen, Spiel und viel Spaß ist sie ideal für Kinder. Termin wird auf der Website bekannt gegeben.
@ www.sunnahof.or.at

Adventweg Langenegg
Bis dato hatte die Gemeinde Langenegg einen Adventweg organisiert. Genauere Infos werden meist Anfang Dezember bekannt gegeben.
@ www.langenegg.at

Rhein-Schauen Lustenau und Mäder
Beim Rhein-Schauen in Lustenau und in Mäder werden jedes Jahr Nikolausfahrten angeboten. Buchungen werden meistens ab Oktober entgegengenommen.
@ www.lustenau.at

Nikolausfahrten
Es gibt in Vorarlberg viele Anbieter für Nikolausfahrten. Achtet darauf, früh genug zu buchen, da diese oftmals schnell ausverkauft sind.

- Wälderbähnle
  @ www.waelderbaehnle.at
- Nikolausfahrt Rheinbähnle Mäder
  https://bibliothek.maeder.at/veranstaltungen/
- Rhein-Schauen Lustenau
  @ www.rheinschauen.at
- Bodensee Schifffahrt
  @ www.vorarlberg-lines.at

Weihnachtsmärkte
In der Vergangenheit wurden auf verschiedenen Weihnachtsmärkten immer wieder spezielle Programme für Kinder organisiert. Anbei eine Übersicht der Märkte, die solche Angebote bereitgestellt haben. Es empfiehlt sich, regelmäßig das Programm zu überprüfen, da manche Aktivitäten täglich stattfinden, andere Aufführungen jedoch nur an bestimmten Tagen.

- Weihnachtsmarkt Bregenz
- Weihnachtsmarkt Bludenz
- Weihnachtsmarkt Dornbirn
- Weihnachtsmarkt Feldkirch
- Weihnachtsmarkt Lauterach
- Weihnachtsmarkt Hohenems

▲ Bregenzer Weihnachtsmarkt

VOLLDAMPF VORAUS: DAS RHEINSCHAUEN & BÄHNLE

Stell dir vor, du gehst auf eine Zeitreise! Früher war der Rhein ein wilder Fluss, der oft über die Ufer trat. Damit die Menschen sicher leben konnten, wurde er gebändigt. Und genau dafür brauchte man eine ganz besondere Eisenbahn: das Rheinbähnle.

Das Museum: Werde zum Fluss-Experten

Im Museum in Lustenau erfährst du alles darüber, wie die Menschen vor über 100 Jahren mit riesigen Maschinen den Fluss umgebaut haben.

- Anschauen: Alte Lokomotiven
- Staunen: Alpenrhein.LAND, Bau.KRAFT, Alpenrhein.GESCHICHTE
- Mitmachen: Es gibt oft interaktive Stationen, an denen man selbst Hand anlegen kann.
-

Die Fahrt mit dem Rheinbähnle

Das absolute Highlight: Du steigst in die historischen Waggons, die von einer alten Dampflok (die zischt und qualmt) oder einer Elektrolok gezogen werden.

- Die Strecke: Die Gleise führen direkt auf dem Damm entlang bis zum Ende der Schleienlöcher oder in Richtung Süden zur Wiesenrainbrücke / Spielplatz.
- Der Ausblick: Links oder rechts glitzert das Wasser, und du hast einen weiten Blick über das Rheintal.
- Picknick-Tipp: Rundweg durch das Naturschutzgebiet oder eine Jause genießen, bevor es wieder zurückgeht.

Schweiz

Die Ostschweiz grenzt direkt an Vorarlberg und bietet zahlreiche Möglichkeiten für abwechslungsreiche Ausflüge. Sie umfasst mehrere Kantone – das sind die Gliedstaaten der Schweiz, vergleichbar mit den Bundesländern Österreichs. Jeder Kanton besitzt eine eigene Regierung und weist kulturelle Eigenheiten auf, die den besonderen Reiz dieser Region ausmachen.

Ob im Kanton St. Gallen mit seiner beeindruckenden Altstadt und der weltberühmten Stiftsbibliothek, im idyllischen Appenzellerland mit sanften Hügeln und gepflegten Bauernhöfen, im Thurgau mit seinen Obstgärten entlang des Bodensees oder in den majestätischen Tälern Graubündens – überall begegnet man einer Mischung aus Schweizer Tradition, Gastfreundschaft und landschaftlicher Schönheit. Wer mit dem Auto unterwegs ist, sollte beachten, dass für die Nutzung der Schweizer Autobahnen eine gültige Vignette erforderlich ist.

Wir unternehmen gerne Ausflüge in die Schweiz, weil wir die beeindruckenden Berge und glitzernden Seen so wunderschön finden. Trotz kurzer Anreise erleben wir hier stets ein Urlaubsgefühl.

◀ Badestrand in Murg am Walensee

OUTDOORERLEBNISSE

Kanton St. Gallen

Alpine Scooter Pizol Bad Ragaz

Der Alpine Scooter am Pizol ist Spaß für die ganze Familie! Die Abfahrt mit dem Alpine Scooter führt etwa 12 km durch Wälder und Alpwiesen mit Bergblicken von der Bergstation Pardiel hinunter bis zur Talstation Bad Ragaz. Die Strecke ist für Personen ab 12 Jahren und mindestens 1,30 m Körpergröße ausgelegt.

@ www.pizol.com/erlebnisse/alpine-scooter/

Disc Golf am Pizol Bad Ragaz

Der Disc-Golf-Parcours am Pizol bietet 9 Bahnen, verschiedene Schwierigkeitsgrade erlauben sowohl familienfreundliche Spiele als auch Herausforderungen. 6 Bahnen sind für Anfänger geeignet, die restlichen 3 sind etwas anspruchsvoller. Discs können an der Talstation in Bad Ragaz oder an der Bergstation Pardiel ausgeliehen werden.

@ www.pizol.com/erlebnisse/disc-golf/

Rolly Toy's Fahrzeug-Parcours Bad Ragaz

Der Rolly Toy's Fahrzeug-Parcours befindet sich neben der Gondelbar an der Talstation Bad Ragaz. Auf dem Parcours stehen über 20 Tretfahrzeuge wie Traktoren, Bagger, Dreiräder und Anhänger bereit. Zusätzlich ist der Parcours mit Verkehrsschildern und Fußgängerstreifen ausgestattet.

@ www.pizol.com/erlebnisse/rolly-toys-fahrzeug-parcours/

Baumwipfelpfad Neckertal in Mogelsberg

Der Baumwipfelpfad ist etwa 500 m lang, barrierefrei und bietet Höhen zwischen 4 und 15 m. Die Aussichtsplattform befindet sich in einer Höhe von 55 m und dient mit einem wunderschönen Ausblick. Der Walderlebnisweg ist etwa 650 m lang und verfügt über einen Teil der 40 Erlebnisstationen, die restlichen befinden sich auf dem Pfad. Zusätzlich bieten sich der Spielplatz und die Kugelbahnen zum Verweilen an. Grillstellen und das Wipfelhaus mit Gastronomie können für Pausen genutzt werden.

@ www.baumwipfelpfad.ch

Freizeitpark in Niederbühren

Der Freizeitpark in Niederbühren bietet Besuchern Indoor- sowie Outdooraktivitäten. Der Outdoorbereich »Abentüürwält« hat einen Rutschenturm, viele Klettermöglichkeiten, Hüpfburgen, Trampoline, einen Wasser- / Sand-Spielbereich und einiges mehr. Zusätzlich gibt es die Möglichkeit, die ein oder andere Runde Minigolf zu spielen. Mehr zum Indoorbereich auf S. 187.

@ www.freizeitpark-niederbueren.ch

Kristallhöhle Kobelwald in Oberriet

Die Kristallhöhle Kobelwald bietet geführte Touren durch die geheimnisvolle Welt unter der Erde mit funkelnden Kristallen, Tropfsteinen und einem kleinen Wasserfall. Für Kinder gibt es zusätzlich eine spannende Schatzsuche, bei der sie glitzernde Kristalle wie echte Entdecker suchen können. Danach lädt der Picknickplatz vor der Höhle zum Verweilen ein.

@ www.kristallhoehle.ch

Bergerlebnis am Pizol

Der Pizol im Heidiland bietet vielfältige Aktivitäten für die ganze Familie. Von Bad Ragaz und Wangs führen Gondelbahnen direkt ins Berggebiet, wo sich alles um Natur, Erholung und die berühmte Heidi dreht.

@ www.pizol.com

Erlebnisse ab Bad Ragaz:

- Alpine Scooter Pizol (S. 168)
- Disc Golf (S. 168)
- Rolly Toy's Fahrzeug-Parcours (S. 168)
- Wanderung Heidipfad (S. 178)

Erlebnisse ab Wangs:

- Mountaincarts (S. 170)
- Wasserwald (S. 170)
- MounTeens Detektiv-Weg (S. 179)

Kinderbaustelle in Rorschach

Die Kinderbaustelle in Rorschach hat in der Regel von Mai bis September geöffnet, ist kostenlos und für Kinder bis ca. 12 Jahren zugänglich. Ganz wichtig: Nur mit festem Schuhwerk besuchen, Verletzungsgefahr! Im Vordergrund stehen die Förderung von Feinmotorik, Kreativität und der Austausch mit anderen Kindern.

@ www.kinder-baustelle.ch

Seilpark Gründenmoos in St. Gallen

Der Seil Park ist für alle ab einer Griffhöhe von 1,60 m geeignet, insgesamt gibt es 7 Parcours und 2 Einführungsparcours. Einer der Parcours und der Flying Fox sind ab einer Griffhöhe von 1,80 m geeignet. Kinder bis 11 Jahren dürfen nur in Begleitung eines Erwachsenen klettern.

@ www.seilpark-sg.ch

Walensee

Der Walensee liegt eingebettet zwischen imposanten Bergen und gehört größtenteils zum Kanton St. Gallen, während sein westliches Ufer zum Kanton Glarus zählt. Der See lässt sich zu Fuß umrunden oder ganz entspannt bei einer Schifffahrt erleben. In den Ortschaften Mols, Murg, Quinten, Unterterzen, Walenstadt und Weesen laden Spielplätze direkt am Ufer zum Verweilen und Spielen ein. Zudem gibt es viele Einkehrmöglichkeiten, Picknickplätze und familienfreundliche Wege – ideal für einen individuell gestalteten Ausflug.

@ www.walenseeschiff.ch

Weitere Ausflugsziele rund um den See:

- Erlebnisweg Wali's Zauberwald ab Weesen (S. 179)

- Erlebnisweg Munggeweg in Amden (S. 177)
- Schatzsuche: Amdo Mungg und Walis Schatz in Betlis (S. 177)
- Spielerlebnis Walensee
- Flumserberg mit Erlebnisweg, Klettern und Sommerrodelbahn www.flumserberg.ch
- Baden an Badestellen oder in einem der Strandbäder

Eine Schifffahrt vom Ausgangspunkt machen und dann einfach beliebig am See entlang spazieren und entweder zum Ausgangspunk zurücklaufen oder dann mit dem Schiff wieder zurückfahren. Online ist eine Karte mit den einzelnen Streckenabschnitten unter »Fahrplan« einsehbar.
@ www.walenseeschiff.ch

Das Spielerlebnis am Walensee

Beim Spielerlebnis rund um den Walensee entdecken Kinder auf sechs Spielplätzen und dem Walenseeschiff spannende Hinweise, um ein Geheimnis zu lüften. Auf der Schatzkarte aus dem Entdeckerset werden Lösungen eingetragen, so kommt ihr Schritt für Schritt dem Ziel näher. Einstieg ist bei einem der Spielplätze, alternativ kann der Routenvorschlag befolgt werden. Vor dem Einstieg ist es ratsam, die Unterlagen durchzugehen, damit jeder weiß, wie das Spiel funktioniert. Es gibt ein Hörbuch, welches vorab angehört werden kann. Hier sollte ein Tagesausflug eingeplant werden, das Spiel ist für Kinder ab 6 Jahren geeignet.
@ www.spielerlebnis-walensee.ch

Mountaincarts am Pizol Wangs

Auf den Mountaincarts am Pizol geht es über eine 2,2 km lange Naturstrecke von der Bergstation Gaffia zur Bergstation Furt. Kinder unter 1,20 m fahren in Begleitung von Erwachsenen, größere Kinder können selbstständig steuern. Helme für alle Größen sorgen für zusätzlichen Schutz.
@ www.pizol.com/erlebnisse/mountaincarts/

Wasserwald Wangs

Im Wasserwald am Pizol verbinden sich Spiel und Natur. Über Wasserkanäle, Spritzen und Kugelbahnen lassen sich spannende Experimente durchführen. Der Spielplatz liegt nahe der Bergstation Furt und sorgt

Erlebnisbericht Walensee

Frühling 2024

Nach einigem Überlegen und nachdem wir so viele beeindruckende Fotos vom Walensee gesehen hatten, stand unser Entschluss fest: Wir wollten den wunderschönen, fjordähnlichen See selbst entdecken! Unser Kind war zu diesem Zeitpunkt rund 2 Jahre alt und hielt noch regelmäßig seinen Mittagsschlaf – daher planten wir den Ausflug bewusst entspannt und entschieden uns, den Kinderwagen mitzunehmen.

In Weesen angekommen, suchten wir zunächst einen Parkplatz. Diese sind zwar gut ausgeschildert, aber an schönen Tagen ist einiges los. Als wir fündig wurden, machten wir uns auf den Weg zum Hafen, wo das Schiff nach Betlis ablegt. Die Tickets können bequem direkt an Bord bezahlt werden. Für unsere Kleine war die Schifffahrt ein Highlight – sie war begeistert vom Boot, während wir das glasklare, türkisfarbene Wasser und die beeindruckenden Bergkulissen bewunderten. In Betlis orientierten wir uns kurz – dank der guten Beschilderung kein Problem.

Der gesamte rund 4 km lange Weg zurück nach Weesen ist asphaltiert, weitgehend eben und kinderwagenfreundlich. Unsere Tochter wechselte fröhlich zwischen Laufen und gemütlichem Mitfahren im Kinderwagen. Entlang der Strecke gibt es viele schöne Plätze mit Zugang zum Wasser, Wiesen, Bänken und Grillstellen – ideal für kleine Pausen. Die Straße ist nur einspurig befahrbar und wird im Wechsel für beide Richtungen geöffnet. Für Kinder mit Laufrad oder Roller ist die Strecke ebenfalls gut geeignet, haben wir auf dem Weg beobachtet. Etwa auf halber Strecke lädt der gemütliche Kiosk »Lago Mio« (@ www.lago-mio.ch) zu einer Pause mit traumhaftem Blick auf See und Berge ein. Es gibt warme und kalte Speisen, Kuchen, Eis und Getränke. Da unsere Kleine im Kinderwagen eingeschlafen war, nutzten wir die Gelegenheit für eine ruhige Kaffeepause. An warmen Tagen lohnt es sich, Badesachen mitzunehmen – das klare Wasser lädt an vielen Stellen zu einer erfrischenden Abkühlung ein. Kurz vor dem Hafen in Weesen befindet sich außerdem ein großer, einladender Spielplatz, perfekt zum Austoben, bevor es wieder nach Hause geht. Unsere Kleine hatte dort riesige Freude und nutzte die Gelegenheit, sich noch einmal so richtig auszupowern.

Uns hat dieser Ausflug unglaublich gut gefallen – das Urlaubsgefühl war spürbar, obwohl wir nur eine kurze Autofahrt von zuhause entfernt waren. Wir können es kaum erwarten, wiederzukommen.

für erfrischende Unterhaltung für die ganze Familie. Der einfachste Weg zur Bergstation Furt ist über die Gondelbahn € ab Wangs. Feuerstellen bieten die Möglichkeit, vor Ort zu grillen und eine Pause zu machen.

@ www.pizol.com/erlebnisse/wasserwald/

Kanton Appenzell Innerrhoden

Kronberg in Jakobsbad

Auf dem Kronberg gibt es das ganze Jahr über Attraktionen zu entdecken. Das Talrestaurant hält für Kinder eine Spielecke bereit. Anbei eine Auflistung der Aktivitäten.

@ www.kronberg.ch

- Märliwelt Freizeitpark an der Talstation
- Bobbahn / Sommerrodelbahn ab dem Tal. Alle Infos online.
- Zipline Park / Seilpark
- Rätselwege (S. 180–181)

- Spielplätze am Berg und Tal verfügbar
- Mini Snowland (S. 194)
- Rodeln (S. 194)

Märliwelt am Kronberg in Jakobsbad €

Der Freizeitpark im Tal am Kronberg hat für Kinder so einiges zu bieten. Von Klettern in 12 Metern Höhe, Balancier-Parcours, Wasserspielen, Sandspielen, Trampoline bis hin zum Kugelpark ist alles dabei. Bei diesem Ausflug unbedingt Ersatzkleidung und ein Handtuch mitnehmen. Geöffnet hat die Märliwelt in den Sommermonaten bis in den Herbst hinein, am besten online die Öffnungszeiten beachten.

@ www.kronberg.ch/de/erlebnisse/sommer/maerliwelt.html

Zipline-Park Seilpark in Jakobsbad €

Der Seilpark bietet ein abwechslungsreiches Klettererlebnis mit 25 Ziplines und 55 Elementen in einer Höhe von bis zu 11 Metern. Der längste Flug

über die Seile beträgt 107 Meter. Kinder ab 6 Jahren (mindestens 1,1 m groß) dürfen mitmachen. Insgesamt stehen fünf unterschiedliche Routen zur Verfügung, wovon zwei speziell für kleinere Kinder unter 1,3 Metern Körpergröße geeignet sind.
@ www.kronberg.ch/de/erlebnisse/sommer/zipline-park.html

Kanton Thurgau

Conny-Land Freizeitpark mit Seelöwen in Lipperswill

Der Freizeitpark hat neben den Seelöwen Shows sehr viel zu bieten. Es gibt Indoorbeschäftigungen wie Klettergarten, Dino-Park, Flugsimulator und Lasertempel. Im Außenbereich bieten verschiedene Fahrgeschäfte, Riesenrutsche, Hüpfburg und ein Wasserspielplatz Spiel und Spaß. Die Fahrgeschäfte haben Alters- sowie Größenbeschränkungen, vor dem Besuch also prüfen, was unternommen werden kann, um Enttäuschungen zu vermeiden. In den warmen Sommermonaten die Badekleidung oder Wechselkleidung nicht vergessen. Wer was Besonderes möchte, kann ein Frühstück oder Baden mit Seelöwen separat dazu buchen. Verschiedene Gastromöglichkeiten stehen im Park zur Verfügung.
@ www.connyland.ch

Fußballgolf in Müllheim

Fußballgolf findet auf speziell gestalteten Bahnen statt, diese bieten Herausforderungen und Hindernisse. Die Aufgabe ist, mit möglichst wenig Versuchen den Ball ins Loch zu schießen. Die Anlage bietet 18 Bahnen auf einer Fläche von 35 000 m². Empfohlen wird das Spielen ab etwa 5 Jahren, es werden dafür kleinere Bälle zur Verfügung gestellt. Zusätzlich gibt's für Kinder ein Bereich mit Sandkasten und Bagger. Das Bistro bietet einfache warme und kalte Gerichte sowie Getränke und Eis an.
@ www.fussballgolf.ch

Erlebnis Flugplatz in Sittersdorf

Neben dem Flugplatz findet sich ein Freizeitpark und ein Tierpark. Der Freizeitpark ist kostenlos zugänglich und auf dem Gelände finden sich Fahrgeschäfte, welche mit Jetons betrieben werden können. Jetons können direkt am Automaten mit Schweizer Münzen, Noten oder mit EC und TWINT gekauft werden. Zudem stehen ein Spielturm und ein Sandkasten mit Bagger und einiges mehr zum Spielen bereit. Der Tierpark bietet sich für einem Spaziergang mit Tierbeobachtung an. Und ganz nebenbei können Flugzeuge betrachtet werden.
@ www.erlebnisflugplatz.ch

Kanton Graubünden

Cross Golf Brambrüesch in Chur

Cross Golf auf dem Churer Hausberg beginnt schon bei der Bergstation.

An jeder Bahn stehen Holzobjekte, welche es anzuspielen gilt. Empfohlen ist das Spiel für Kinder ab 6 Jahren, die Tickets dafür können direkt an der Talstation gelöst werden.
@ www.churbergbahnen.ch/de/Sommer/Cross-Golf

Trottinett-Plausch und mehr am Churer Hausberg €

Ab der Bergstation können Fahrten bis zur Mittelstation über einen rund 5 km langen Naturweg gebucht werden. Kinder ab 10 Jahren dürfen ihr Trottinett selbst steuern, Jüngere fahren bei Erwachsenen mit. Die Trottinett-Vermietung der AIS-Sportschule liegt direkt gegenüber der familienfreundlichen Bergbaiz, die zudem einen schönen Kinderspielplatz hat.
@ www.churbergbahnen.ch/de/Sommer/Abfahrts-Spass

Erlebnisberg Madrisa in Klosters-Serneus €

Die Bergstation Madrisa bietet Familien ein abwechslungsreiches Freizeitangebot. Der bequemste Aufstieg erfolgt mit der Seilbahn. Vor Ort stehen verschiedene Wanderwege zur Erkundung bereit. Feuerstellen mit beeindruckendem Panorama sorgen für eine entspannte Rast.
@ www.madrisa.ch

- Themenweg Klara auf der Alp (S. 183)
- Tierpark mit Streichelzoo: Ziegen, Hasen, Enten und Hühner ganz nah erleben
- Familien-Fun: Trottinett
- Schatzsuche der Madrisa Bande: Die Schatzkarte kann beim Bergrestaurant Madrisa-Alp gekauft werden. Dann heißt es spannende Aufgaben lösen.
- *Spielplatzausstattung:* Flyingfox, Kugelbahn, Hüpfburg, Kletter- und Balanciermöglichkeiten, Rutschen, Wasserspiele, Glockenspiel, Schaukeln, Sandkasten, Spielhütte, Feuerstelle, Wimmel- und Rätselhöhle.

Familien-Trottinett Madrisa in Klosters Serneus €

An der Bergstation können Trottinetts gegen eine Gebühr ausgeliehen werden, mit denen eine spannende 8,5 km lange Abfahrt zur Talstation möglich ist. Kinder ab 6 Jahren dürfen bereits selbst fahren.
@ www.madrisa.ch/de/sommer/erleben-geniessen/trottinett

Senda dil Dragun Baumwipfelpfad in Laax €

Die Ortsteile Laax Murschetg und Laax Dorf werden über den längsten Baumwipfelpfad in der Schweiz auf 1,56 km verbunden. Auf dem Weg liegen fünf Holzkugelbahn-Stationen für Kinder. Zusätzlichen Spaß bieten die Rutschbahn und Erlebnisorte auf einem Turm. Der Weg ist von Sommer bis Winter begehbar, somit ein Ausflug für das ganze Jahr. Für Abenteuerlustige stehen der »Vertical Drop« mit einem 30 m tiefen Fall und eine 220 m lange Seilrutsche bereit.

@ www.flimslaax.com/senda-dil-dragun

In der Umgebung gibt es wunderschöne Naturerlebnisse wie die Rheinschlucht, Caumasee und Laaxersee mit Spielplatz direkt am See oder Crestasee zu bewundern.

@ www.flimslaax.com

Schatzsuche in der Viamala Schlucht in Thusis

Ein Besuch in der Viamala Schlucht kann mit der Schatzsuche spannend gestaltet werden. 359 Treppenstufen führen ins Zentrum der Schlucht. Das Abenteuer mit der Schatzsuche und der Schluchtbesichtigung dauert etwa eine Stunde, je nach Aufenthaltsdauer.

@ www.viamala.ch/erleben/ausflugsziele/viamala-schlucht.html

Lenzerheide in Vaz / Obervaz

Die Lenzerheide, ein bekanntes Ferien- und Wintersportgebiet, bietet ein abwechslungsreiches Programm, bei dem Familien mit Kindern voll auf ihre Kosten kommen. Anbei einige Aktivitäten kurz beschrieben.

@ www.arosalenzerheide.swiss/de/Lenzerheide

- Globi Erlebnisweg (S. 184)
- Eichhörnchenwald mit Spielplatz
- Autschliweg mit Holzkugelbahn und Mini Bike Park (S. 184)
- Wetterwichtelweg mit Rätsel (S. 184)
- 11 verschiedene Spielplätze in der Umgebung (Übersichtskarte online ersichtlich)
- Kostenloses Baden am Heidsee mit Piratenschiff, Spielplatz und Kiosk
- Rodelbahn, Zipline und Seilpark (S. 176)
- MounTeens Detektiv-Brunch (Alter ca. 6–12 Jahre)
  @ www.arosalenzerheide.swiss/de/Lenzerheide/Sommer/Familienerlebnisse/Detektiv-Brunch
- Minigolf, Pat Pit und Cross Golf
  @ www.arosalenzerheide.swiss/de/Lenzerheide/Sommer/Weitere-Sommeraktivitaeten/Minigolf-Pit-Pat

Die Region eignet sich wunderbar für einen Wochenend-Trip.

Eichhörnchenwald mit Spielplatz Lenzerheide in Vaz / Obervaz

Der ganzjährig begehbare Eichhörnchenwald zwischen dem Heidsee und dem Dorfkern ist etwa 1 km lang. Die Wege sind kinderwagentauglich. Wer Glück hat, kann einige Eichhörnchen beobachten oder mit Nüssen füttern. Direkt neben dem Kultursaal Lenzerheide gibt es einen Spielplatz. Ein schöner Ausflug für alle Jahreszeiten.

@ www.arosalenzerheide.swiss/de/Lenzerheide/Sommer/Familienerlebnisse/Eichhoernchenwald

Rodelbahn, Zipline und Seilpark

Die Rodelbahn ist ca. 3,1 km lang und Kinder dürfen ab 3 Jahren in Begleitung von Erwachsenen die Bahn erleben. Ab 8 Jahren und einer Mindestgröße von 1,35 m dürfen Kinder den Rodel alleine bedienen. Die Zipline darf ab 10 Jahren und einem Mindestgewicht von 25 km gebucht werden. Wer sich traut, kann mit bis zu 110 km/h 470 Höhenmeter ins Tal fliegen. Der Seilpark ist für Kinder ab 10 Jahren und einer Mindestgröße von 1,40 m erlaubt. Verschiedene Parcours in unterschiedlichen Schwierigkeitsgraden stehen zum Klettern bereit.

@ www.arosalenzerheide.swiss/de/Lenzerheide/Sommer/Weitere-Sommeraktivitaeten/Rodelbahn-Seilpark-Zipline

BURGEN UND RUINEN

Kanton St. Gallen

Schloss Werdenberg

Das Schloss ist ein kurzer Spaziergang (durch Städtli Werdenberg) vom Parkplatz Werdenberger See entfernt. Städtli Werdenberg ist eine städtische und mittelalterliche Holzbausiedlung. Das Schloss selbst kann besichtigt werden, hat aber keine spezielle Ausstellung für Kinder. Das Museum Schlangenhaus befindet sich direkt in Städtli unterhalb vom Schloss und kann besichtigt werden. Es bietet eine Rätseltour für Kinder und Familien an. Wer noch nicht genug hat: Ab dem Parkplatz gibt es zusätzlich den Sinnespfad Buchs (S. 178), der sich gut in den Ausflug integrieren lässt.

@ www.schloss-werdenberg.ch

Schloss Sargans Museum

Im Schloss Sargans lädt eine mittelalterliche Spurensuche zu Entdeckungen ein. Das Grafenpaar Jörg und Anna hat 15 spannende Stationen im Schlossturm gestaltet, bei denen viel Neues erfahren, gestaunt und gelacht werden kann.

@ www.schloss-sargans.ch

Kanton Thurgau

Schloss Frauenfeld

Das historische Museum Thurgau im Schloss Frauenfeld bietet für Kinder drei verschiedene Rätselrundgänge an. Einer der Rundgänge ist für Kinder ab 4 Jahren geeignet, die anderen zwei ab etwa 9 Jahren. Es werden verschiedene Veranstaltungen speziell für Kinder angeboten.

@ www.historisches-museum.tg.ch

In der Nähe befindet sich das Naturmuseum Thurgau und das Museum für Archäologie. Beide Museen bieten Rätsel und Entdeckungstouren für Kinder an.

@ www.naturmuseum.tg.ch/de/ausstellungen/rundgaenge.html/16465

ERLEBNISPFADE & BESONDERE WEGE

Kanton St. Gallen

Klangweg Toggenburg in Alt St. Johann

Länge: ca. 6 km / ein Weg / kinderwagentauglich: ja (nur Teilstrecke, siehe Beschreibung!) / Dauer: ca. 5 Stunden + Pausen und Spielzeit

Der Klangweg beginnt an der Bergstation Sellamatt und verläuft bis zur Bergstation Oberdorfbahn. Entlang der Route gibt es 27 Stationen, die entdeckt werden können. Nach etwa 2,5 km besteht die Möglichkeit, eine Abkürzung zu nehmen: Nach rund 11 Stationen kann die Seilbahn Iltios zurück ins Tal genutzt werden. Der gesamte Weg ist nicht kinderwagentauglich, die Teilstrecke von der Alp Sellamatt bis zur Iltios jedoch schon. Im Tal kann der Ausgangspunkt mit den öffentlichen Verkehrsmitteln wieder erreicht werden.

@ www.klangwelt.ch/orte/klangweg

Im Tal kann zusätzlich die Klangschmiede besucht werden. Interaktive Stationen und ein Escape Game macht den Besuch für Familien interessant.

@ www.klangwelt.ch/orte/klangschmiede

Ein kurzer Spaziergang (ca. 800 m) vom Dorfzentrum Unterwasser führt direkt zu den beeindruckenden Thurwasserfällen.

Munggeweg Amden

Länge: ca. 3,6 km / Rundweg / kinderwagentauglich: ja (sollte geländetauglich sein) / Dauer: ca. 2 Stunden

Ausgangspunkt der Wanderung ist die Bergstation der Sesselbahn Mattstock, der bequemste Aufstieg ist mit der kostenpflichtigen Bahn. Auf dem Rundweg warten 12 spannende Stationen sowie eine Holzmurmelbahn, zwei Hängebrücken und ein Barfußweg. Unterwegs befinden sich Einkehrmöglichkeiten sowie eine Feuerstelle mit Rastplatz.

@ www.amden-weesen.ch/themenwege-liste

Schatzsuche: Amdo Mungg und Walis Schatz in Betlis

Länge: ca. 3,5 km / Rundweg / kinderwagentauglich: keine Info vorhanden / Dauer: ca. 2 Stunden

Die Schatzsuche ist von April bis November verfügbar und hat zwei Schwierigkeitsstufen (für Kinder von 5–7 und 8–12 Jahren). Die Rätselhefte sind in den Restaurants Strahlegg und Paradiesli sowie in der Touristeninfo in Amden erhältlich. Auf dem Weg befinden sich 8 Schatzkisten mit verschiedenen Rätseln, welche es zu lösen gilt, die Lösung kann am Ende gegen einen Schatz getauscht werden. Startpunkt der Wanderung ist entweder das Restaurant Strahlegg oder Paradiesli.

@ www.amden-weesen.ch/themenwege-liste

Heidipfad Bad Ragaz

Länge: ca. 4 km / Rundweg / kinderwagentauglich: keine Info vorhanden / Dauer: ca. 2,5 Stunden

Das erste Erlebnis beim Pfad beginnt schon bei der Talstation in Bad Ragaz, kleine Geißenställe weisen auf den Heidipfad hin. Der einfachste Aufstieg ist mit der Gondel € zum Ausgangspunkt der Wanderung (ab der Bergstation). Auf dem Rundweg heißt es dann, Peters Geißen zu finden. Der Weg führt an Attraktionen wie dem Barfußweg mit Kinder-Kneippanlage, dem Hängemattenwald und dem Geißensprung vorbei. Spielplätze, Grillstellen und ein Aussichtspunkt sorgen für Abwechslung für Groß und Klein.

@ www.pizol.com/wanderwege/heidipfad/

Sinnespfad Buchs

Länge: ca. 1,5 km / Rundweg / kinderwagentauglich: ja / Dauer: ca. 1 Stunde + Spielzeit

Der Sinnespfad bietet auf 1,5 km 8 verschiedene Erlebnisstationen. Auf dem Weg befinden sich auch ein Spielplatz, Wasserspielplatz und eine Grillstelle. Auch mit Kinderwagen nutzbar, jedoch unebene Stellen vorhanden. Beim Werdenberger See befinden sich Parkplätze.

@ www.buchs-sg.ch/freizeitsportanlage/sinnespfad/

Gleich in der Nähe des Parkplatzes befindet sich die Freizeitanlage Werdenbergersee mit Minigolf, Pit-Pat, Elektroautos, Bagger, Tischtennis, Kiosk und Gartenwirtschaft. Kann sehr gut miteinander kombiniert werden.

@ www.minigolfbuchs.ch

Spielweg St. Gallen

In der ganzen Stadt verteilt laden 65 Spielstationen mit unterschiedlichen Spielorten und Spielplätzen zum Entdecken ein. Die Spielorte können individuell erkundet oder im Rahmen eines Rundgangs besucht werden. Die unterschiedlichen Rundgänge sind im Spielplan angeführt, dieser kann bei verschiedenen Standorten wie z.B. Rathaus, Tourismusbüro, Naturmuseum (alle weiteren sind online unter »Infos« einsehbar) kostenlos abgeholt werden. Benötigtes Spielmaterial ist vor Ort vorhanden oder kann bei Partnern ausgeliehen werden. Auf dem

Weg sorgen Partnerrestaurants für Stärkung, und wer lieber selbst grillt, findet außerhalb des Stadtzentrums Feuerstellen. Eine Übersichtskarte findet sich auf der Website.

@ www.spielweg.ch

ComicTrail St. Gallen

Länge: ca. 4,5 km / ein Weg / kinderwagentauglich: nein / Dauer: ca. 3 Stunden

Der ComicTrail ist ab etwa 8 Jahren empfohlen und kann jederzeit nach der Buchung innerhalb von 6 Monaten gemacht werden. Nach der Buchung kommen die Unterlagen als PDF per E-Mail. Für die Durchführung benötigt es die ComicTrail-Unterlagen und ein Mobiltelefon mit Datenempfang in der Schweiz.

@ www.comictrail.ch

MounTeens Detektiv-Weg am Pizol in Wangs

Länge: ca. 2,1 km / Rundweg / kinderwagentauglich: nein / Dauer: ca. 1 Stunde Laufzeit + 1 Stunde Rätselzeit

Der MounTeens Detektiv-Weg am Pizol ist ein 2,1 km langer Themenweg mit ca. 1,5 Stunden Gehzeit. Start ist an der Bergstation Furt. Auf dem Weg gibt es 10 interaktive Posten, an denen Rätsel gelöst werden müssen. Ein Detektiv-Wanderbuch begleitet die Route, die sich für Kinder ab 7 Jahren und ihre Familien eignet. Das Detektiv-Wanderbuch ist an der Kassa der Talstation Wangs erhältlich. Auf dem Weg liegt der Wasserwald, daher etwas mehr Zeit einplanen.

@ www.pizol.com/wanderwege/mounteens-detektiv-weg/

Walis Zauberwald in Weesen

Länge: ca. 2 km / Rundweg / kinderwagentauglich: nein / Dauer: ca. 2 Stunden

Der Weg beginnt direkt ab Weesen und führt über den Kapfenbergweg über Treppen zum Start von »Wali's Zauberwald«. Es gibt verschiedene Spielstationen und Rätsel. Eine Übersichtskarte des Weges kann online heruntergeladen werden.

@ www.amden-weesen.ch/themenwege-liste

Kanton Appenzell Ausserrhoden

Familien-Rätselweg Schwellbrunn

In Schwellbrunn warten zwei spannende Rätselwege in unterschiedlichen Längen darauf, von Familien entdeckt zu werden. Der Start- und Endpunkt sind jeweils beim kleinen Holzhüttchen auf dem großen Parkplatz. Der Rätselflyer kann direkt online heruntergeladen und ausgedruckt werden. Beide Wege führen an Restaurants und Feuerstellen vorbei. Ein Spielplatz befindet sich in der Nähe des Startpunktes der Wanderungen, der lange Rätselweg führt direkt am Spielplatz vorbei.

@ www.appenzellerland.ch/de/erleben/wandern-bewegen/sommer/wandervorschlaege-appenzellerland/familien-raetselweg-schwellbrunn.html

Stüpfis Familien-Rätselweg
Länge: ca. 5,1 km / Rundweg / kinderwagentauglich: nein / Dauer: ca. 2–3 Stunden

Hüpfis großer Rätselweg
Länge: ca. 8,6 km / Rundweg / kinderwagentauglich: nein / Dauer: ca. 4-6 Stunden

Märliweg Urnäsch

langer Weg ab dem Bahnhof:
Länge: ca. 5,2 km / Rundweg / kinderwagentauglich: nein / Dauer: ca. 2 Stunden

Der Rundweg ist in zwei Etappen unterteilt und kann unter einmal erlebt werden. Auf dem Weg warten verschiedene Märchen, Geschichten und Möglichkeiten zum Spielen. Ein Teil der Strecke ist mit dem Kinderwagen geeignet, der andere nicht (online ersichtlich). Parkmöglichkeiten gibt es zwei verschiedene, je nachdem ob der Weg mit Kinderwagen oder ohne begangen wird.
@ www.appenzellerland.ch/de/erleben/wandern-bewegen/sommer/wanderrouten/maerliweg-urnaesch.html

Holzweg in Waldstatt

Länge: ca. 6,5 km / Rundweg / kinderwagentauglich: nein / Dauer: ca. 3 Stunden + Spielzeit und Pausen (ca. 6 Stunden)

Der Holzweg startet beim Bahnhof in Waldstatt, öffentliche Parkplätze finden sich beim Mehrzweckgebäude in der Nähe des Bahnhofes. Der Rundweg kann nach etwa 4 km mit dem Bus abgekürzt werden. Auf dem Weg gibt es 17 Stationen mit Spielplätzen, eine Kugelbahn und eine Feuerstelle. Gemeinsam wird mit dem Holzwurm Sämi die Vielfalt des Holzes erkundet, wer mehr Infos und Abenteuer haben möchte, kann sich die Holzweg-App herunterladen.
@ www.holzweg-waldstatt.ch

Kanton Appenzell Innerrhoden

Rätselwege Kronberg in Jakobsbad

Auf dem Weg vom Tal auf den Berg und umgekehrt vom Berg ins Tal gibt es zwei unterschiedliche Rätsel zu lösen. Das Rätselset kann gegen Abgabe eines Ausweises an der Kassa ausgeliehen werden. Auf dem Weg befinden sich insgesamt 7 Stationen mit den Rätseln.
@ www.kronberg.ch/de/erlebnisse/sommer/wandern/raetselweg.html

Rätselweg Geheimnis der Kronjuwelen
Länge: ca. 7,2 km / vom Berg ins Tal / kinderwagentauglich: nein / Dauer: ca. 3,5 Stunden

Rätselweg Geheimnis der Blumenkinder
Länge: ca. 7,2 km / vom Tal auf den Berg / kinderwagentauglich: nein / Dauer: ca. 4,5 Stunden

Barfußweg in Jakobsbad/Gotenbad

Länge: ca. 5,3 km / ein Weg / kinderwagentauglich: nein / Dauer: ca. 1,5 Stunden

Beim Barfußweg heißt es: Raus aus Schuhen und Socken und los geht's! Der Weg führt über Wiesen und Bäche von Jakobsbad nach Gotenbad (oder andersrum) und ist überwiegend sonnig. Packt unbedingt eine Kopfbedeckung an heißen Tagen ein, auch ein Handtuch für die Füße kann nicht schaden. Auf dem Weg befinden sich Einkehrmöglichkeiten, Feuerstellen; die Erlebniswelt Kronberg ist mit dem Ausflug gut kombinierbar.
@ www.appenzell.ch/de/alpstein/wandern/themenwanderwege/barfussweg.html

Kanton Thurgau

Detektiv-Trail: Arbon – im Apfelparadies €

Länge: ca. 4,6 km / Rundweg / kinderwagentauglich: ja / Dauer: ca. 2,5 Stunden

Der Outdoor-Rätselspaß ist für Kinder ab etwa 6 Jahren geeignet, die Schatzkarte kann beim MoMö Museum erworben werden. Dann geht's darum, Rätsel zu den Themen Apfelanbau, Mostproduktion und Wildbienen zu lösen. Am Ende wartet als Belohnung eine Schatztruhe mit einer Überraschung.
@ www.detektiv-trails.ch/produkt/detektiv-trail-arbon-im-apfelparadies/

Bei @ www.detektiv-trails.ch bzw. @ www.detektiv-trails.de gibt es Einsicht zu Detektiv-Trails in der Schweiz sowie auch in Österreich und Deutschland. Ein Blick in die verschiedenen Regionen lohnt sich!

CatWalk9220 Schnitzeljagd in Bischofszell

Die kostenlose Schnitzeljagd beginnt beim Rathaus und führt durch die historische Altstadt. Auf dem Weg liegen Feuerstellen und Restaurants. Der Trail umfasst 20 Stationen und dauert etwa 2–3 Stunden. Die Anleitung zu der Schnitzeljagd ist online zu finden.
@ www.bischofszell.ch/catwalk9220

Thurgauer Kugelbahnweg in Frauenfeld/Lüdem/Matzingen

Kugelbahnweg Frauenfeld bis Matzingen
Länge: ca. 6,3 km / ein Weg / kinderwagentauglich: ja / Dauer: ca. 3 Stunden + Spielzeit und Pausen (ca. 6 Stunden)

Der gesamte Kugelbahnweg führt von Frauenfeld bis Matzingen mit insgesamt 12 Kugelstationen, einer Grillstelle und einem Spielplatz. Der Weg an sich ist kostenlos, für die Kugelbahnen benötigt es eine € Holzkugel, welche an verschiedenen Stellen

gekauft werden kann. Wem der Weg im Gesamten zu lang ist, kann diesen abkürzen, mehrere Vorschläge werden online aufgelistet. Mit der Zugverbindung kann die Ausgangsstelle nach dem Ausflug wieder erreicht werden.
@ www.appenzellerbahnen.ch/de/erlebnisangebote/reiseinspirationen/rugelreise-thurgauer-kugelbahnweg.html

Piratenschule Tagestour ab Kreuzlingen

Die Tagestour startet in Kreuzlingen bei der Infostelle und führt über den Tag verteilt bis nach Arenenberg. Auf dem Weg heißt es Rätsel lösen und Münzen sammeln. Für alle, die die Tagestour erfolgreich absolviert haben, gibt es noch mehr zu entdecken. In der Karte sind an verschiedenen Orten Piratenstationen und Schatzinseln eingezeichnet, dort gibt es zusätzliche Aufgaben zu lösen oder Münzen zu suchen. In der praktischen Piraten-App befinden sich alle Informationen sowie die Schatzkarte.
@ www.thurgau-bodensee.ch/piratenschule.html

Ludotrail: Spiel dich durch Romanshorn €

In der Schweiz gibt es gleich mehrere Ludotrails (Spiele-Parcours) durch Städte und Dörfer. Auch in Romanshorn wird so einer angeboten. Für 4 Personen wird ein Spieleset benötigt, das nach der Buchung an einem der vorgesehenen Standorte abgeholt werden kann. Das Set kann für einen Tag genutzt werden und anschließend an verschiedenen Rückgabestellen wieder abgegeben werden. Der Spieleparcours ist generationenübergreifend und eignet sich ab einem Alter von ca. 6 Jahren. Bei den einzelnen Ortschaften stehen etwa 20–30 Spiele bereit, es können aber nicht alle Spiele an einem Tag durchgespielt werden – daher genügend Zeit einplanen.
@ www.ludotrail.ch

Kanton Graubünden

Drachengold Rätselweg auf Brambrüesch in Chur

Länge: ca. 3,4 km / Rundweg / kinderwagentauglich: nein / Dauer: ca. 1,5 Stunden + Spielzeit

Der Rätselweg startet ab der Bergstation Brambrüesch, der einfachste Aufstieg ist mit der Seilbahn €. An der Talstation ist die Schatzkarte erhältlich, diese führt euch auf dem Weg durch den Moorparcours. Auf dem Weg befindet sich ein Spielplatz und Einkehrmöglichkeiten.
@ www.churbergbahnen.ch/de/Sommer/Familien

Der Moorparcours kann ohne den Rätselweg mit einer kostenlosen Entdeckertasche erkundet werden.
@ www.chur.graubuenden.ch/de/uebersicht-ausflugsziele/moorparcours-riedbodenbrambrueesch

Kinderstadplan Chur

Der Kinderstadtplan Chur ist eine spielerische Entdeckungstour für Kinder. Mit einer Karte und kleinen Rätselaufgaben können sie die Stadt auf eigene Faust erkunden, spannende Orte wie Museen (freier Eintritt bis 16 Jahren) oder Sehenswürdigkeiten kennenlernen und dabei spielerisch etwas über Chur lernen. Die Karte kann online eingesehen und ausgedruckt werden.

@ www.chur.ch/publikationen/36345

Zwergenweg in Klosters-Serneus

Länge: ca. 2,8 km / ein Weg / kinderwagentauglich: nein

Ausgangspunkt der Wanderung ist in der Nähe der Bushaltestelle »Brachweg«, auf dem Weg befinden sich 10 spannende Stationen für Kinder. Der Weg führt durch den Wald über Wurzel und Waldboden mit einer Geschichte vom Zwerg Purzel und seinen Freunden. Die verschiedenen Stationen motivieren zum Wandern und der große Abenteuerspielplatz ladet zum Spielen und Toben ein. Am Ende kann der Ausgangspunkt der Wanderung bequem mit dem Bus zurückgelegt werden oder auf demselben Weg wieder zu Fuß.

@ www.davos.ch/zwergenweg

Klara auf der Alp Madrisa in Klosters Serneus

Länge: ca. 3,1 km / Rundweg / kinderwagentauglich: nein / Dauer: ca. 2 Stunden

An verschiedenen Spiel- und Rätselstationen können sich Groß und Klein austoben, spannende Aufgaben lösen und gleichzeitig die wunderschöne Bergwelt erkunden. Die lustige Kuh Klara aus der Madrisa-Bande begleitet die Familie dabei spielerisch.

@ www.madrisa.ch/de/sommer/erleben-geniessen/themen-erlebniswege

Heidiweg in Maienfeld

Länge: ca. 6,5 km / Rundweg / kinderwagentauglich: nein (Abkürzung vorhanden, dann auch kinderwagengeeignet) / Dauer: ca. 1,5 Stunden + Aufenthalt im Heidi Dorf

Ein Ausflug auf den Heidiweg ist ein tolles Erlebnis für die ganze Familie! Wer Heidi kennt und liebt, wird begeistert sein, die bekannten Orte aus dem Film in echt zu entdecken: das Heidihaus, Heidis Alphütte, das Rathaus, die Schule und natürlich die Ziegen. Entlang des Weges gibt es viel zu sehen und zu erleben – und im Heidi-Dorf warten mehr spannende Informationen rund um Heidi und ihre Welt. Eine Karte mit den einzelnen Stopps ist online ersichtlich.

@ www.heididorf.ch

In der Nähe des Bahnhofes befindet sich der Spielplatz Maienfeld. *Spielplatzausstattung:* Seilbahn, Rutsche, Holz-Zug, (Nest-)Schaukel, Wippen, Wasserspiel, Sandkasten, Klettermöglichkeit, Wiese, Bänke.

Globi-Weg Lenzerheide in Vaz / Obervaz

Länge: ca. 7,2 km / Rundweg / kinderwagentauglich: keine Info vorhanden / Dauer: ca. 3,3 Stunden

Auf dem Globi-Rundweg befinden sich 13 spannende Stationen, an denen mit Globi Themen wie Natur und Technik spielerisch entdeckt werden. Entlang des Weges gibt es verschiedene Feuerstellen zum Grillen sowie Bergrestaurants. Der Start ist ab der Mittelstation Tgantieni, der bequemste Aufstieg ist mit der Bergbahn € von der Talstation Val Sporz aus.

@ www.arosalenzerheide.swiss/de/Lenzerheide/Sommer/Familienerlebnisse

Autschliweg Lenzerheide in Vaz / Obervaz

Länge: ca. 4,3 km / von Bergstation zur Talstation / kinderwagentauglich: nein / Dauer: ca. 1 Stunde + Spielzeit

Der Weg startet an der Mittelstation Scharmoin und führt zurück ins Tal zum Sportzentrum. Wer zu Fuß zur Talstation zurückkehrt, muss noch etwa 1 km laufen. Bequemer geht der Aufstieg mit der Bergbahn €, er kann aber auch zu Fuß bewältigt werden. An der Mittelstation gibt es ein Bergrestaurant und auf dem Weg stehen Feuerstellen zum Grillen bereit. Die größte Holzkugelbahn der Schweiz lässt bei der Mittelstation Kinderaugen erstrahlen. Eine Kugel ist direkt am Automaten erhältlich, plant bei dem Besuch genügend Spielzeit mit ein. Der LIKEaBIKE-Park auf der Sonnenterrasse des Bergrestaurants Scharmoin bietet Kindern zusätzlich kostenlosen Fahrspaß mit Laufrädern und Helmen.

@ www.arosalenzerheide.swiss/de/Lenzerheide/Sommer/Familienerlebnisse/Wandern-mit-Kindern

Wetterwichtelweg Heidbüel in Vaz / Obervaz

Länge: ca. 2,7 km / Rundweg / kinderwagentauglich: nein / Dauer: ca. 1,5 Stunden

Startpunkt des Wetterwichtelweges ist die Bergstation Heidbüel, der bequemste Aufstieg ist mit der Bergbahn €. Der Rundweg führt durch den Wald, über Wiesen, Stock, Stein und ist teilweise steil. Auf dem Rundweg befinden sich 10 Stationen, an denen Tiere für ein Rätsel entdeckt werden können. Der Rundweg ist ab Schulalter empfohlen, vorausgesetzt ist gutes Schuhwerk. Die Rätselkarte kann an der Kasse der Talstation abgeholt werden.

@ www.arosalenzerheide.swiss/de/Lenzerheide/Sommer/Familienerlebnisse/Wandern-mit-Kindern

TIERISCHE BEGEGNUNGEN

Kanton St. Gallen

Greifvogelpark in Buchs

Im Park können auf einem Rundweg verschiedene Greifvögel und Eulenarten bestaunt werden. An den Wochenenden finden Flugshows statt, so können die Tiere in Action erlebt werden. Der Park ist barrierefrei und kann mit Kinderwagen besucht werden. Eine Grillstelle und ein Spielplatz laden zum Verweilen ein. Im Falken Stübli gibt es Snacks und Getränke zu kaufen.

@ www.greifvogelpark.ch

Walter Zoo in Gossau

Ein toller Zoo mit online einsehbaren Fütterungszeiten. Der Zoo verfügt über Restaurants, Kiosk, Grillstelle mit Picknickplatz und verschiedene Spielplätze auf dem Gelände. Jedes Jahr, während der Hauptsaison, wird im Zootheater zweimal am Tag eine Aufführung präsentiert, diese wechselt jedes Jahr. Die Aufführungen dauern jeweils etwa 30 Minuten und sind kindgerecht. Und als großes Highlight bietet der Zoo Abenteuer-Übernachtungen an.

@ www.walterzoo.ch

Knies Kinderzoo in Rapperswil-Jona

Neben den unterschiedlichen Tierarten bietet der Knies Kinderzoo verschiedene Spielplätze, ein Zookino sowie die Möglichkeit, Ziegen zu füttern. Im Tagesprogramm werden zu bestimmten Zeiten interessante Informationen zu den jeweiligen Tierarten vermittelt, außerdem gibt es Ponyreiten. Wer mehr über die Tiere erfahren oder ein besonderes Erlebnis genießen möchte, kann eine Führung buchen. Für Pausen stehen Restaurants, ein Kiosk, ein Food Truck und ein Grillplatz zur Verfügung.

@ www.knieskinderzoo.ch

Wildpark Peter und Paul in St. Gallen

Der kostenlos zugängliche Wildpark verfügt über verschiedene Wege, welche für Kinderwagen geeignet sind. Auf der Webseite finden sich unterschiedliche Wildpark-Quiz', welche den Wildpark-Besuch etwas spannender machen – ausdrucken und mitnehmen nicht vergessen. Neben dem Parkplatz befindet sich ein Restaurant.

@ www.wildpark-peterundpaul.ch

Kanton Thurgau

Plättli Zoo Frauenfeld

Der Zoo in Frauenfeld bietet einen großen Spielplatz mit Klettermöglichkeiten, Schaukeln, Rutsche, Wippen, einem Sandbereich mit Bagger sowie elektrische Minicarts und einem Karussell. Im Streichelzoo lassen sich mit etwas Glück eines der Kamele, Zackelschafe, Esel, Ponys oder Schweine am Zaun streicheln. An ausgewählten Tagen wird zusätzlich Ponyreiten angeboten und je nach Interesse können Tierfütterungen dazugebucht werden. Für Pausen steht ein Grillplatz mit Sitzgelegenheiten bereit, alternativ lädt das Zoo-Restaurant zum Essen ein. Außerdem besteht die Möglichkeit, verschiedene Geburtstagspartys im Zoo zu feiern.

@ www.plaettli-zoo.ch

SPIELPLÄTZE

Kanton Thurgau und St. Gallen

Abenteuerspielplatz Seeburgpark Kreuzlingen

Spielplatzausstattung: Kletterturm, Rutsche, Wippen, Seilbahn, Spielhaus, Schaukel, Klettermöglichkeiten, Wasserstelle zum Spielen, Karussell, Sandkasten, Sitzmöglichkeiten.

Der Spielplatz liegt direkt am Bodensee im Seeburgpark. Neben dem Spielplatz gibt es die Möglichkeit, Minigolf (@ www.minigolf-kreuzlingen.ch) und Disc Golf (@ www.lakeside-discgolf.ch) zu spielen. Etwa einen Kilometer weiter befindet sich das Sea Life in Konstanz (DE) mit weiteren Ausflugstipps. Siehe mehr unter S. 230.

Abenteuerspielplatz »Robins Horn« in Romanshorn

Spielplatzausstattung: Klettermöglichkeit, Riesenrutsche, Schaukel, Nestschaukel, Seilbahn, Sandkasten mit Bagger, Holzboot zum Bespielen, Sitzmöglichkeiten.

Der Eintrittspreis ist gleichzeitig ein Wertbon, welcher in einem der angegebenen Restaurants eingelöst werden kann. Der Ausflug kann gut mit einem Spaziergang am See kombiniert werden. Der Spielplatz Schlosswiese (verschiedene Spielgeräte und Wasserspiel) befindet sich rund einen Kilometer von Robins Horn entfernt; der Spazierweg dorthin führt direkt am Hafen entlang.

Für die zwei oben genannten Kantone können online Spielplätze und Pumptracks eingesehen werden.

@ www.spilo.sg

Kanton Appenzell Ausserrhoden

Generationen Spielinsel Kreckel

Spielplatzausstattung: Klettermöglichkeit, Rutsche, Seilbahn, Nestschaukel, Sandkasten mit Bagger, Wasserspiel, Holz-Traktor, Tunnel, Hängematte, Sitzmöglichkeit und mehr.

Insgesamt handelt es sich um einen großen Spielplatz mit zahlreichen Spielgeräten.

Die Remise kann für Geburtstagsfeste gemietet werden.

SCHLECHTWETTER-PLAN

Kanton St. Gallen

Tanoshii Funpark in Altstätten

Der Funpark bietet ab einem Alter von 6 Jahren verschiedene Freizeitbeschäftigungen. Der Trampolinpark besitzt 72 verschieden große Trampoline, der Ninja Parcours bietet verschiedenste Hindernisse und mit Virtual Reality kann ein anderes Universum betreten werden. Die einzige Ausnahme ist der Race Simulator, für diesen ist eine Mindestgröße von 1,5 m notwendig.

@ www.tanoshii.ch

Chocolarium in Flawil

Eine Rundtour im Chocolarium dauert etwa eine Stunde und beinhaltet einen Abstecher zu einem Kino, eine interaktive Chocolarium-Tour, einen Blick in die Fabrik (Dienstag bis Freitag) und am Ende der Tour kann eine frisch gegossene Schokoladentafel verziert werden. Ein tolles Erlebnis für Schokoladenliebhaber.

@ www.chocolarium.ch

In Flawil gibt es das Ortsmuseum Flawil, welches mit »Abenteuer im Museum – Wo ist das Museumsgespenst?« ein Programm für Kinder anbietet. Das kann zusammen mit dem Chocolarium als Ergänzung für einen Tagesausflug geplant werden.

@ www.ortsmuseumflawil.ch

Setzchaschte in Grabs

Der Setzchaschte ist ein kreativer Treffpunkt in einer ehemaligen Fabrikhalle. Auf über 500 m² gibt es Raum zum Basteln, Malen, Werken und freies Schaffen. Das Angebot richtet sich an Kinder, Jugendliche und Erwachsene und umfasst Workshops und spezielle Aktionen wie »Plitsch Platsch«. Das Café bietet Snacks und Getränke an und im Sommer können alle im Kreativ-Garten entspannen.

@ www.setzchaschte.ch

Freizeitpark in Niederbühren

Indoor und Outdoor, der Freizeitpark in Niederbühren hat beides zu bieten. Der Indoorbereich »Spielschüür« bietet Rutschbahnen über 3 Etagen, Trampoline, Tischfußball, Kletterwand, Lern- und Spielcomputer, Mini-Fußballfeld, Kletterturm, Kleinkindbereich und einiges mehr. Zusätzlich besteht die Möglichkeit, Bowling zu spielen. Mehr zum Outdoorbereich auf S. 168.

@ www.freizeitpark-niederbueren.ch

Fägnäscht Indoorspielplatz in Rorschach

Der Indoorspielplatz bietet auf 3 200 m² eine Haupthalle und den Kleinkindbereich Chäferfäscht, in denen Kinder spielen und toben können. Zu den Attraktionen zählen Ballkanonen, Air-Hockey, Kartbahn, Kletterlabyrinth, Mini-Soccer-Feld, Traktoren und Bobby Cars, Trampoline, Bällebad und XXL-Legos. Elektrokarts, Tischfußball und Air-Hockeytische funktionieren nur mit einem Spieljeton, beim Tageseintritt ist ein Jeton inbegriffen. Das Tragen von Socken ist Pflicht, Barfuß spielen ist nicht erlaubt. Für Kinder ab 6 Jahren gibt es Kombitickets mit dem Trampolinpark, hier die Sprungzeit vorab am besten reservieren. Erwachsene ab 16 Jahren bezahlen keinen Eintritt. Geburtstagspartys können veranstaltet werden.

@ www.faegnaescht.ch

Trampolinpark in Rorschach

Das Mindestalter für den Trampolinpark beträgt 6 Jahre, es besteht eine eingeschränkte Anzahl an Sprungplätzen, daher wird empfohlen, vorab zu reservieren. Die Sprungzeiten beginnen jeweils zur vollen und zur halben Stunde. Im Park befinden sich Trampolinfelder, ein Ninja-Course, ein Parkour und Bumper-Cars. Für das Betreten des Geländes sind Anti-Rutsch-Socken vorausgesetzt, diese können direkt vor Ort gekauft werden. Snacks und Getränke können nach dem Auspowern im Bistro bestellt werden.

@ www.trampolinpark.ch

Museum im Kornhaus in Rorschach

Das Erlebnismuseum bietet in 5 verschiedenen Bereichen eine abwechslungsreiche Ausstellung. Zu den Schwerpunkten zählen Puzzle-Zauber, visuelle Wahrnehmung, Magnetismus, factORfake und Bewegung. Viele Mitmachstationen laden alle Kinder verschiedenen Alters zum Ausprobieren und Tüfteln ein.

@ www.museum-rorschach.ch

Bambolino Indoorspielplatz St. Gallen

Auf einer Fläche von 2400 m² wartet eine Vielzahl an Attraktionen wie Trampoline, Elektro-Cars, Rutschen, Rampen, Kletterturm und Klettergerüst, Bausteine, Bällebad und

mehr. Im Spielbereich herrscht eine Sockenpflicht. Im Vintage-Bistro gibt es allerlei an Gerichten und Snacks zu bestellen, an den Wochenenden serviert das Bistro einen Brunch.
@ www.bambolino.ch

Escape Rooms in St. Gallen €
@ www.stgallen.adventurerooms.ch
@ www.escapecompany.ch

Stiftsbezirk St. Gallen €
Der Stiftsbezirk St. Gallen ist ein historisches Klosterareal im Zentrum von St. Gallen. Das verschwundene Pergament ist eine Entdeckungstour durch den Stiftsbezirk. Der Rätselspaß ist für Kinder ab etwa 9 Jahren in Begleitung von Erwachsenen geeignet. Die Tour dauert etwa 2 Stunden. Die Familienführungen sind für Familien mit Kindern ab einem Alter von etwa 5 Jahren geeignet. Zusätzlich werden immer wieder verschiedene Workshops und Veranstaltungen angeboten.
@ www.stiftsbezirk.ch/de/familien

Textilmuseum St. Gallen €
Hier wird Interessierten die Welt der Textilien nähergebracht. Textil- und Modebegeisterte können ab 10 Jahren mit einem Skizzenheft, gefüllt mit Informationstexten und viel Platz für Entwürfe, das Museum erkunden. Für jüngere Kinder gibt es tolle Ausmalbögen. Zusätzlich wird das Programm »Komm Rein! Anschauen – Zeichnen – Entdecken« für Familien angeboten. Die Missionen können selbstständig mit dem Zeichen- und Suchheft erledigt werden. Zusätzlich finden im Museum immer wieder Workshops und Veranstaltungen statt, welche für Kinder geeignet sind. Bitte beachten: Das Textilmuseum hat aufgrund eines Umbaus von 2027–2030 geschlossen. Unbedingt die Webseite überprüfen:
@ www.textilmuseum.ch

Kunstmuseum St. Gallen €
Das Kunstmuseum bietet ein vielseitiges Programm für Familien mit Kindern. Das offene Kunstlabor hat jeden ersten Sonntag im Monat geöffnet, passend zur aktuellen Ausstellung können alle kreativ gestalten und experimentieren. Der Kinder-Kunst-Klub ist für Kinder ab 6 Jahren und findet einmal in der Woche statt. Der Erlebnisraum bietet nach der Ausstellung Raum zum Verweilen, Anfassen, Ausprobieren und Kreativsein. Zu finden sind hier eine gemütliche Leseecke mit Kinderbüchern, eine XXL-Magnetwand, Bildmixer für Collagen, Flächen zum Zeichnen und einen Leuchtkasten für Farbexperimente.
@ www.kunstmuseumsg.ch/ihr-besuch/kinder-familien

Erlebnisbericht Naturmuseum St. Gallen

Sommer 2025

Da im Naturmuseum St. Gallen gerade die Aktion »Reiseziel Museum« (Infos S. 191) stattfand, haben wir uns entschieden, das Museum im Sommer 2025 zu besuchen. Aus Erfahrung wussten wir, dass an solchen Tagen viel los sein kann, also sind wir früh los, um pünktlich zur Öffnung da zu sein. Zugegeben – wir waren nicht die Einzigen mit dieser Idee, aber trotzdem verlief alles gemütlich und stressfrei.

Das Museum bietet an normalen Besuchstagen verschiedene Rätsel-Rallyes für Kinder an. Zum »Reiseziel Museum« gab es an diesem Tag ein spezielles Rätsel, das es zu lösen galt – perfekt für kleine Entdecker. Die Rätsel sind ab Lesealter geeignet, mit etwas Hilfe schon früher. Für unser Kind war das Rätsel noch nicht geeignet, dafür haben uns die Stationen zum Zeichnen und das Origami-Falten sehr viel Spaß gemacht, auch wenn das Falten schwerer war als angenommen.

Doch das war längst nicht alles: In der Ausstellung gibt es viele interaktive Möglichkeiten, zu hören, zu fühlen und selbst zu entdecken. Eine gemütliche Leseecke lädt zu einer Pause ein, in der in Büchern gestöbert werden kann. Das Museum erstreckt sich über zwei Stockwerke, sodass es viel zu sehen gibt, ohne dass es langweilig wird.

Da es an diesem Tag doch recht gut besucht war, haben wir nach etwa 1,5 Stunden unseren Rundgang beendet und sind zum Botanischen Garten spaziert. Dieser liegt nur wenige Meter entfernt und bietet bei schönem Wetter den perfekten Abschluss für einen Familienausflug.

Alles in allem hatten wir einen richtig schönen Vormittag voller Entdeckungen. Wir kommen bestimmt an einem anderen Tag wieder, um in Ruhe all die spannenden Dinge zu erkunden, die wir beim ersten Mal nur kurz getestet haben.

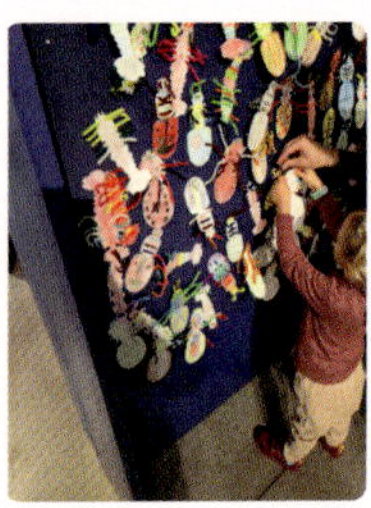

Naturmuseum St. Gallen

Die Sammlung des Museums umfasst Gesteine, Mineralien, Fossilien, prähistorische Objekte, Pflanzenbelege und Tierpräparate. Für Kinder gibt es an vielen Stellen interaktive Stationen zu entdecken. Fünf unterschiedliche Kinderpfade laden Kinder zum Rätseln und Beobachten ein, die Rätselhefte sind kostenlos an der Kassa erhältlich. Die Rätsel-Rallys sind für Kinder im Alter von ca. 4–8 Jahren geeignet, je nach Monat unterscheidet sich die Rätseltour. Aktuelle Informationen sind online einsehbar. In den Sommermonaten hat zusätzlich der Museumspark geöffnet, dieser hat einen eigenen Kinderpfad. Mit den »Kinderanlässen« und dem »Jugendlabor« bietet das Museum ein zusätzliches Angebot für Kinder und Jugendliche, ein Blick in die Veranstaltungen lohnt sich somit.

@ www.naturmuseumsg.ch

Kanton Appenzell Ausserrhoden

Appenzeller Park in Herisau

Besucher jeden Alters finden im Appenzeller Park eine tolle Indoor-Freizeitbeschäftigung. Auf einer Fläche von 2300 m² erwartet die Kleinsten ein Indoorspielplatz mit Klettergerüsten, Rutschen, Kleinkindbereich, Klettervulkan, Trampoline und noch einiges mehr. Wer Lust auf besondere Klettererlebnisse hat, findet im Clip'n Climb ganze 30 abwechslungsreiche Herausforderungen. Das Mindestalter dafür ist 4 Jahre. Abenteuerlustige Kinder ab 6 Jahren und 1,10 m Größe können sich an eine der 70 m langen und 23 m hohen Rutschen wagen. Oder eine der 270 Routen in der Kletterhalle beklettern.

@ www.appenzellerpark.ch

Kanton Thurgau

ArboPark in Arbon

Der ArboPark in Arbon bietet über 25 actionreiche Erlebnisse unter einem Dach. Prinzipiell ist der Park für Jugendliche und Erwachsene ausgelegt, daher ist der Einlass ab 12 Jahren. Kinder ab 8 Jahren dürfen in Begleitung eines Erwachsenen den Park betreten. Einzelne Attraktionen haben eine Alters- oder Körpergrößen-Beschränkung, daher die Bedingungen der gewünschten Attraktionen vorab prüfen. Zu den Attraktionen zählen Kartbahn, CUBE Challenges, Minispiele, Karaoke, DriftPark, Duckpin Bowling, Clip'n Climb und noch viele mehr. Speisen und Getränke können vor Ort gekauft werden.

@ www.arbopark.ch

Mosterei Möhl AG (MoMö Museum) in Arbon

Bei dem Museum handelt es sich nicht nur um ein Museum, sondern um ein reines Erlebnis. Zu entdecken gibt es die Möhli-Tour, ein interaktiver Rätselspaß für Kinder, um das Museum drinnen sowie draußen zu erkunden. In den Herbstferien können Kinder

selbst Mosten und einen eigenen Saft herstellen. Der Obstgarten und der Spielplatz laden zum Toben im Freien ein. Bei Schönwetter kann der »Detektiv-Trail: Arbon – im Apfelparadies« (S. 181) erlebt werden. Eine gastronomische Bewirtung gibt es vor Ort.
@ www.moehl.ch

Bodensee Planetarium in Kreuzlingen

Das Planetarium in Kreuzlingen bietet regelmäßig für verschiedene Altersgruppen Vorführungen in einer Art »Rundum-Kino« auf einer kuppelförmigen 360° Leinwand. Der Besuch ist je nach Programm mit Kindern ab 4 Jahren möglich, je älter das Kind, desto mehr Auswahl an Vorführungen gibt es. Neben den Vorführungen besteht auch die Möglichkeit, auf öffentlichen Abenden die Sternwarte zu erleben, die Termine dafür sind online einsehbar.
@ www.bodensee-planetarium.ch

Kanton Zürich

Sauriermuseum in Aathal

Das Museum hat eine der größten Dinosauriersammlungen Europas und bietet interaktive Stationen. Echte Skelette können bestaunt werden, es gibt jährliche Spezialausstellungen und Aktuelles aus der Wissenschaft wird vermittelt. Workshops können für Kinder ab 5 Jahren gebucht werden und ein Spielplatz lädt draußen zum Toben ein.
@ www.sauriermuseum.ch

Technorama in Winterthur

Im größten Science Center der Welt warten über 500 spielerische Experimentierstationen auf drei Etagen. Das Museum ist in verschiedene Themengebiete wie Mechanik, Strom und Magnete, Chemie und Physik, Klangwelt und noch vieles mehr gegliedert. In den Monaten April bis Ende Oktober ist der Park im Außenbereich geöffnet und bietet zusätzliche Experimentstationen. Tägliches Programm und Workshops runden den Besuch ab, öffentliche Workshops können vor Ort an der Kasse gebucht werden. Für Pausen gibt es im Museum eine Picknickzone und ein Restaurant. Die Ausstellung sowie das Restaurant sind kinderwagengerecht.
@ www.technorama.ch

Fun Park Winterthur

Der Fun Park in Winterthur bietet einen Indoor-Spielplatz für die Kleinsten sowie spannende Aktivitäten für größere Kinder, darunter Lazerfun, Fantasy Golf und ein 3D-UV-Schwarzlicht-Minigolf-Erlebnis.
@ www.funpark-winterthur.ch

Kanton St. Gallen

Säntispark Bäderwelt in Abtwil

Die Bäderwelt in Abtwil hat für kleinere und größere Kinder einiges zu bieten. Die verschiedenen Rutschen in der Rutschenwelt haben unterschiedliche Altersbegrenzungen, daher ist für jeden was dabei. Die Kinderbadewelt ist bis etwa 10 Jahre geeignet und bietet neben altersgerechten Rutschen auch Fischprojektion und verschiedene Wasserspiele. Darüber hinaus verfügt die Bäderwelt über ein Außen-Erlebnisbad, ein Wellenbad und ein Solebad. Für die Verpflegung steht das Bistro Bad zur Verfügung, ebenso die SB-Automaten.

@ www.saentispark-freizeit.ch

aquaRii in Altstätten

Das aquaRii in Altstätten bietet ein vielseitiges Badeerlebnis mit Hallen- und Freibad. Das Hallenbad ist ganzjährig geöffnet und umfasst mehrere Schwimmbecken, einen großen Kinderplanschbereich mit Rutsche und Wasserspielen, eine 80 m lange Rutsche sowie beheizte Außenbecken mit Massageliegen und Wasserdüsen. Im Freibad stehen während der Sommermonate verschiedene Wasserbecken mit Sprungturm, Tummelbereich, Strömungskanal und Wasserspielen zur Verfügung. Zudem gibt es zwei Rutschen sowie einen Kinderbereich mit Planschbecken und Spielplatz. Außerhalb des Wassers laden eine Spielwiese, Beachvolleyballfelder, Tischtennis, Tischfußball und eine Torschusswand zum Verweilen und Austoben ein. Sowohl im Innenbereich als auch im Außenbereich gibt es die Möglichkeit, eine Auswahl an Snacks und Getränken zu kaufen.

@ www.aquarii.ch

Strandbad in Diepoldsau

Das Freibad Diepoldsau verfügt über ein Naturbad am Alten Rhein. Eine idyllische Badeanlage mit mehreren Becken, darunter Nichtschwimmer-, Schwimm- sowie Sprungbereich und eine Rutsche. Für zusätzlichen Spaß sorgt das Wassertrampolin, der Wasser-Adventure-Park und zwei Flöße. Der Kleinkindbereich bietet eine tolle Abkühlung für die Kleinen und der Spielplatz zusätzlichen Spielspaß. Außerhalb des Wassers finden sich Tischtennistische, ein Beachvolleyballfeld, ein Badmintonfeld und eine Spielwiese mit kleinen Fußballtoren. Im Strandbad stehen ein Restaurant und ein Barcontainer für eine Pause bereit.

@ www.strandbaddiepoldsau.ch

Kanton Schwyz

Alpamare Pfäffikon

Das Erlebnisbad bietet eine große Auswahl an Rutschen, fast alle sind ohne Altersbeschränkung nutzbar. Einige Rutschen können sogar gemeinsam mit Kleinkindern ausprobiert werden, daher ein idealer Ausflug auch für die Kleinsten. Zusätzlich bietet es ein Wellenbad, eine Therme und ein Wasserbecken mit einem 100 m langen Strömungskanal. Der Wellnessbereich und das Sole Bad stehen Gästen ab 16 Jahren offen. Der Kleinkindbereich befindet sich auf etwa 200 m² und bietet viel Platz für Wasserspiele mit Wasserpumpen, Wasser-Kippeimer, Oktopus, Wasserpistolen und Wasserfall. Ein Restaurant sorgt für die Verpflegung vor Ort.

@ www.alpamare.ch

WINTERAKTIVITÄTEN

Kanton St. Gallen

Schlittenpiste MounTeens am Pizol in Wangs

Der MounTeens Schlittelweg bietet ein spannendes Wintererlebnis über 3,5 km von der Bergstation Furt bis zur Mittelstation Maienberg. Durch verschneite Wälder und mit Panoramablick auf das Rheintal sorgt die Strecke für abwechslungsreichen Fahrspaß. Rätselstationen entlang des Weges ergänzen das Abenteuer für Kinder ab 7 Jahren. Bei ausreichender Schneelage lässt sich der Weg bis nach Wangs erweitern.

@ www.pizol.com/erlebnisse/schlittelpiste-mounteens/

Kinderland Pardiel in Bad Ragaz

Das Kinderland Pardiel am Pizol ist ein Übungsgelände für Kinder mit drei Förderbändern, darunter zwei mit Tunnel, und zwei Kinderskipisten. Es bietet ideale Bedingungen für erste Erfahrungen auf Skiern oder Snowboards. Das Gelände liegt direkt an der Bergstation Pardiel und ist über die Gondelbahn ab Bad Ragaz erreichbar.

@ www.pizol.com/erlebnisse/kinderland-pardiel/

Kanton Appenzell Innerrhoden

Schlitteln / Rodeln Kronberg in Jakobsbad

Die anspruchsvolle Rodelstrecke ist etwa 7 km lang und startet bei der Bergstation am Kronberg, Rodel können direkt vor Ort ausgeliehen werden. Die Strecke ist für Kleinkinder ungeeignet. Einkehrmöglichkeiten gibt es direkt vor Ort. Genauere Infos:

@ www.kronberg.ch/de/erlebnisse/winter/schlitteln.html

Mini Snowland Kronberg in Jakobsbad

Nach einer Runde Schlittenfahren können sich Kinder im Mini Snow-

land etwas austoben. Es stehen eine Zipfelbob-Piste und Spielstationen im Schnee kostenlos zur Verfügung.
@ www.kronberg.ch/de/erlebnisse/winter/mini-snowland.html

Kanton Graubünden

Lenzerheide Zauberwald €

Der Zauberwald Lenzerheide ist ein Winterhighlight für Familien. Inmitten verschneiter Bäume erstrahlt ein fantasievoller Lichterpark mit interaktiven Kunstwerken, Musik und stimmungsvoller Kulinarik. Kinder können spielerisch in die bunte Welt aus Licht und Klang eintauchen, während Eltern den Spaziergang durch die leuchtende Winterlandschaft genießen. Dank des abwechslungsreichen Kinderprogramms mit Geschichten und kreativen Aktivitäten wird der Besuch zu einem Erlebnis für die ganze Familie.
@ www.zauberwald.ch

Kanton Zürich

Winterthurer Wintermarkt

Der Wintermarkt findet jährlich ab ca. Mitte November bis Weihnachten statt. Der Markt bietet jedes Jahr ausgesuchte Attraktionen und Künstler, das Programm ist für Groß und Klein. Es finden sich zudem Märchenstunden, Feuerjongleure, Kinderschminken und mehr. Ein Blick in das Programm lohnt sich auf jeden Fall.
@ www.winterthurerwintermarkt.ch

VERANSTALTUNGEN

Würth Haus Rorschach €

Das Würth Haus Rorschach bietet verschiedene Veranstaltungen an, darunter auch Veranstaltungen für Kinder. Einmal im Jahr findet zusätzlich das Schneeskulpturen-Festival statt.
@ www.wuerth-haus-rorschach.ch

▼ Schifffahrt auf dem Walensee

▼ Kletterturm CLiiMBER am Flumserberg

25
JAHRE
LIEBE
ZUR
KUNST

Liechtenstein

Direkt neben Vorarlberg, zwischen der Schweiz und Österreich, liegt das Fürstentum Liechtenstein, das aus 11 Gemeinden besteht, darunter Vaduz, Schaan, Balzers, Triesen und Mauren. Mit einer Fläche von 160 km^2 gehört es zu den kleinsten Ländern Europas und bietet eine überraschend vielfältige Landschaft. Die Rheinebene im Westen ist flach und landwirtschaftlich geprägt, während die östlichen Alpen steil und gebirgig sind. Der höchste Berg ist der Grauspitz mit 2 599 m.

Liechtenstein ist eine konstitutionelle Erbmonarchie. Der Fürst hat weitreichende Rechte, darunter das Vetorecht bei Gesetzen und das Recht, die Regierung zu ernennen oder aufzulösen. Die Hauptstadt Vaduz ist nicht nur politisches Zentrum, sondern auch kulturelles Herz des Landes. Hier befindet sich die Burg des Fürsten, das Landesmuseum und zahlreiche familienfreundliche Angebote. Die Stadt bietet einen charmanten Mix aus moderner Architektur, Museen und gemütlichen Spazierwegen.

Liechtenstein ist eines der wenigen Länder weltweit, das vollständig in den Alpen liegt. Es ist sehr wohlhabend, politisch stabil und zählt zu den Ländern mit der höchsten Lebensqualität Europas. Mit rund 40 000 Einwohnern ist es zudem ein überschaubares, familienfreundliches Reiseziel.

◀ Das Kunstmuseum Liechtenstein in Vaduz

OUTDOOR-ERLEBNISSE

Alpen Minigolf durch Malbun €

In den Sommermonaten führen 18 Bahnen in verschiedenen Schwierigkeitsstufen durch das ganze Dorf Malbun und laden zum Spielen ein. Für den Minigolf-Parcours sollten etwa 1,5 Stunden eingeplant werden. Schläger und Bälle können im Tourismusbüro Malbun Center ausgeliehen werden.

@ www.tourismus.li

Bogenschießen in Malbun €

Der 3D-Pfeilbogen-Parcours hat meist von Mai bis Ende Oktober geöffnet. Der etwa 2,5 km lange Parcours befindet sich unter freiem Himmel und ist mit lebensgroßen Tierfiguren ausgestattet.

@ www.bergbahnen.li/sommer/angebote-aktivitaten/bogenschiessen-malbun

Minigolfplatz in Vaduz €

Der Minigolfplatz in Vaduz bietet im Sommer 19 Bahnen zum Spielen. Nach dem Spiel ladet das Restaurant mit Kiosk zum Verweilen ein.

@ www.tourismus.li

Pumptracks & Skateparks in Liechtenstein

- Pumptrack Balzers
- Pumptrack Gamprin
- Pumptrack Ruggell
- Pumptrack Triesen
- Skateplatz bei Sport- und Freizeitanlage Schellenberg

ERLEBNISPFADE & BESONDERE WEGE

Alpherzweg in Malbun

Länge: ca. 5,5 km / Rundweg / kinderwagentauglich: nein / Dauer: ca. 2 Stunden

Der Alpherzweg bietet 10 interaktive und informative Stationen zum Thema Alpkultur. An jeder Station kann jeweils ein Alpherz mit einem Prägestempel im Erlebnisbegleiter (erhältlich im Malbun Center) gesammelt werden. Wer alle gesammelten Stempel im Malbun Center vorweisen kann, erhält eine kleine Überraschung.

@ www.tourismus.li/map/poi/alpherzweg-malbun-d88331f4-1aea-4247-b137-2a39f9eae7b8.html

Forscherweg Malbun €

Länge: ca. 3 km / hin und retour / kinderwagentauglich: ja (teilweise) / Dauer: ca. 2 Stunden

Der Forscherweg beginnt beim »Schlucher-Treff« am Ortseingang von Malbun. Im Malbun Center ist der passende Forscherrucksack € erhältlich. An zehn abwechslungsreichen Stationen können große und kleine Entdecker spannende Aufgaben lösen. Der Weg kann im Sommer und im Winter begangen werden – die Aufgaben wechseln mit den Jahreszeiten. Mit einem geländetauglichen

Kinderwagen ist die Strecke machbar. Lediglich der letzte Abschnitt ist nicht kinderwagentauglich. Beim Sass-Seelein gibt es eine Grillstelle und Sitzmöglichkeiten.

@ www.forscherweg.li

Der Forscherweg lässt sich mit der Rundwanderung Sassweg verbinden. Auf dem Forscherweg bis zum Sass-Seelein bleiben, ab da dem Rundwanderung Sassweg folgen. Der Rundweg ist insgesamt 4,4 km lang und mit einem geländetauglichen Kinderwagen befahrbar.

@ www.tourismus.li/entdecken/sommer-herbst/wandern/top-5-touren-fuer-familien.html

Detektiv-Trail in Malbun €

Länge: ca. 5 km / Rundweg / kinderwagentauglich: nein / Dauer: ca. 3 Stunden

Der Outdoor-Rätselspaß ist für Kinder ab etwa 6 Jahren geeignet, die Schatzkarte kann im Malbun Center erworben werden und dann heißt es: Rätsel lösen! Am Ende wartet als Belohnung eine Schatztruhe mit einer Überraschung. Bitte beachte, dass das Ticket für den Sessellift Sareis nicht im Preis des Detektiv-Trails inbegriffen ist und zusätzlich vor Ort gekauft werden sollte.

@ www.detektiv-trails.ch/produkt/detektiv-trail-malbun-in-einer-atemberaubenden-berglandschaft-liechtenstein/

Outdoor Adventure Rooms Malbun €

Ab dem Malbun Center besteht die Möglichkeit, zwischen zwei verschiedene Rätseljagden zu wählen. Das »Magische Malbunportal« ist ab 9 Jahren, »Operation Mindfall« ist ab 12 Jahren geeignet – jeweils mit Erwachsenenbegleitung. Mit Rätseltasche und iPad geht es auf Mission, die Rätsel bestehen aus einer Mischung aus Geschicklichkeit, Denkaufgaben, Orientierung und Augmented Reality (Erweiterte Realität). Pro Rätseljagd sind etwa 1,5 Stunden einzuplanen.

@ www.tourismus.li/map/poi/outdoor-adventure-rooms-malbun-284526dc-1e92-4f4d-ae3f-50baaaa358e4.html

Schaukelpfad Malbun

Länge: ca. 5,5 km / vom Berg ins Tal / kinderwagentauglich: nein / Dauer: ca. 2 Stunden

Der Ausganspunkt des Schaukelpfades ist die Bergstation Sareis, welche am einfachsten mit dem Sessellift € zu erreichen ist. Ab da verläuft der Weg bergab ins Tal nach Malbun und hat an 10 Stationen verschiedene Schaukeln zu bieten. Auf dem Weg gibt es Einkehmöglichkeiten.

@ www.tourismus.li/entdecken/sommer-herbst/wandern/top-5-touren-fuer-familien.html

Waldlernpfad Schaanwald in Mauren

Länge: ca. 2,5 km / Rundweg / kinderwagentauglich: ja / Dauer: ca. 1,5 Stunden

Der Waldlernpfad bietet zehn Themenstationen über den Wald, seine Bewohner und die ökologischen Zusammenhänge. Der Weg ist gut ausgebaut, größtenteils eben oder sanft ansteigend und führt über Waldboden, Schotter und Wurzeln. Der Pfad führt direkt zum Waldspielplatz Schaanwald und bietet zwei Grillstellen.

@ www.mauren.li/waldlernpfad-schaanwald?nid=15200

Fuchs auf Dux in Schaan

Der Waldspielparcours auf Dux bietet Familien eine abwechslungsreiche und lehrreiche Ausflugsmöglichkeit. An 18 teils interaktiven Stationen, die entlang des gesamten Vita-Parcours verteilt sind, gibt es die Möglichkeit, den Wald spielerisch zu entdecken und mit allen Sinnen zu erleben. Bei den interaktiven Stationen gilt es, dem Fuchs bei seinen Aufgaben zu helfen und so den Wald je nach Jahreszeit kennenzulernen. Je nach Nutzung dauert der Parcours etwa 1,5 bis 2,5 Stunden.

@ www.fuchs-auf-dux.li

Wurz und Zirp auf Zeitreise in Schellenberg

Länge: ca. 5 km / Rundweg / kinderwagentauglich: nein / Dauer: ca. 3 Stunden

Auf dem familiengeeigneten Rundweg in Schellenberg wartet auf alle Besucher eine Zeitreise. Auf 6 Stationen finden sich interaktive und informative Stationen zu den Themen Mittelalter, Urgeschichte, Eiszeit und noch mehr. Der Rundweg führt durch Wald und über Wiesen, teilweise an der Staatsgrenze zu Österreich und an einem Spielplatz vorbei.

@ www.unterland-tourismus.li/wurz-und-zirp

Detektiv-Trail in Vaduz €

Länge: ca. 4 km / Rundweg / kinderwagentauglich: ja / Dauer: ca. 2 –4 Stunden

Der Outdoor-Rätselspaß ist für Kinder ab etwa 6 Jahren geeignet, die Schatzkarte kann im Liechtenstein Center in Vaduz erworben werden. Am Ende wartet als Belohnung eine Schatztruhe mit einer Überraschung. Beachtet die Uhrzeiten für den Zugang der Schatztruhe.

@ www.detektiv-trails.ch/produkt/detektiv-trail-vaduz-liechtenstein/

Foxtrail Furisto in Vaduz €

Bei dem Foxtrail handelt es sich um einen interaktiven Stadtabenteuer-Trail. Der Startpunkt ist am Liechtenstein Center und führt durch ein altes Wohnquartier inmitten von Weinbergen, an ein Bachufer, vorbei an der Kathedrale und dem Regierungszent-

rum und endet im Stadtzentrum. Für die Spielzeit sollten etwa 2-3 Stunden eingeplant werden. Der Trail ist ab 8 Jahren empfohlen.
@ www.foxtrail.ch/produkte/trails/liechtenstein/furisto/

Foxtrail bietet verschiedene interaktive Trails in der ganzen Schweiz an. @ www.foxtrail.ch

Walderlebnispfad Vaduz

Große Runde

Länge: ca. 6,4 km / Rundweg / kinderwagentauglich: nein / Dauer: ca. 2 Stunden

Kleine Runde

Länge: ca. 2 km / Rundweg / kinderwagentauglich: ja / Dauer: ca. 40 Minuten

Der Walderlebnispfad umfasst zwei Routen: eine kürzere, kinderwagentaugliche Strecke und eine längere, die ohne Kinderwagen begehbar ist. An den Stationen vermitteln Infotafeln spannendes Wissen, während an den interaktiven Bereichen Ausprobieren und Entdecken im Mittelpunkt stehen.
@ www.outdooractive.com unter »Walderlebnispfad Vaduz« abrufbar.

TIERISCHE BEGEGNUNGEN

Greifvogel-Show in Malbun

In der Zeit von Ende Mai bis Anfang Oktober kann an den Wochenenden eine Greifvogel-Flugshow besucht werden.
@ www.galina.li/greifvogel-flugshow

Vogelparadies Birka in Mauren

Beim Vogelparadies Birka handelt es sich um einen kleinen Vogelpark, welcher frei zugänglich ist. Direkt neben dem Vogelpark befindet sich ein großer Spielplatz (S. 202).
@ www.mauren.li/vogelparadies-birka-

Lama Wanderungen in Triesenberg

Der Lama- und Alpakahof in Triesenberg bietet verschiedene Wanderungen mit Lamas und Alpakas an. Zur Auswahl stehen klassische Touren sowie besondere Erlebnisse mit Zusatzangeboten wie Laternen- und Nachtwanderungen, Fondue, Raclette oder Grillen. Wer mindestens 14 Jahre alt ist, darf sogar ein eigenes Lama führen. Weitere Infos gibt's hier:
@ www.lama-alpaka.li

SPIELPLÄTZE

Alle Spielplätze in Liechtenstein sind im Familienportal online zu finden, anbei sind im Buch einige aufgelistet.
@ www.familienportal.li/kategorie/familie-kind-freizeitaktivitaeten/

St. Martins Spielplatz in Eschen

Spielplatzausstattung: Kletter- und Balanciermöglichkeit, Wasserspiel, Sandkasten, Rutsche, Schaukel, Wippe, Trampolin, Sitzmöglichkeit.

Spielpark Malbun

Der Spielpark in Malbun befindet sich neben dem Malbun Center (Touristeninfo) und hat einen großen Spielplatz und eine Grillstelle. Das Malbun Center ist Ausgangspunkt für verschiedene Wanderungen und Erlebniswege. Auf der gegenüberliegenden Straßenseite befindet sich das Parkhaus Malbun.

@ www.tourismus.li

Spielplatzausstattung: Kletter- und Balanciermöglichkeit, Schaukel, Nestschaukel, Rutsche, Wasserspiel, Sandkasten, Wippe, Seilbahn, Sitzmöglichkeit.

Das Restaurant Schlucher-Treff, neben dem Malbun Center, bietet im Sommer viele Spielmöglichkeiten für Kinder an. Es stehen ein großes Trampolin, eine Rennstrecke für Elektroautos, ein Bagger und ein Kran zum Bedienen zur Verfügung. Die Kinder können gemütlich von der Terrasse und dem Tisch aus beobachtet werden.

@ www.schlucher-treff.com

Spielplatz Vogelparadies Birka in Mauren

Spielplatzausstattung: Kletter- und Balanciermöglichkeit, Rutsche, Schaukel, Wippen, Nestschaukel, Holzhaus, Sitzmöglichkeit.

Direkt neben dem Spielplatz befindet sich ein Vogelpark, dieser lädt zum Spazieren und Vogelbeobachten ein.

Waldspielplatz Schaanwald in Mauren

Spielplatzausstattung: Schaukel, Rutsche, Kletter- und Balanciermöglichkeit, Matschplatz, Seilbahn, Sitzmöglichkeit, Grillstelle.

Kombinierbar mit dem Waldlernpfad (S. 200).

Spielplatz am Weiherring in Mauren

Spielplatzausstattung: Kletter- und Balanciermöglichkeit, Wippe, Trampolin, Rutsche, Schaukel, Nestschaukel, Sitzmöglichkeit, Volleyballplatz, Skating-Park.

Abenteuerspielplatz Dräggspatz in Schaan

Beim Abenteuerspielplatz Dräggspatz können Kinder zwei Mal die Woche kreativ werden, Neues ausprobieren und nach Herzenslust spielen. Ab 6 Jahren dürfen sie selbständig in der betreuten »elternfreien Zone« toben. Für die Kleineren gibt es einen eigenen Bereich mit Begleitung. Beachtet hier die Öffnungszeiten, während der Schulferien und Feiertagen ist der Spielplatz geschlossen. Winterpause: November bis Februar.

@ www.schaan.li/sport-kultur/veranstaltungsorte-museen/draeggspatz/draeggspatz

Freizeitanlage Dux in Schaan
Spielplatzausstattung: Kletter- und Balanciermöglichkeit, Rutsche, Schaukel, Nestschaukel, Wippe, Seilbahn, Sitzmöglichkeit, Grillstelle, Wasserstelle, Aussichtsturm.

Spielplatz Vaduz Zentrum (neben Steuerverwaltung)
Spielplatzausstattung: Wippen, Schaukel, Rutsche, Spielzug, Seilbahn, Balanciermöglichkeit, Sandkasten, Sitzmöglichkeit.

Der Spielplatz befindet sich in der Nähe des Zentrums, ein Besuch bei einem der Museen lässt sich somit gut verbinden.

Familienpark Waldhotel in Vaduz
Spielplatzausstattung: Balancier- und Klettermöglichkeit, Schaukel, Nestschaukel, Rutsche, Wasserstelle, Sitzmöglichkeit, Grillstelle.

SCHLECHTWETTERPLAN

Budo7 Indoorspielplatz in Nendeln
Bei dem Indoorspielplatz handelt es sich um einen kleinen Spielplatz, welcher dennoch tolle Spielmöglichkeiten für Kinder bietet. Es stehen ein Ninja-Parcours, Trampoline, Klettergerüst und einer Rutsche zur Verfügung. Verpflegung gibt es keine vor Ort, daher unbedingt eine Jause einpacken.
@ www.indoorspielplatz.budo7.com

Kartbahn in Nendeln
Die Kartbahn bietet für Kinder von 5–12 Jahren spezielle Kinderbuggys neben den üblichen Karts für Erwachsene.
@ www.kartbahn.li

Kunstmuseum Liechtenstein in Vaduz
Das Projekt »kollabor« im Museum macht Kunst für Kinder greifbar. Kinder von 0–4 Jahren sind zweimal wöchentlich während der Öffnungszeiten eingeladen, das »kollabor« im Seitenlichtsaal zu entdecken. Der Eintritt in den Seitenlichtsaal ist kostenlos. Wer das Museum besuchen möchte, kann sich die Eintrittskarte direkt vor Ort kaufen. Zusätzlich bietet das Museum ein Familienatelier und ein Ferienatelier an ausgewählten Terminen.
@ www.kunstmuseum.li

Liechtensteinisches Landesmuseum Vaduz
Das Landesmuseum stellt für Kinder ein kostenloses Rätselheft, welches bei der Kassa abgeholt werden kann, zur Verfügung. Das Rätselheft beinhaltet 19 Fragen zu den Ausstellungen im ganzen Museum. Zusätzlich zu dem Rätselheft finden sich Mitmachstationen wie Bildpuzzle, Suchspiel und noch einiges mehr. Das Schlosscafé im Museum kann ohne den Museumseintritt besucht werden. Es bietet für Kinder eine Kinderoase im Café und besondere Anlässe wie den Waffel-

Erlebnisbericht Kunstmuseum und Liechtensteinisches Landesmuseum

Sommer 2025

An einem regnerischen Tag haben meine 3-jährige Tochter und ich spontan mein 12-jähriges Patenkind geschnappt und sind nach Liechtenstein gefahren. Unser erstes Ziel war das Kunstmuseum. Dort gibt es einen frei zugänglichen Kinderraum, der besonders für kleinere Kinder geeignet ist. Hier konnten die Beiden an drei Stationen spielen: eine große Bauklotz-Ecke, ein Kreis aus bunten Sandsäcken sowie ein Spielfeld aus Straßenhüten und Zebrastreifen zum Bauen und Ausprobieren. Etwas abgetrennt befand sich außerdem ein Tisch für eine kleine Jause und Bilderbücher zum Anschauen. Beide haben sich dort wunderbar miteinander beschäftigt.

Nur wenige Minuten zu Fuß entfernt liegt das Landesmuseum, wo mein Patenkind eine Museumsrallye erhielt. Gemeinsam gingen wir durch die Ausstellungen, knobelten an den Fragen und probierten die interaktiven Stationen aus: Bildpuzzles, Münzschraffuren, Suchspiele. Meine Kleine war fasziniert vom Audioguide und den vielen Mitmach-Stationen. Besonders spannend war die Naturausstellung am Ende, in der die Kinder vieles anfassen und entdecken durften. Eine Leseecke mit Büchern und Sitzsäcken bot zwischendurch Gelegenheit zum Ausruhen.

Insgesamt verbrachten wir rund zwei Stunden in den Museen – voller Spaß, Entdeckungen und neuer Eindrücke. Ein Ausflug, der sowohl für kleine als auch große Kinder absolut empfehlenswert ist!

Wer sich für den Besuch besseres Wetter aussucht, kann danach durch das Städtchen schlendern. Beim Vorbeigehen haben wir einige hübsche Cafés und Eisdielen entdeckt.

Beide Museen sind mit der V-Card frei zugänglich.

sonntag zweimal im Monat und die »KrabbelMäuse« einmal die Woche.
@ www.landesmuseum.li

Kinos in Liechtenstein

- Skino in Schaan @ www.skino.li
- Altes Kino in Vaduz
  @ www.alteskino.li

WASSERSPASS

Hallenbad in Eschen

Das Hallenbad in Eschen verfügt über ein 25 m langes Schwimmbecken, ein Nichtschwimmerbecken, ein Sprungbrett, eine 3 m hohe Springplattform und ein Kleinkindbereich mit Wasserspiel und Wasserrutsche.
@ www.hallenbad.li

Schwimmbad Mühleholz in Vaduz

Das Freibad in Vaduz ist ein tolles Badeerlebnis für Familien mit Kindern in den Monaten Mai bis September. Es verfügt über ein Schwimmbecken, ein Erlebnisbad, ein Strömungskanal und Wellenfunktion, ein Sprungbecken und ein Kleinkindbecken. Zusätzlich bietet es große Spielflächen mit verschiedenen Spielgeräten, ein Fußball- und ein Beachvolleyballfeld. Die große Liegefläche bietet einige schattenspendende Bäume. Der Kiosk bietet eine Auswahl an warmen und kalten Speisen sowie Snacks und Getränke.
@ www.freibad.li

WINTERAKTIVITÄTEN

Forscherweg Malbun

Mehr Infos auf S. 198.

Eislaufplatz in Malbun

Der Eislaufplatz am Eingang von Malbun ist während der Wintersaison täglich geöffnet und abends beleuchtet. Vor Ort können Schlittschuhe und Ausrüstung gemietet werden, während das Restaurant Schlucher-Treff für Verpflegung sorgt.
@ www.schlucher-treff.com/eisplatz/

Skifahren in Malbun

Malbun bietet zum Skifahren zwei blaue Pisten und einen Funpark im Täli mit lustigen Wellen, Kurven und Tunneln.
@ www.bergbahnen.li

Malbi-Park in Malbun

Der Malbi-Park in Malbun ist ein kostenloser Winterpark für Kinder und Familien. Im Winter können Kinder auf einem Schnee-Karussell erste Erfahrungen auf Skiern sammeln, einen Zauberteppich für einfache Aufstiege nutzen und mit dem Ponylift »malbi-express« ihr erstes Lift-Erlebnis genießen. Für Pausen und Verpflegung steht das Bistro malbi-park bereit.
@ www.malbipark.li

Nikolaus im Walde in Schellenberg

Rund um den Nikolaustag wird für ein paar Tage ein zauberhaftes Dorf

mitten im Wald aufgebaut. An diesen Tagen können Groß und Klein den Nikolaus im Wald in seinem Haus mit seinen Tieren besuchen. Termine und Uhrzeit werden jeweils frühzeitig auf der Webseite angeführt. Speis und Trank kann direkt vor Ort gekauft werden, der Zugang zum Nikolausdorf ist kostenlos.
@ www.waldweihnacht.li

Vaduz on Ice €
In den Wintermonaten wird der Rathausplatz in Vaduz zur saisonalen Open-Air-Eisbahn. Eislaufen ist werktags meist am Nachmittag und an Wochenenden bereits ab dem Vormittag möglich. Regelmäßige Events, Familiennachmittage und »Nikolaus on Ice« sorgen für zusätzliche Abwechslung.
@ www.vaduz-on-ice.li

Rodeln in Liechtenstein
Anbei verschiedene Rodelstrecken in Triesenberg und Malbun.
@ www.tourismus.li/entdecken/winter/schlitteln.html

VERANSTALTUNGEN

In Liechtenstein gibt es ein großes Angebot an Veranstaltungen, Workshops und Kurse für Kinder. Bei Interesse das Programm regelmäßig prüfen, Tickets vorbestellen oder Kurse buchen, da diese schnell ausverkauft sein können.

Assitej Liechtenstein €
Kunst und Kultur für junges Publikum in ganz Liechtenstein.
@ www.assitej.li

Ferienspaß – Kunterbunte Schulferien in Liechtenstein
Auf der Webseite werden verschiedene Termine, Veranstaltungen und Workshops in Liechtenstein angeführt. Bei der Veranstaltung selbst wird angeführt, ob es sich um ein kostenloses oder entgeltliches Angebot handelt.
@ www.backstage.li/ferienspass/

K-BUM in Malbun €
@ www.k-bum.li

Kunstschule Liechtenstein €
Kursprogramm mit Freizeitangeboten ab 2 Jahren.
@ www.kunstschule.li

Junges Theater Liechtenstein in Schaan €
Das Junge Theater in Schaan richtet sich mit seinen Veranstaltungen an Kinder ab 3 Jahren sowie auch an ältere Kinder. Die Vorstellungen für die kleinen Gäste sind meist freitagnachmittags.
@ www.jungestheater.li

Theater Liechtenstein in Vaduz €
Familienprogramm einzusehen unter
@ www.tak.li

Erlebnisbericht Nikolauswald

Winter 2024

An einem klaren Winternachmittag machten wir uns mit insgesamt drei Kindern im Alter von 3–4 Jahren auf den Weg in den Nikolauswald. Geparkt haben wir direkt beim ausgeschilderten Parkplatz – von dort ist der Startpunkt leicht zu finden, der Weg ist gut markiert und nicht zu übersehen.

Der Spazierweg ist durchgehend kinderwagentauglich: Zunächst geht es auf einer geteerten Straße los, später wechselt der Untergrund auf einen festen Kiesweg durch den Wald. Der Weg selbst ist einfach und ruhig, dafür bietet sich unterwegs ein wunderschöner Ausblick. Ein Anstieg ist dabei, der mit etwas Schwung gut zu bewältigen ist – auch mit Kinderwagen.

Im Wald wartete auf die Kinder eine kleine Überraschung – direkt vom Nikolaus überreicht. Ein besonders magischer Moment war der Besuch bei der Hütte des Nikolaus', die die Kinder bestaunen konnten.

Auch ein paar Tiere konnten entdeckt werden, was den Ausflug für die Kleinen besonders spannend machte. Sehr gemütlich war das offene Lagerfeuer, das für eine stimmungsvolle Atmosphäre sorgte. Für Speis und Trank ist gesorgt, die gekaufte Stärkung kann dann in den beheizten Zelten verzehrt werden.

Da es inzwischen dunkel geworden ist, merkten wir schnell: Taschenlampen oder Stirnlampen sind für den Rückweg auf jeden Fall empfehlenswert. Wir improvisierten mit den Handylichtern – das funktionierte, war aber nicht ideal.

Unser Fazit: Ein ruhiger, familienfreundlicher Ausflug mit schöner Aussicht, kleinen Überraschungen für die Kinder und einem Hauch Winterzauber. Wir kommen mit Taschenlampen ausgestattet gerne wieder!

Deutschland

Auch Süddeutschland lädt zu abwechslungsreichen Ausflügen ein, besonders das Oberallgäu und die Bodenseeregion. Die Gebiete erstrecken sich über Teile der Bundesländer Bayern und Baden-Württemberg und sind dank der guten Autobahnanbindung sehr einfach zu erreichen – die Nutzung der deutschen Autobahnen ist dabei kostenlos.

Im Oberallgäu beeindrucken majestätische Berge, grüne Täler und idyllische Dörfer, die das typische Alpenflair ausmachen. Kristallklare Bäche, alpine Wiesen und traditionelle Bauernhöfe verleihen der Region ihren besonderen Charme. Am Bodensee hingegen trifft man auf eine lebendige Mischung aus Natur, Kultur und Freizeitmöglichkeiten. Obstgärten und Weinberge ziehen sich entlang des Ufers, malerische Städte wie Friedrichshafen, Meersburg oder Lindau laden zu entspannten Spaziergängen ein, und natürlich ist der Bodensee selbst ein beeindruckendes Highlight, das zu Bootsausflügen und entspannten Stunden am Wasser einlädt.

Besonders gern besuchen wir die Allgäuer Berge und die abwechslungsreiche Bodenseeregion.

◂ Digitale Schnitzeljagd in Kempten

OUTDOOR-ERLEBNISSE

Allgäu

Bertis Schatzsuche

Die Schatzsuche verteilt sich über die Erlebniswelten Höfatsweg und Uff d'r Alp am Nebelhorn, dem Kletterwal, dem Allgäu Coaster und Söllis Kugelbahn am Söllereck und den Burmiwasser-Weg an der Kanzelwand. Besuche alle Orte und suche die verstecken Schatztruhen! Dann heißt es, den richtigen Sticker an die richtige Stelle zu kleben. Die Schatzkarten sind an allen Kassen erhältlich, wer die Sticker richtig platziert und geklebt hat, darf sich ein Geschenk abholen.

@ www.ok-bergbahnen.com/erlebnisspass/familienaktivitaeten/bertis-schatzsuche/

Eichhörnchenwald in Fischen

Im Weidachwald in Fischen können zutrauliche Eichhörnchen in freier Wildbahn erlebt werden. Es handelt sich um ein normales Waldstück, in dem viele Eichhörnchen unter sehr guten Lebensbedingungen leben. Eichhörnchen freuen sich zwar über Futter, dennoch sollte nie vergessen werden, dass sie in der freien Natur leben. Wer sie füttert, greift in ihr natürliches Verhalten ein.
Vor Ort können Besucher auf einem kurzen Erlebnisweg mehr über Eichhörnchen erfahren.

@ www.hoernerdoerfer.de/eichhoernchenwald-fischen-allgaeu

Direkt neben dem Wald befindet sich der Kurpark, dort gibt es einen Niedrigseilgarten, einen Barfußpfad und einen Kletterfelsen. Gleich neben dem Kurpark befindet sich eine Minigolfanlage mit Imbiss. Gegenüber der Kneipanlage befindet sich ein Spielplatz. An warmen Sommertagen kann der Ausflug mit dem Erlebnis- und Familienbad in Fischen kombiniert werden.

Alpsee Bergwelt in Immenstadt

Die Alpsee Bergwelt bietet für jeden etwas: Im Kletterwald geht es hoch hinaus von Baum zu Baum, die Abenteuer Alpe lädt zum Entdecken spannender Spielbereiche ein, und wer es gemütlicher mag, kann eine Wanderung unternehmen. Die abschließende Fahrt mit dem Alpsee Coaster machen den Tag unvergesslich.

@ www.alpsee-bergwelt.de

- Alpsee Coaster (S. 211)
- Abenteuer Alpe (S. 211)
- Kletterwald Bärenfalle (S. 211)
- Bergwelt Eiscafé an der Talstation
- Unterschiedlich lange Wandertouren @ www.alpsee-bergwelt.de/erleben/wandern

Alpsee Coaster Immenstadt €

Die Ganzjahresrodelbahn bietet mit 68 Kurven, 23 Wellen, 7 Sprüngen und 4 Brücken ein einzigartiges Erlebnis auf 2,8 km für Klein und Groß. Das Mitfahren beim Alpsee Coaster ist ab 3 Jahren und einer Mindestgröße von 95 cm erlaubt. Selbstfahren dürfen Kinder ab 8 Jahren und einer Mindestgröße von 1,40 m.

@ www.alpsee-bergwelt.de/erleben/alpsee-coaster

Abenteuer Alpe mit Bergspielpark Immenstadt €

Die Abenteuer Alpe wird entweder zu Fuß oder ab der Talstation ganz entspannt mit der Sesselbahn erreicht. Oben angekommen, gibt es viel zu entdecken – von sechs großen Spielbereichen über ein Zwergziegen-Streichelgehege bis hin zu Lamas, Alpakas

und Schwarznasenschafen. Wer Lust hat, kann sich bei einer geführten Alpakawanderung den Tieren ganz nah fühlen. Rund um die Alpe gibt es verschiedene Wanderwege, auch kinderwagentaugliche. So lässt sich ein Tag wunderbar verbringen!

@ www.alpsee-bergwelt.de/erleben/abenteuer-alpe

Kletterwald Bärenfalle Immenstadt €

Bei der Bergstation des Sesselliftes liegt der Kletterwald Bärenfalle mit seinen 20 verschiedenen Parcours und dem Flying Fox. Der Kiddy-Parcours ist für Kinder von 3–5 Jahren geeignet. Je nach Alter sind unterschiedliche Parcours vorgesehen und zugänglich, diese sind alle online aufgelistet. Kinder von 6–13 Jahren und einer Mindestgröße von 1,20 m dürfen nur gemeinsam mit einem Erwachsenen klettern.

@ www.kletterwald-baerenfalle.de

Bergbauern-Museum Immenstadt / Diepolz €

Auf dem großen Gelände des Freilichtmuseums warten von April bis November viele Abenteuer: Toben im Heustock, Rennen auf dem Trettraktoren-Parcours, Spielen auf zwei Spielplätzen und spannende Begegnungen mit Bauernhoftieren. Wissbegierige können den begehbaren Kuh-Magen erkunden oder im Kinderkino Neues lernen. Mit dem Zeitreise-Rucksack inklusive Zeitreisetagebuch oder über die Entdeckungsreise lassen sich spannende Fragen und Rätsel lösen. Für den Rucksack wird eine Pfandgebühr erhoben, das Zeitreisetagebuch ist an der Kasse erhältlich.

www.bergbauernmuseum.de

Vor oder nach dem Museumsbesuch bietet sich der Kuhnigundenweg an (S. 220).

Allgäuer Milchbrüder Maislabyrinth Kempten / Leupolz

Das Maislabyrinth ist während der Sommermonate geöffnet. Auf dem Gelände stehen Automaten für Eis und Milchshakes bereit. Für die Zubereitung eines Milchshakes sollte eine 750 ml-Flasche mitgebracht werden; der Shake kann dann direkt vor Ort mit Pulver und Milch gemischt werden.

www.allgäuer-milchbrüder.de

Center Parcs Allgäu in Leutkirch Outdoor

Die Center Parcs Allgäu haben auch für Tagesgäste geöffnet. Es gibt verschiedene Outdoor- und Indooraktivitäten für Familien zu buchen (Indooraktivitäten auf S. 234). Anbei einige aufgezählt. Genauere Infos und Preise zu den einzelnen Aktivitäten gibt's hier: www.centerparcs.de

- Tretbootfahren (für alle geeignet)
- Wildwasser-Rafting im Aqua Mundo (ab 6 Jahren)
- Wandklettern (ab 6 Jahren)
- Adrenalin-Erlebnis Silber (ab 12 Jahren und 1,10 m Mindestgröße)
- Duo-Zip-Wire (ab 12 Jahren)
- Tower Jump (ab 12 Jahren)
- Hochseilgarten mit verschiedenen Parcours
- Laser Battle (ab 8 Jahren)
- Minigolf (für alle geeignet)
- Bogenschießen (ab 8 Jahren)
- Spielplätze
- ...und viel mehr.

Söllereck Seilbahn Oberstdorf

An der Bergbahn Söllereck in Oberstdorf stehen einige Abenteuer für Kinder und Familien bereit. Angefangen vom Erlebnisspielplatz direkt bei der Bergstation, dem Kletterwald und Söllis Kugelbahnen von der Bergstation bis zur Mittelstation. Bei der Mittelstation gibt es zum Abschluss den Spielplatz SölliBully und die Sommerrodelbahn Allgäu Coaster.

www.ok-bergbahnen.com/bergbahnen/soellereckbahn/

- Abenteuerspielplatz Bergstation
- Kletterwald Söllereck (siehe unten)
- Söllis Kugelbahnweg (S. 222)
- Allgäu Coaster
- SölliBully Spielplatz Mittelstation (S. 232)

Kletterwald Söllereck Oberstdorf €

Ab 6 Jahren können Kinder 8 verschiedene Parcours mit etwa 70 verschiedenen Elementen im Kletterwald erkunden und ihr Geschick unter Beweis stellen. Kinder unter 12 Jahren dürfen nur in Begleitung eines Erwachsenen klettern. Der Kletterwald ist ab der Bergstation Söllereckbahn in wenigen Minuten erreichbar.

@ www.ok-bergbahnen.com/erlebnisspass/erlebniswelten/kletterwald-allgaeu/

Allgäu Coaster in Oberstdorf €

Die ganzjährig befahrbare, fast 1 km lange Rodelbahn liegt direkt an der Söllereckbahn. Durch eine Plexiglas-Schutzhaube ist die Bahn auch bei Schlechtwetter befahrbar. Kinder können ab 3 Jahren befördert werden dürfen ab 8 Jahren alleine fahren.

@ www.ok-bergbahnen.com/erlebnisspass/erlebniswelten/allgaeu-coaster/

Nordic Park Oberstdorf

Der Nordic Park bietet Pumptrack, Kidstrack, eine Scooter- und Skateranlage sowie einen Calisthenics-Park mit Kletterfelsen. Hier können Groß und Klein nach Herzenslust fahren, probieren und klettern. In den Wintermonaten verwandelt sich der Park zudem in eine Fläche für Schneesport.

@ www.nordic-zentrum-oberstdorf.de/erlebnis/nordicpark.html

Hündle Bergbahn in Oberstaufen

In Oberstaufen am Hündee lässt sich ein Tag wunderbar gestalten. Ab der Bergstation wartet ein spannender Detektivweg, der bis zur Talstation führt. Anschließend lässt sich die Zeit an der Talstation mit einigen Beschäftigungen wunderbar verbringen, so kann der Tag entspannt ausklingen.

@ www.huendle-imberg.de

- Sommerrodelbahn an der Talstation (S. 214)
- Kleintiergehege etwa 10 Minuten von der Talstation entfernt
- Großer Spielplatz an der Talstation
- Spielplatz an der Hündle Berggaststätte
- Bungee-Trampolin
- Minigolf an der Talstation €
- MounTeens Detektiv-Weg (S. 223)
- Wildbienen-Lehrpfad mit Spielplatz (S. 224)

Sommerrodelbahn Hündle in Oberstaufen €

Die Sommerrodelbahn befördert Kinder ab 3 Jahren in Begleitung und ab 8 Jahren dürfen Kinder allein fahren. Die etwa 850 m lange Bahn bietet 16 Kurven und 2 Jumps.

@ www.huendle-imberg.de/sommer/huendle/sommerrodelbahn/

Klettergarten Imberg Bergstation in Oberstaufen €

Im Sport Hauber Waldseilgarten gibt es verschiedene Parcours mit verschiedenen Schwierigkeitsgraden. Dieser befindet sich etwa einen 15-minütigen Spaziergang von der Bergstation der Imbergbahn entfernt. Kinder dürfen ab 6 Jahren in Begleitung eines Erwachsenen klettern.

@ www.sport-hauber.de/klettergarten

Bergparadies am Ofterschwanger Horn

Ab der Bergstation Weltcup-Express bietet sich inmitten alpiner Kulisse ein attraktives Freizeitangebot mit vielfältigen Aktivitäten für Groß und Klein.

@ www.go-ofterschwang.de

- Stuimändle Erlebnisweg (S. 224)
- Downhill-Roller
- Frizbee oder Disc Golf
- Abenteuerspielplatz an der Bergstation

Downhill-Roller in Ofterschwang €

Nach einem erlebnisreichen Tag in den Bergen bietet sich als Abschluss eine Downhill-Fahrt von der Bergstation Weltcup-Express bis zur Talstation auf etwa 3,6 Kilometern. Ausgewählt werden kann zwischen zwei verschiedenen Fahrzeugtypen und die Mindestgröße für die Fahrt liegt bei 1,40 m.

@ www.go-ofterschwang.de/downhill-roller.html

Frizbee / Disc Golf in Ofterschwang €

Die einzigartige Attraktion kann ab der Bergstation Weltcup-Express an bestimmten Tagen (siehe Website) ausprobiert werden. Auf 18 unterschiedlichen Bahnen muss ein Frizbee vom Abwurfplatz in einen großen Korb befördert werden.

@ www.frizbee.at

Fußballgolf im Fußballpark Opfenbach €

Fußball und Golf in einem? Im Fußballpark in Opfenbach werden die zwei Sportarten zu einer lustigen Freizeitbeschäftigung kombiniert. Auf einer Anlage mit 18 Bahnen gibt es verschiedene Hindernisse – mit dem Ziel, den Ball mit möglichst wenig Schüssen zu versenken. Spielen dürfen alle, die einen Ball kicken können.

@ www.fussballpark-allgaeu.de

Scheidegger Wasserfälle €

Die Wasserfälle in Scheidegg liegen im Naturschutzgebiet und sind für Groß und Klein ein großes Spektakel. Auf dem Gelände stehen verschiedene Wege wie der Geo-Erlebnispfad (mit Smartphone erweiterbar), der Märchenwald und kinderwagentaugliche Pfade zur Verfügung. Der Abstieg zu den Aussichtspunkten für die Wasserfälle erfolgt über mehr als 200 Stufen und ist nur zu Fuß möglich. Je nach Weg liegen verschiedene Erlebnis-Stationen am Pfad, zusätzlich bietet sich ein Wasserspielplatz zum Spielen an. Der Kiosk sorgt für Verpflegung, die Grillstelle darf nach vorheriger Anmeldung verwendet werden.

@ www.scheidegg.de/scheidegger-wasserfaelle/

Gut mit dem Reptilienzoo in Scheidegg kombinierbar.

Waldwelt Skywalk Allgäu €

Die Waldwelt Skywalk im Allgäu ist ein Ausflugsziel für Kinder und Erwachsene zu allen Jahreszeiten. Neben dem Skywalk Baumwipfelpfad und anderen Attraktionen in der Abenteuerwelt, gibt es eine Entdeckerwelt mit Stationen und Rätseln, einen Streichelzoo, einen Abenteuer- und einen Wasserspielplatz. Regelmäßige Veranstaltungen bringen zusätzliche Abwechslung. Für Pausen stehen mehrere Einkehrmöglichkeiten und ein Brotzeitplatz zur Verfügung.

@ www.waldwelt-allgaeu.de

Bauernhaus-Museum Wolfegg €

Das Freilichtmuseum in Wolfegg hat für die Besucher einiges zu bieten, für Familien mit Kindern ist ein reichliches Angebot verfügbar. Das Museum umfasst 28 Wohn- und Wirtschaftsgebäude. Mit dem Entdeckerpfad können diese an vielen Mitmach-Elementen angeschaut werden. Zudem werden Dauerausstellungen und wechselnde Sonderausstellungen angeboten, bei Kindern sind die verschiedenen Bauernhoftiere auf dem Gelände besonders beliebt. Mit dem Kinderführer € oder der kostenlosen Museumsrallye (nur am Wochenende erhältlich) kann das Museum zusätzlich spielerisch erkundet werden. Auf dem Bauernhof-Erlebnisspielplatz können sich die Kinder zwischendurch austoben. Ein abwechslungsreiches Programm mit Familiensamstagen, Erlebnistagen, Ferienangeboten und buchbaren Kursen sorgen immer wieder für neue Erlebnisse. Verpflegung wird vor Ort angeboten.

@ www.bauernhaus-museum.de

Abenteuerpark in Immenstaad und Kressbronn

Beide Abenteuerparks bieten abwechslungsreiche Kletterparcours mit verschiedenen Schwierigkeitsstufen an. Für die Kleinsten gibt es jeweils einen speziellen Kids-Parcours, der bereits ab 3 Jahren – in Begleitung von Erwachsenen – genutzt werden kann. Die weiteren Parcours sind nach Altersgruppen gestaffelt (5, 6, 7, 10, 12, 14 und 16 Jahren). Im Abenteuerpark können Kinder im Alter von 7–15 Jahren ihren Geburtstag mit einem aufregenden Mix aus Schatzsuche und Kletterabenteuer feiern.

@ www.abenteuerpark.com

Käpten Golf in Immenstaad

Eine Erlebnis-Minigolf-Anlage mit dem Thema Piraten? Gibt's in Immenstaad! Zusätzlich gibt es auch einen Kanu-/Kajak- und Stand-up-Paddling-Verleih. Wer möchte, kann außerdem sein Glück beim Goldschürfen versuchen.

@ www.kaeptngolf.de

Insel Mainau Konstanz

Die bekannte Blumeninsel im Bodensee, mit ihren prächtigen Themengärten, kann das ganze Jahr über besucht werden. Die Hauptsaison ist von Frühling bis Herbst, da stehen die Gärten in voller Blüte. In der Nebensaison sind viele Blumenbeete reduziert oder winterfest gestaltet. Für Familien mit Kindern gibt es zusätzlich zu den schön angelegten Gärten ein Familienprogramm.

@ www.mainau.de

- Das Schmetterlingshaus
- Mainau-Kinderland mit 1100 m² Spielfläche mit Kugelbahn, Wasserwelt, Blumis Uferwelt, Zwergendorf und Blumis Baggerspielplatz
- Mainau Bauernhof mit Streichelzoo
- Kostenlose Schatzsuche (ab 6 Jahren empfohlen)
- Geburtstagsparty auf der Insel Mainau
- Schloss Mainau

Ein Ausflug zur Insel Mainau lässt sich gut mit dem Erlebniswald Mainau verbinden (siehe unten).

Erlebniswald Mainau Konstanz

Ganz in der Nähe der Insel Mainau im nahe gelegenen Mainauwald befindet sich der Kletterwald mit 9 abwechslungsreichen Parcours. Kinder dürfen ab 6 Jahren und einer Mindestgröße von 1,10 m klettern. Für jüngere steht eine Holzmurmelbahn und Schaukeln zur Verfügung.

@ www.erlebniswald-mainau.de

Apfelbaumlabyrinth & Maislabyrinth Nitzenweiler in Kressbronn

Jedes Jahr von Sommer bis Herbst wird aus dem Maisacker ein einzigartiger Irrgarten. Im Labyrinth beginnt dann die Stempelsuche. Wer alle Stempel gefunden hat und diese auf die Eintrittskarte druckt, erhält am Kiosk eine kleine Belohnung. Danach lässt sich die Zeit am Spielplatz oder an der Grillstelle gemütlich verbringen.

@ www.maisabenteuer.de

Lindauer Maislabyrinth vom Hammerhof €

Das 1,6 km lange Labyrinth lädt in den Sommermonaten zum Verlaufen ein und vermittelt gleichzeitig interessante Informationen über die Landwirtschaft. Auf dem Irrweg sind verschiedene Stanzen versteckt, wer alle gefunden hat, bekommt eine Belohnung. Vor Ort sind Sitzmöglichkeiten, Snacks und Getränke vorhanden. Kinder erfreuen sich zusätzlich an der Hüpfburg und einem Karussell.

@ www.hammerhof-lindau.de/Maislabyrinth/

BURGEN UND RUINEN

Allgäu

Schloss Waldburg €

Das Schloss Waldburg ist ein wahres Erlebnisschloss – hier gibt es für Kinder und Familien jede Menge zu entdecken! Es gibt eine lustige Gespensterrallye, eine Burgrallye, ein mittelalterlicher Spielplatz, Familienführungen, Ritteressen für Familien und vieles mehr. Es lohnt sich einen Blick auf den Veranstaltungskalender zu werfen, das ganze Jahr über gibt es ein abwechslungsreiches Kinderprogramm. Zusätzlich ist jeder Sonn- und Feiertag ein Familientag mit zusätzlichen Showprogramm im Innenhof.

@ www.schlosswaldburg.de

Bodensee und Umgebung

Schloss Achberg €

Im Schloss Achberg gibt es für Kinder einiges zu entdecken. Mit dem kostenlosen Mitmach-Heft und »Ritter Benedikt« kann die Ausstellung erlebt werden. Im Heft warten tolle Rätsel, welche in der Ausstellung gelöst werden können. Der Schlossrucksack € bietet eine großartige interaktive Entdeckertour durch das Schloss. Beides ist an der Schlosskasse erhältlich. Wer den Ausflug mit einer kleinen Wanderung verbinden will, findet auf der Webseite Tourenvorschläge rund um das Schloss.

@ www.schloss-achberg.de

Schloss Aulendorf €

Im Schloss Aulendorf wechseln die Ausstellungen regelmäßig. Schon gezeigt wurden unter anderem die Playmobil-Welt und andere familien-

gerechte Ausstellungen mit spannenden Mitmachstationen. Ein Blick in den Ausstellungskalender lohnt sich immer – es gibt jedes Mal Neues zu entdecken!
@ www.schloss-aulendorf.de

Burg Meersburg €

Die Meersburg direkt am Bodensee ist ein echtes Abenteuer für die ganze Familie! Kinder ab 8 Jahren können bei einem von zwei kniffligen Quiz auf Entdeckungstour gehen – die gibt es gegen eine kleine Gebühr an der Kassa. Von April bis Oktober erwacht die Burg einmal monatlich bei der Veranstaltung »Belebte Burg« zum Leben und entführt ihre Besucher in vergangene Zeiten. Alle Termine unter
@ www.burg-meersburg.de

Der Burgbesuch kann wunderbar mit einem Bummel durch die Altstadt oder einer Runde Minigolf am See kombiniert werden – direkt daneben wartet noch ein Spielplatz auf die Kinder.

Neues Schloss Meersburg €

Das Schloss am Bodensee bietet an bestimmten Tagen Führungen für Familien an. Diese sind für Kinder zwischen 8 und 12 Jahren geeignet.
@ www.neues-schloss-meersburg.de

Kloster und Schloss Salem €

Das Kloster und Schloss Salem bietet an bestimmten Tagen Führungen für Familien an. Diese sind für Familien mit Kindern ab 6 Jahren geeignet. Zusätzlich sorgt der Abenteuerspielplatz mit Wasserspiel, Drehräder, Kletterparcours etc. für noch mehr Abwechslung.
@ www.salem.de

Ca. 2 km entfernt befindet sich der Schlosssee Salem mit einem schönen Naturpark rundherum. Für Kinder gibt es einen Wasserspielplatz und an warmen Tagen bietet der See eine erfrischende Abkühlung. Ein Highlight ist die Robinsoninsel, die für Kinder ab etwa 10 Jahren geeignet ist und nur über einen Wackelsteg oder durch das Wasser erreichbar ist. Direkt davor liegt ein Piratenschiff im See, das entdeckt werden kann – deshalb unbedingt Badesachen einpacken.
@ www.salem-baden.de/schlosssee-salem

ERLEBNISPFADE & BESONDERE WEGE

Allgäu

Buntspecht Naturerlebnisroute in Bad Wörishofen

Länge: ca. 3,7 km / Rundweg / kinderwagentauglich: ja / Dauer: ca. 1,5 – 2 Stunden

Der Rundweg bietet auf seinen ca. 3,7 km mit 16 Stationen und einem Spielplatz ein schönes Erlebnis für die gesamte Familie. Mithilfe von QR-Codes können bei den Hörstationen Vogelstimmen auf dem Handy abgespielt werden.

@ www.bad-woerishofen.de/familie/naturerlebnisroute-buntspecht-co

Wurzacher Ried in Bad Wurzach €

Länge: ca. 4 km / Rundweg / kinderwagentauglich: ja / Dauer: ca. 3 Stunden

Das Wurzacher Ried kann mit dem Moor-Erlebnis-Rucksack genauer unter die Lupe genommen werden. Im Rucksack befinden sich das Forscherheft und verschiedene Utensilien. Der Rucksack kann gegen eine Gebühr ausgeliehen und nach der Tour wieder zurückgebracht werden. An elf Stationen heißt es dann experimentieren, rätseln und Aufgaben lösen. Empfohlen für Kinder ab ca. 7 Jahren. Start und Ziel ist an der Kasse der Erlebnisausstellung MOOR EXTREM. Wer das Lösungswort gefunden hat, bekommt eine kleine Überraschung an der Kasse.

@ www.wurzacher-ried.de

Nach der Tour bietet sich ein Besuch in der Erlebnisausstellung Moor Extrem an. Gleich nebenan im Kurpark gibt es zusätzlich einen Spielplatz und die Möglichkeit zum Minigolfspielen.

Erzgruben Burgberg €

Die Erzgruben in Burgberg sind ein historisches Bergbaugebiet, in dem über Jahrhunderte Eisenerz abgebaut wurde. Heute gibt es dort ein kostenloses Museumsdorf mit Themenhütten, Spielplatz und Führungen durch das alte Bergbaugebiet. Besonders beliebt ist die Entdeckertour, die etwa 2,5 Stunden dauert und für Kinder ab 6 Jahren geeignet ist. Tickets sind ausschließlich online erhältlich. Für Kinder gibt es im Museumsdorf eine Erzgruben-Rallye zu kaufen, diese kann zusätzlich durch die Burgen-Rallye zur Ruine Burgberg ergänzt werden. Vom Parkplatz aus sind das Museumsdorf und der Startpunkt der Entdeckertour in etwa 20 Minuten zu Fuß erreichbar.

@ www.erzgruben-burgberg.de

Buxheimer Walderlebnispfad

Länge: ca. 3 km / Rundweg / kinderwagentauglich: teilweise (siehe Erklärung im Text) / Dauer: ca. 1 – 1,5 Stunden

Der knapp 3 km lange Walderlebnispfad hat 10 unterschiedliche Spiel- und Infostationen. Der Weg ist nicht ganz kinderwagengerecht, durch eine Umfahrung des Weges jedoch machbar. Parkplätze gibt es direkt vor Ort.

@ www.buxheim.de/sport-und-freizeit/walderlebnispfad

Alpsee Rallye Immenstadt €

Länge: ca. 1 km / Rundweg / kinderwagentauglich: ja / Dauer: ca. 1 Stunde

Für die Rallye benötigt ihr einen

Erlebnisrucksack, dieser kann gegen eine Leihgebühr bei der Touristeninformation beim Naturparkzentrum Nagelfluhkette ausgeliehen werden. Achtet auf die Öffnungszeiten (5 Tage geöffnet). An 6 Stationen gibt es Aufgaben zu lösen, wer alles richtig gelöst hat, kann sich bei der Rückgabe des Rucksackes eine Überraschung abholen. Der Rundweg dauert etwa 1 Stunde und kann mit dem Kinderwagen befahren werden.

@ www.allgaeu.de/familie/wandern/alpsee-rallye

Nach der Rallye kann das Naturparkzentrum Nagelfluhkette besucht werden. Direkt am See befindet sich ein Piratenspielplatz und eine Minigolfanlage. Es gibt mehrere Einkehrmöglichkeiten. Im Sommer kann die Rallye mit einem Badeausflug kombiniert werden.

Kuhnigundenweg in Immenstadt/Diepolz

Länge: ca. 4,5 km / Rundweg / kinderwagentauglich: ja (laut Webseite) / Dauer: ca. 2 Stunden + Spielzeit

Der Rundweg führt über Schluchten, durch Wälder, über Weiden, an Mooren, Erlebnisstationen und an Spielplätzen vorbei. Zusätzlich kann eine Schatzsuche auf dem Weg gemacht werden, die Karten € dazu gibt es im Allgäuer Bergbauern-Museum und in den Touristeninformationen Bühl oder Immenstadt. Wer das Rätsel löst, kann sich abschließend eine Überraschung abholen. Startpunkt ist der Museumsparkplatz. Zwei der Stationen des Weges befinden sich auf dem Museumsgelände.

@ www.bergbauernmuseum.de/das-museum/kuhnigundenweg.html

Davor oder danach lohnt sich ein Besuch im Bergbauern-Museum (S. 211).

Herzlesweg in Isny-Beuren

Länge: ca. 2,7 km / Rundweg / kinderwagentauglich: ja / Dauer: ca. 1,5 - 2 Stunden je nach Spielzeit

Der Rundweg beginnt ab dem Parkplatz vom Campingplatz und ist etwa 2,7 km lang – ein sehr liebevoll gestalteter Weg mit verschiedenen Spielstationen. Wer nach dem Rundweg Hunger hat, kann bei der Gaststätte am Badsee (Campingplatz) eine Pause einlegen. Gleich daneben befindet sich der Badsee (Haldensee), wer schwimmen möchte, sollte die Badesachen zuhause nicht vergessen. Zusätzlich befindet sich gegenüber vom Campingplatz ein Spielplatz. Routeninfos:

@ www.allgaeu.de/touren/herzlesweg-beuren

Urlauer Soundsafari Leutkirch

Länge: ca. 2,8 km / Rundweg / kinderwagentauglich: ja / Dauer: ca. 1 Stunde

Der kinderwagentaugliche Erlebnisweg startet beim Parkplatz vom Urlauer Sportplatz. Dort ist am Kugelautomaten eine Kugel € für die Kugelbahn und der Rätselflyer erhältlich. Das Lösungswort am Ende führt dann zu einem kleinen Schatz.

@ www.leutkirch.de/de/Leben/Leben-Freizeit/Sport-Freizeitanlagen/Urlauer-Soundsafari

Spieloasen und Erlebnisweg Leutkirch

Länge: ca. 2,8 km / Rundweg / kinderwagentauglich: ja / Dauer: ca. 1 Stunde + Spielzeit

Auf dem Weg liegen 11 Spieloasen, hinter denen sich jeweils ein altes Handwerk verbirgt. Spielerisch können Rätsel und Redewendungen gelöst werden. Der Weg ist grundsätzlich kinderwagentauglich, allerdings gibt es bei der Wilhelmshöhe einige Stufen. Online kann der Plan von den einzelnen Stationen inkl. den Fragen heruntergeladen werden.

@ www.leutkirch.de/de/Urlaub/Natur-Bewegung/Sport-Freizeitanlagen/Spieloasen-und-Erlebnisweg

Allgäu Mission in Kempten und Memmingen €

Allgäu Mission bietet in den zwei Städten insgesamt 3 verschiedene Schnitzeljagden an, die für Kinder ab 10 Jahren geeignet sind. Einfach online buchen, den Code einlösen und schon kann gerätselt werden. Pro Abenteuer müssen mit etwa 90 Minuten gerechnet werden. Die Lauflänge beträgt zwischen 1,8 km und 2,3 km, je nach Spiel. Voraussetzung nach der Buchung für die Schnitzeljagd ist ein Handy.

@ www.allgaeu-mission.de

Stadtrallye in Memmingen

Die Rallye startet in Memmingen am Marktplatz, dauert etwa 1 bis 1,5 Stunden und ist für Kinder bis etwa 10 Jahren geeignet. Der Flyer mit dem Rätsel ist direkt in der Touristeninformation erhältlich oder kann online heruntergeladen und ausgedruckt werden. Wer die Lösung des Rätsels bei der Touristeninformation vorzeigt, erhält eine kleine Überraschung.

@ www.tourismus-memmingen.de/erleben/rundwege/abenteuer-rallye.html

Sturmannshöhle in Obermaiselstein €

Die Höhle kann bei jedem Wetter besucht werden. An warmen Sommertagen ist es darin angenehm kühl, mit Temperaturen um 8 °C. An Regentagen ist es in der Höhle trocken. Da die Wege manchmal schmal sind, können große Rucksäcke oder Kraxen nicht mitgenommen werden. Kinderwagen sind ungeeignet, da der Weg über 180 Stufen nach unten führt. Die Höhle kann nur im Rahmen einer Führung besucht werden. Sie dauert ungefähr 40 Minuten und startet stündlich. Online gebuchte Tickets sparen Zeit am Eingang, da sie bevorzugt eingelassen werden. Die Tour ist für Kinder ab etwa 4 Jahren empfohlen.

@ www.hoernerdoerfer.de/sturmannshoehle-obermaiselstein-allgaeu

In Obermaiselstein gibt es neben der Höhle einen kleinen Alpenwildpark (S. 229), der sich ideal mit dem Höhlenbesuch kombinieren lässt.

Natur und Erlebnisweg Uff d'r Alp in Oberstdorf €

Länge: ca. 2 – 3 km / Rundweg / kinderwagentauglich: nein / Dauer: ca. 1 Stunde + Spielzeit

Der Startpunkt des Erlebnisweges ist die Station Seealpe der Nebelhornbahn. Eine Infokarte zu dem Rundweg ist an der Kasse erhältlich. Der gut befestigte Weg führt an verschiedenen Erlebnisstationen und einer Hängebrücke vorbei und bietet Informationen zu den Themen Natur, Bergwelt und der Alpwirtschaft rund um Oberstdorf. Wer den Ausflug ausweiten möchte, kann eine Station höher (Höfatsblick) rauffahren. Dort wartet der Spielplatz Nebelhorn (S. 232) zum Austoben.

@ www.ok-bergbahnen.com/erlebnisspass/erlebniswelten/uff-dr-alp.html

Söllis Kugelrennen über Schönblickweg Oberstdorf

Länge: ca. 2,2 km / Von Bergstation zur Talstation / kinderwagentauglich: ja / Dauer: ca. 1 Stunde + Spielzeit

Auf dem leicht abfallenden Weg ins Tal gibt es verschiedene Kugelbahnen auf insgesamt 200 m. Entweder an der Talstation oder an der Bergstation beim Start des Weges unbedingt eine Kugel kaufen und die Kugel bei den Bahnen rollen lassen. Der Weg ist mit dem Kinderwagen befahrbar, aber abfallend.

@ www.ok-bergbahnen.com/erlebnisspass/erlebniswelten/soellis-kugelrennen/

Stadtrallye in Oberstdorf €

Kinder ab ca. 8 Jahren können in Oberstdorf eine interaktive Rally (Smartphone vorausgesetzt) mit »Your City Quest« machen. Empfohlen wird Stift, Papier und ein Ortsplan, um die Rätsellösung zu vereinfachen. Dann kann es schon auf Schatzsuche gehen. Dauer etwa 2 Stunden auf 3,6 km.

@ www.yourcityquest.de/stadtrallye/oberstdorf

MounTeens DetektivWege Hündle und Imberg in Oberstaufen

MounTeens bietet zwei spannende Themenwege ab den Bergstationen für Kinder. Auf den Bergen Hündle und Imberg ist jeweils einer der Wege zu finden. Die dazu benötigten Rätselhefte sind jeweils an den Seilbahn-Talstationen, im Oberstaufen Tourismusbüro oder online erhältlich. An den Wegen gibt es Einkehr- und Spielmöglichkeiten. Die Wege sind zu den Öffnungszeiten der Bergbahnen zugänglich. Wer das ausgefüllte Rätselbuch an der Kasse in der Talstation vorzeigt, erhält eine kleine Überraschung.

@ www.oberstaufen.de/mounteens

Erlebnisweg am Hündle

Länge: ca. 6,4 km / von Bergstation zur Talstation / kinderwagentauglich: nein / Dauer: Wandern ca. 2 Stunden + Rätseln und Spielen ca. 1,5 Stunden / Alter: 6 – 12 Jahre

Erlebnisweg am Imberg

Länge: ca. 4 km / Rundweg / kinderwagentauglich: nein / Dauer: Wandern ca. 2 Stunden + Rätseln und Spielen ca. 1 Stunde / Alter: 5 – 12 Jahre

Oberstaufen Rallyes für Kinder

In Oberstaufen gibt es 4 unterschiedliche Rallyes für Kinder von 5 – 13 Jahren. Das Rallye-Heft kann kostenlos im einem der Tourismusbüros abgeholt werden. Je nach Rallye werden die ein oder anderen Utensilien benötigt, diese sind alle online ersichtlich, danach kann der Rätselspaß beginnen.

@ www.oberstaufen.de/kinder-rallye

Bergdorf Rallye

kinderwagentauglich: ja / Gesamtzeit: ca. 1,5 Stunden / Alter: 6–12 Jahre

Natur Rallye

kinderwagentauglich: nein / Gesamtzeit: ca. 1,5 Stunden / Alter: 5–12 Jahre

Reporter Rallye

kinderwagentauglich: ja / Gesamtzeit: ca. 1,5 Stunden / Alter: 6–13 Jahre

Forscher Rallye

kinderwagentauglich: ja / Gesamtzeit: ca. 2 Stunden / Alter: 6 – 13 Jahre

Die Rallyes lassen sich prima mit dem Oberstaufen Park (S. 232) verbinden.

Alperlebnispfad am Imberg in Oberstaufen

Länge: ca. 6,3 km / Rundweg / kinderwagentauglich: ja (geländetauglicher Kinderwagen!) / Dauer: ca. 3 Stunden + Spielzeit

Der Erlebnispfad mit seinen 47 Stationen beginnt ab der Bergstation der Imbergbahn. Entlang des Weges gibt es interaktive sowie informative Stationen zu entdecken und verschiedene Hütten laden zur Einkehr ein.

@ www.allgaeu.de/touren/6-alperlebnispfad-am-imberg

Der Alperlebnisweg ist von Vorarlberg aus auch zugänglich. Am besten beim gebührenpflichtigen Parkplatz beim Alm Hotel Hochhäderich parken und dann der Beschilderung Richtung Alpe Hochwies folgen (etwa 1 km bis zur Alpe).

Wildbienen-Lehrpfad Oberstaufen

Länge: ca. 2,5 km / Rundweg / kinderwagentauglich: ja / Dauer: ca. 1,5 Stunden + Spielzeit

Der Rundweg startet an der Bergstation der Hündlebahn und unterwegs gibt es Einkehrmöglichkeiten. Der Weg führt an einem Spielplatz zum Thema Bienen vorbei.

@ www.allgaeu.de/touren/wildbienenpfad

Stuimändle Erlebnisweg Ofterschwang

Länge: ca. 3,9 km / Rundweg / kinderwagentauglich: ja (allerdings gibt es längere Strecken bergauf) / Dauer: ca. 1,5 Stunden + Spielzeit

Ab der Bergstation Weltcup Express, welche am einfachsten mit der Seilbahn € zu erreichen ist, beginnt der Erlebnisweg Stuimändle. Mehrere interaktive und informative Stationen machen den Rundweg abwechslungsreich. Zusätzlich gibt es eine Erlebnisweg-Rallye, welche an der Talstation Weltcup Express erhältlich ist. Wer die Stationen ausführlicher erkunden will, sollte etwas mehr Zeit einplanen. Bei der Bergstation befindet sich außerdem ein Abenteuerspielplatz.

@ www.go-ofterschwang.de/Stuimändleweg.html

Erlebnispfad Abenteuer Galetschbach in Rettenberg

Der Erlebnisweg führt entlang des Baches und ist etwa 2,6 km lang. An den 13 verschiedenen Stationen wird Wissen zu den Themen Wasser, Wald und Wildtiere vermittelt. Zusätzlich laden die verschiedenen Spielstationen zum Spielen ein. Die letzte Station ist gleichzeitig der Naturspielplatz Hasengarten – mit tollen Spielmöglichkeiten! An warmen Sommertagen ladet der Bach zur Abkühlung ein, daher Wechselkleidung nicht vergessen. Von Mai bis Oktober kann im Café Viventus für 3,5 Stunden ein Forscherrucksack ausgeliehen werden. Der Forscherrucksack enthält zusätzliche Utensilien, welche auf dem Weg verwendet werden können.

@ www.alpsee-gruenten.de/abenteuer-galetschbach

Gleich in der Nähe befindet sich das Freibad Rettenberg, ein kleineres Freibad, welches sich gut mit dem Erlebnisweg kombinieren lässt, vor allem an warmen Sommertagen. Zusätzlich lässt sich das Burgberger Tierparadies (S. 228) sehr gut mit dem Ausflug verbinden, da dieser mit dem Auto nur knappe 10 Minuten entfernt ist.

Erlebnisbericht Räuber-Kasimir-Weg

Sommer 2025

An einem warmen Sommertag machten wir uns zusammen mit einer Freundin und ihrem Kind auf den Weg, um den Räuber-Kasimir-Weg zu erkunden. Unsere beiden Kinder waren damals etwa 3 und 4 Jahre alt und voller Energie.

Wer mit dem Auto anreist, findet einen Wanderparkplatz bei der Kirche oder auf der anderen Seite des Friedhofs. Von dort begann auch unser Ausflug.

Zuerst führte uns der Weg entlang des Hausbachs. Anschließend stießen wir auf eine Infotafel mit einer Übersichtskarte zum Räuber-Kasimir-Weg. Der Weg bis zur ersten Spielstation kann sich für die Kleinen zwar hinziehen, doch unsere Kinder machten begeistert mit und fanden unterwegs genug Ablenkung.

Die erste Station war ein Wasserspielplatz mit Matschküche. Dort stellten wir jedoch schnell fest, dass es nicht die beste Ausgangslage für uns war – die Kinder hätten dort stundenlang bleiben können. Nach ein paar bangen Momenten, ob eines von ihnen ins Wasser fällt, schafften wir es schließlich, sie zum Weiterlaufen zu überreden. Mit trockenen Sachen ging es dann weiter. Fürs nächste Mal haben wir uns vorgenommen, an der Matschküche vorbeizugehen und sie lieber als letzte Station einzuplanen.

Besonders gut gefiel uns, dass der Weg für Kinder sehr leicht verständlich ausgeschildert ist. An jeder Kreuzung zeigt eine Tafel den Räuber Kasimir und seine Hand in die jeweilige Richtung. Wir machten daraus ein Spiel und ließen die Kinder jedes Mal entscheiden, wo es langgeht. Bis zum Kugelautomaten war der Weg kinderwagentauglich, dort gibt es einen Kinderwagenparkplatz. Wichtig: unbedingt Kleingeld einpacken! Mit einer Kugel aus dem Automaten warten unterwegs tolle Rätsel und Kugelspiele. Der Weg führte größtenteils durch den Wald und war angenehm schattig, an manchen Stellen aber auch sonnig. Unsere persönlichen Highlights waren der Matschplatz mit Wasser, die lange Rutsche, die Klang-Holz-Kugelbahn und der Spielplatz mit dem kleinen Spielhaus und einer richtig gut ausgestatteten Spielküche. Am Ende des Rundweges, wieder beim Kinderwagenparkplatz, wartete noch eine Schatztruhe mit einer kleinen Überraschung für alle fleißigen Abenteurer.

Unsere beiden Kinder liefen den ganzen Weg selbst, auch wenn sich der Abschnitt entlang des Hausbachs am Ende sehr in die Länge zog. Mit kleinen Pausen und viel Zeit zum Spielen waren wir insgesamt etwa 3,5 Stunden unterwegs.

Es war ein rundum wunderschöner Ausflug, der uns allen großen Spaß gemacht hat – und den wir bestimmt bald wiederholen werden.

Carl-Hirnbein-Erlebnisweg Weitnau / Missen

Der Erlebnisweg von Weitnau nach Missen ist rund 7 km lang (Hin- und Rückweg zusammen ca. 14 km). Auf der Strecke warten spannende Stationen mit Hörspielen, Spielbereichen, ein Kinderwald und sogar ein Spielplatz direkt am Bach. Wem das zu weit ist, der kann die kürzere Kinderrunde »Käsimirs Kinderwaldrunde« von etwa 6 km wählen. Verschiedene Wege durch die Region machen den Ausflug besonders flexibel. Den Flyer mit Übersichtskarte, Spielstationen und Parkplätzen gibt's bequem online.
@ www.missen-wilhams.de/wandern/carl-hirnbein-weg

Carl-Hirnbein-Erlebnisweg
Länge: ca. 14 km / hin- und retour / kinderwagentauglich: ja (mit Ausweichstrecke laut Online-Flyer) / Dauer: ca. 5 Stunden + Spielzeit

Käsimirs Kinderwaldrunde
Länge: ca. 6 km / Rundweg / kinderwagentauglich: nein (ja, wenn der Kinderwald ausgelassen wird) / Dauer: ca. 2 Stunden + Spielzeit

Räuber-Kasimir-Weg in Weiler-Simmerberg
Länge: ca. 2 km / Rundweg / kinderwagentauglich: nein / Dauer: ca. 1,5 Stunden + Spielzeit

Der Räuber-Kasimir-Weg in Weiler-Simmerberg ist ein rund 2 km langer Familienerlebnisweg mit lustigen Spiel- und Mitmachstationen. Er führt durch die Hausbachklamm und Kinder können rutschen, klettern, Kugeln rollen lassen oder in der Matschküche spielen. Am Ende wartet sogar eine Schatztruhe mit Räuber-Diplom. Der liebevoll gestaltete Naturerlebnisweg ist besonders für Kinder zwischen 3 und 10 Jahren geeignet. Unbedingt Kleingeld mitnehmen, da eine Kugel am Automaten für die Kugelbahnen und verschiedenen Kugelspiele gekauft werden kann.
@ www.weiler-simmerberg.de//tourismus-freizeit/wandern-auf-premiumwegen/raeuber-kasimir-weg

Bodensee und Umgebung

Kressbronner Bauernpfad
Länge: ca. 2,5 km / Rundweg / kinderwagentauglich: ja / Dauer: ca. 1 – 2 Stunden + Spielzeit

Auf dem etwa 2,5 km langen Rundweg warten ein Kletterturm, ein Forscherrucksack, Schatzsuche und ein wunderschönes Panorama. Der Forscherrucksack ist ein zusätzliches Abenteuer und kann kostenlos in der Touristeninformation Kressbronn

oder im Gasthaus Max & Moritz ausgeliehen werden. Im Bereich des Naschgartens ist eine kleine Schatzsuche zu finden. Wer das richtige Lösungswort hat, bekommt bei der Touristeninformation Kressbronn zu den Öffnungszeiten eine kleine Überraschung. Parkplatz, Shuttlebus und mehr Infos unter
@ www.kressbronn.de/bauernpfad/

Erlebniswege im NaturThemen-Park Bad Saulgau

Länge: ca. 4,6 km / Rundweg / kinderwagentauglich: ja / Dauer: ca. 2 Stunden + Spielzeit

Im ThemenPark Bad Saulgau stehen verschiedene informative Themenwege und Erlebnisstationen (Klettern, Balancieren, Lernen) zum Entdecken bereit. Die große Runde ist ca. 4,6 km lang und lässt sich abkürzen, die anderen Themenwege sind etwas kürzer. Online ist alles gut übersichtlich aufgelistet. Am Infopunkt in Bad Saulgau kann zusätzlich ein Forscherrucksack gegen Pfand ausgeliehen werden. Zusätzlich ist im Park eine natürliche Bieberburg, eine Vogelstimmentafel, Entenguckwand und ein natürlicher Matschplatz zu finden. Matschsachen nicht vergessen.
@ www.bad-saulgau.de/de/natur/naturthemenpark-bad-saulgau/kinder/

Moor Erlebnispfad in Wilhelmsdorf

Länge: ca. 4 km / Rundweg / kinderwagentauglich: ja (geländegängig) / Dauer: ca. 2 Stunden

Der Rundweg beginnt beim Naturschutzzentrum Wilhelmsdorf, der lange Rundweg ist etwa 4 km lang und der Kurze 1,5 km. In dem Naturschutzzentrum befindet sich eine interaktive Ausstellung, welche gegen Eintritt angeschaut werden kann – eine schöne Ergänzung zum Erlebnisweg. Wer den Weg genauer unter die Lupe nehmen möchte, kann sich direkt vor Ort an der Infotheke den »Moorforscher-Rucksack« ausleihen. An den Wochenenden und Feiertagen wird Kaffee und Kuchen angeboten. Ansonsten gibt es einige Sitzmöglichkeiten für Pausen. Als krönenden Abschluss können sich alle Kinder beim Naturparcours austoben, dieser bietet viel Platz für Klettern, Balancieren, Entdecken, Spiel und Spaß.
@ www.pfrunger-burgweiler-ried.de/

Eriskircher Ried

Länge: ca. 4 km / Rundweg / kinderwagentauglich: keine Info vorhanden / Dauer: ca. 1,5 – 2,5 Stunden

Im Naturschutzzentrum können Familien den Ried-Rucksack gegen eine Gebühr ausleihen und eine etwa 4 km lange Erlebnistour unternehmen. Alles, was für die Entdeckung benötigt wird, befindet sich im Rucksack. Das Begleitheft führt dann von Station zu Station, bei denen es viele Infos und

Spiele gibt. Die Gewässerforscherbox (im Naturschutzzentrum erhältlich) ist für Kinder von etwa 5–13 Jahren anpassbar und kostenlos. Zusätzlich kann im Naturschutzzentrum die interaktive Ausstellung besichtigt werden. Achtet unbedingt auf die Öffnungszeiten.
@ www.naz-eriskirch.de/

Konstanz Themenrundwege
Die Stadt Konstanz bietet verschiedene Themenrundwege an, die meisten davon sind auch gut mit Kindern unterschiedlichen Alters machbar. Anbei eine Auflistung einiger der Themenwege.
@ www.konstanz-info.com/erleben-entdecken/themenrouten

- Konstanzer Familienrallye
- Foxtrail Conexus / grenzüberschreitender Trail (DE/CH)
- Baumerzählpfad
- Kinderkunst-Route
- Mathe.Entdecker-Pfade
- Mit dem Smartphone ins Mittelalter
- Planetenweg
- Verschiedene Schnitzeljagden

Schatzssuche in Immenstaad am Bodensee
Immenstaad bietet für Familien verschiedene Schatzsucher-Touren an. Ob eine digitale Schatzsuche, eine Kinder-Dorfrallye mit Ortsplan oder verschiedene Forscher-Rucksäcke – hier findet ihr bestimmt etwas für euch.
@ www.immenstaad-tourismus.de/erleben/familienferien/entdeckerzeit

TIERISCHE BEGEGNUNGEN

Allgäu

Burgberger Tierparadies €
Im Tierparadies können zahlreiche Tiere aus nächster Nähe beobachtet werden. Im ausgewiesenen Streichelgehege besteht zudem die Möglichkeit, einzelne Tiere zu berühren. Der Eintritt ist ausschließlich bar zu bezahlen. Es stehen zwei Ticketoptionen zur Verfügung: Einzeleintritt sowie Tageskarte. Mit der Tageskarte ist es möglich, das Gelände während des Besuchs zu verlassen – etwa für eine Pause im benachbarten Café Kult und dem Spielplatz – und anschließend wieder zurückzukehren.
@ www.burgbergertierparadies.de

Lässt sich in den Sommermonaten super mit dem Freibad im Familien-Vitalpark Blaichach kombinieren (S. 240). Auch der Erlebnispfad Abenteuer Galetschbach in Rettenberg (S. 224) lässt sich prima mit einem Ausflug im Burgberger Tierparadies verbinden.

Erlebnisponyhof in Scheidegg

Nachmittags kann der Ponyhof ohne vorherige Anmeldung gegen Eintritt besucht werden. Zu erleben gibt es einiges: Vom abwechslungsreichen Spielplatz über den Streichelzoo mit Lamas bis hin zum Ponyreiten und Elektro-Quad fahren. Geburtstagskinder haben außerdem die Möglichkeit, ihren besonderen Tag direkt auf dem Ponyhof zu feiern.

@ www.erlebnisponyhof.de

Reptilienzoo Scheidegg

In den über 50 verschiedenen Terrarien können diverse Reptilien beobachtet werden.

@ www.reptilienzoo-scheidegg.com

In den Sommermonaten lässt sich ein Tagesauflug mit dem Alpenfreibad Scheidegg gut kombinieren (S. 243).

Alpenwildpark Schwarzenberg in Obermaiselstein

Im Wildpark befinden sich Tiere aus der alpinen Region, welche beobachtet werden können. Der Wildpark bietet im Winter wie im Sommer Wildfütterungen an. Die Fütterungen sind online buchbar.

@ www.alpenwildpark.de

Bauernhof und Käserei Krötz Sonthofen

Auf dem Bauernhof erwartet Kinder ein wahres Spieleparadies: von der großen Heuscheune über den Spielplatz bis hin zu vielen Spielmöglichkeiten wie Puppenwagen, Fahrzeugen, Sandbereich und einem Streichelzoo. Das Angebot steht allen Gästen des Hofes und Biergartens zur Verfügung. Mitgebrachte Speisen sind nicht gestattet. Die Spielscheune, der Streichelzoo und der Spielplatz sind von April bis Oktober geöffnet.

@ www.bauernhof-kaeserei-kroetz.de

Eselhof Allinger in Untrasried

Auf dem Eselhof leben viele Esel und Alpakas, die besucht und gestreichelt werden können. Der Besuch des Hofes ist kostenlos – wer möchte, kann mit einer Spende unterstützen. Geführte Spaziergänge mit den Tieren sind nach einer Buchung möglich. Neben einem Spielplatz sorgt ein Streichelzoo für Abwechslung. Der Hofladen bietet verschiedene Produkte sowie Eis an. Eine Bewirtung gibt es nicht – bitte an eine eigene Jause denken.

@ www.eselhof-eschers.com

Der Wald-Wissen-Spielplatz Eschers (S. 231) befindet sich in der Nähe und lässt sich gut mit dem Eselhof kombinieren.

▲ Eseltrekking Wangen (S. 230)

Eseltrekking Wangen im Allgäu

Ein Abenteuer für die ganze Familie: Geführte Eseltrekking-Touren können nach Buchung unternommen werden. Ob kleine Runden für die Jüngsten bis 6 Jahre oder große Wanderung für Kinder ab 6 Jahren – für jedes Alter ist etwas dabei.

@ www.kreativschnecke-aktiv.de/

Bodenseeregion

Wild- und Freizeitpark Allensbach

Im Wild- und Freizeitpark gibt es für Kinder jede Menge zu entdecken: vom 10 m hohen Kletterturm und dem 27 m hohen Rutschenturm über Wasserbahn, Riesenschaukel, Kletter- und Balancierparcours, Hüpfkissen, Baggergrube und Indoor-Spielbereich bis hin zum Tierpark und einiges mehr. Verschiedene Gastronomiebereiche und ein Grillplatz runden den Besuch im Park ab. Grundsätzlich ist der Park das ganze Jahr über geöffnet. Da im Winter jedoch nicht alle Attraktionen zur Verfügung stehen, gelten in dieser Zeit reduzierte Eintrittspreise.

@ www.wildundfreizeitpark.de

Sea Life Aquarium Konstanz

Das Aquarium in Konstanz hat für Kinder in verschiedenen Bereichen Fische und andere Wassertiere zu bewundern. Im Ozeanbecken können alle durch den berühmten Wassertunnel spazieren und die Wasserwelt von einem ganz anderen Blickwinkel bestaunen. Als Ergänzung zum Besuch gibt es das Ranger-Paket (ca. 6–10 Jahre). Das Paket ist mit Stift und Lupe ausgestattet und kann an der Kassa gekauft werden. Gemeinsam heißt es dann Geheimnissen der Wasserwelt auf den Grund zu gehen. Wer mag, kann auch die kostenlose App »Seascan« herunterladen. Mit der App gibt es zusätzliche Informationen und auch eine interaktive Rätseltour.

@ www.visitsealife.com/konstanz/

Vor dem Sea Life befindet sich ein Spielplatz und ein Riesenrad. Außerdem lässt sich ein Ausflug gut mit anderen Aktivitäten wie Themenwege oder dem Naturmuseum in Konstanz kombinieren, auch mit einem Spaziergang zum nahegelegenen Seeburgpark (Kreuzlingen, CH) mit einem einladenden Spielplatz.

Wildpark Sonnenhalde in Neukirch

Der kostenlos zugängliche Wildpark verfügt über etwa 2,5 km lange Naturwege. An diesen Naturwegen sind verschiedene Tiergehege angelegt. Auf dem Spielplatz können sich die Kinder austoben und mit den erworbenen Futtersäckchen beim Wildpark Tiere füttern. Eine Pause kann im Wildpark Café gemacht werden.

@ www.wildpark-sonnenhalde.de

Affenberg Salem

Am Affenberg in Salem gibt es nicht nur Affen zu sehen, sondern auch viele andere Tiere. Der Rundweg ist etwa 1,5 km lang, kinderwagentauglich und damit bestens für Familien geeignet. Für Bewegung und Spaß sorgt der Abenteuerspielplatz. Für Kinder ab 5 Jahren steht gegen Aufpreis und mit Begleitperson ein 12 m hoher Baumwipfelpfad zur Verfügung. Darüber hinaus gibt es eine kostenlose Schnitzeljagd über eine App (ab 12 Jahren empfohlen, gültiges Eintrittsticket erforderlich). Danach bietet sich eine Auszeit im Biergarten an.

@ www.affenberg-salem.de

Haustierhof Reutemühle Überlingen €

Der Tierpark hat so einiges an Zeitvertreib für Kinder zu bieten. Auf dem Haustier-Lehrpfad gibt es einiges zu lernen, der Spielplatz bietet eine tolle Gelegenheit sich auszupowern und nebenbei können die zahlreichen Tiere beobachtet werden. Eine Pause eignet sich in der Bauernhof-Gaststätte mit einem Biergarten. Die Bezahlung erfolgt überwiegend bar, daher darauf achten, genug dabei zu haben. Das Gelände ist barrierefrei, daher auch gut mit dem Kinderwagen befahrbar. Tiere dürfen nur mit dem dort erworbenen Tierfutter gefüttert werden.

@ www.haustierhof-reutemuehle.de

Reptilienhaus Uhldingen €

Im Reptilienhaus Uhldingen können verschiedene exotische Tiere beobachtet werden, einige dürfen auch gestreichelt werden. Die Öffnungszeiten können variieren, an manchen Tagen schließt das Haus früher. Es wird empfohlen, vor dem Besuch telefonisch abzuklären, ob es geöffnet ist.

@ www.reptilienhaus.de

SPIELPLÄTZE

Allgäu

Wald-Wissen-Spielplatz Eschers

Spielplatzausstattung: Memory, Kletter- und Balanciermöglichkeit, Barfußweg, Tipi, Seilbahn, verschiedene interaktive Stationen.

Der Spielplatz zieht sich über einen etwa 1,5 km langen Weg, welcher verschiedene Spiel- und Wissensstationen bietet. Unterschiedliches Infomaterial, Spielideen und der Lageplan können online zusätzlich für den Weg heruntergeladen und/oder gedruckt werden. Der Start befindet sich beim Freizeit- und Tagungshaus Eschers und der Weg ist für Kinderwagen geeignet, allerdings ist ein kurzer Teil sehr steil. Die Seilbahn und das Tipi werden in den Wintermonaten abgebaut.

@ www.kjr-ostallgaeu.de/waldwissenspielplatz

Spielplätze Kempten

Spielspaß pur in Kempten: Zahlreiche Spielplätze, teilweise in grünen Parkanlagen, laden zum Entdecken ein. Besonders schön: mehrere

Plätze können auf einem Ausflug miteinander verbunden werden. Eine praktische Online-Karte verrät, wo sie alle zu finden sind.

@ www.kempten-tourismus.de/liste-spielplaetze/freizeit

Memmingen Stadtpark Spielplatz Neue Welt

Im Stadtpark befindet sich ausreichend Spielfläche für Jung und Alt. Besonders die groß angelegte Wasserspielfläche mit verschiedenen Spielelementen (Stege, Flos, Balanciermöglichkeiten, …) ist an warmen Tagen beliebt. Bei kleinen Kindern gut Acht geben, da manche Stellen bis zu 40 cm tief sein können. Zusätzlich bieten verschiedene Kletterelemente, Schaukel, Karussell, Rutschen und ein Sandplatz viel Abwechslung. In dem Park befinden sich zusätzlich ein Skatepark, ein Beachvolleyballplatz und ein Kiosk.

Spielplatz Nebelhorn Station Höfatsblick Oberstdorf

Spielplatzausstattung: Kletter- und Balanciermöglichkeit, Rutsche und Spielhaus.

Spielplatz Söllis Kugelexpress (Bergstation Söllereckbahn) Oberstdorf

Spielplatzausstattung: Klettermöglichkeit, Rutsche, Kugelbahn, Wippe, Schaukel.

SölliBully Spielplatz (Mittelstation Söllereckbahn) Oberstdorf

Spielplatzausstattung: Spiel-Kran zum Klettern, Rutsche, Schaukel, im Sommer mit Hüpfburg.

Spielplatz am Fellhorn (Station Schlappoldsee) Oberstdorf

Spielplatzausstattung: Rutsche, Schaukel, Nestschaukel, Wippe, Klettermöglichkeit, Sandkasten.

Dorfspielplatz am Fuggerpark Oberstdorf

Spielplatzausstattung: Kletter- und Balanciermöglichkeit, Rutsche, Nestschaukel, Wippe, Sandbereich mit Wasser.

Spielplatz an der Flachsröste Oberstdorf

Spielplatzausstattung: Klettermöglichkeiten, Schaukel, Karussell, Wippen, Seilbahn, Rutschen, Spielhaus, Sitzmöglichkeit.

Der Spielplatz ist auch für Kleinkinder (ab ca. 1 Jahr) gut geeignet, da es eine separate kleine Klettermöglichkeit und Rutsche gibt.

Oberstaufen Park

Jede Ecke des Oberstaufenparks hält Entdeckungen bereit und lädt die ganze Familie zu tollen Freizeitmomenten ein. Der Spielbereich mit einigen Spielgeräten hat 3 Unterteilungen, »Kleine Alpe« für die Kleinsten, »Gipfelstürmer« mit großem Klettergerüst für ältere Kinder und das »Kleine Alp-

wasser« für verschiedene Wasserspiele. Der Basketballplatz und Pumptrack bieten zusätzlichen Platz, um sich auszupowern. Wer möchte, kann am Minigolfplatz eine Runde spielen. € Im Infopoint Naturpark Nagelfluhkette gibt es eine kostenlose interaktive Ausstellung, welche für Kinder von 6–12 Jahren geeignet ist. Der Oberstaufen Park ist am einfachsten über Google Maps zu finden.
@ www.oberstaufen.de

Waldspielplatz »Wichteltreff« in Reichenbach

Spielplatzausstattung: Rutsche, Schaukel, Spielhaus, verschiedene Klettermöglichkeiten, Hängematte, Holzfiguren, Holzbaukasten, Holz-Zug, Xylofon und vieles mehr.

Auf insgesamt 2 500 m² befinden sich 26 verschiedene Spielstationen.
@ www.reichenbach-oberstdorf.de/freizeit-aktivitaet/waldspielplatz.html

Erba Park in Wangen im Allgäu

Der Erba Park bietet verschiedene Spielplätze und viel Grünfläche. Der Energiespielplatz bietet Wasserspiele zum Matschen, verschiedene Spielgeräte zum Klettern und Balancieren und eine Rutsche. Der Spindelspielplatz hat ein großes Klettergerüst, welches erkundet werden kann. Im Sommer ist der große Wasserspielplatz mit Floß und Spielhaus (mit Wasserspielen und Rutsche) sehr beliebt und sorgt für eine Abkühlung. Im Park verteilt sind Holzkugelbahnen zu finden und wer noch nicht genug hat, kann den Wangen Turm mit der Aussichtsplattform besteigen.

Mit dem Erba Park lässt sich ein Ausflug in die Altstadt von Wangen super verbinden.

Bodenseeregion

Friedrichshafen Spielplätze

In Friedrichshafen gibt es jede Menge Spielplätze – am Bodensee oder mitten in der Stadt. Unabhängig vom Ausflugsziel findet sich fast immer eine Möglichkeit zum Spielen in der Nähe. Eine interaktive Karte zeigt alle Spielplätze übersichtlich online an.
@ www.friedrichshafen.de/kultur-freizeit-einkaufen/freizeit-sport-spiel/spiel-bolzplaetze/

Immenstaad am Bodensee Spielplätze

Immenstaad bietet einige tolle Spielplätze zum Toben und Spielen.
@ www.immenstaad-tourismus.de/erleben/familienferien/spielplaetze

Zusammen mit den vielfältigen Schatzsuche-Routen gut kombinierbar (siehe S. 228).

Spielplatz bei den Pfahlbauten Uhldingen-Mühlhofen

Spielplatzausstattung: Kletter- und Balanciermöglichkeit, Nestschaukel, Rutsche, Schaukel, Wasserspiel, Sandstelle, Holzhütten.

Ausflugsmöglichkeit siehe S. 240: Pfahlbauten.

Spielplatz Insel Mainau
Siehe mehr unter Outdoor-Erlebnisse – Bodensee – Insel Mainau, S. 216.

Naturerlebnispark Schloßsee Salem
Spielplatzausstattung: Kletter- und Balanciermöglichkeit, Sandspielbereich, Wasserspiele mit Matschtisch, Wasserpumpe und Fontäne, Spielhaus.
Robinson Insel – Piratenschiff (ca. 10–16 Jahre)
Spielplatzausstattung: Holzdeck, Hängematten, Seilbahn, Sprungmöglichkeit vom Schiff ins Wasser.

Der Naturerlebnispark liegt am Schloßsee und bietet im Sommer einen schönen Badeplatz mit Kiosk. Auch in den etwas kälteren Monaten bietet sich der Park für Spaziergänge und Spielzeit am Spielplatz an.

SCHLECHTWETTER-PLAN

Allgäu

Code Red Action Park in Kempten
Der Action Park in Kempten bietet für Kinder ab 6 Jahren so einiges an Freizeitbeschäftigung. Die verschiedenen Aktivitäten haben jeweils andere Voraussetzung für die Teilnahme.

- Lasertag: Empfohlen ab 10 Jahren oder Mindestgröße von 1,20 m.
- Jump – Ninja Park: Empfohlen ab 10 Jahren. Unter 10-jährige Kinder müssen in Anwesenheit einer erwachsenen Begleitperson sein.
- Game Time: Empfohlen ab 12 Jahren, da manche Aufgaben anspruchsvoll sind.
- Neon Minigolf: Mindestens ab 6 Jahren wegen anspruchsvollen Bahnen. Unter 12 Jahren ist eine erwachsene Begleitperson Pflicht.
- Escape Room: Ab 16 Jahren möglich.

@ www.codered-action.de

Rapunzel Welt in Legau
In der Rapunzel Welt dreht sich alles um Bio und eine Zeitreise durch das Rapunzel Universum. Zu erleben gibt es eine Kugelbahn und das interaktive Museum auf ca. 600 m². Der große Garten verfügt über einen spannenden Abenteuerspielplatz und ein Tropenhaus. Verschiedene Veranstaltungen wie ein Weihnachtsmarkt und Kinderprogramme bieten eine Abwechslung. Der Rapunzel Turm befindet sich auf dem Gelände und ist ein wahres Highlight und kann über 90 Treppenstufen bestiegen werden. Im Restaurant kann lecker gegessen werden und im Bioladen können Rapunzel Produkte gekauft werden.
@ www.rapunzelwelt.de

Center Parcs Allgäu in Leutkirch Indoor
Zum Center Parcs Allgäu dürfen auch Tagesgäste gehen. Es gibt verschiedene Outdoor- (S. 212) und Indooraktivitäten für Familien zu buchen. Anbei einige aufgelistet.

@ www.centerparcs.de

- Aqua Mundo; verschiedene Wassererlebnisse (S. 242)
- verschiedene Workshops (vor dem Besuch abklären, ob Plätze verfügbar sind)
- Mystery Table
- Indoor-Minigolf
- Indoor-Kletterparadies
- Bowling
- Balbua Indoor-Spielwelt (bis 11 Jahre)
- Virtual Reality Spiel (ab 7 Jahren)

Deutsches Hutmuseum Lindenberg

Das Hutmuseum ist mit Kindern auf jeden Fall einen Besuch wert. Das Museum kann auf eigene Faust, mit einem Audioguide, der Museums-App oder einem Mitmach-Heft (6–11 Jahre) erkundet werden. Im Museum bieten einige Mitmachstationen eine spannende Abwechslung zum Museumsbesuch, besonders lustig ist die Station mit vielen verschiedenen Hüten. Hier heißt es so viele Hüte ausprobieren wie es nur geht und mit der Fotobox lustige Erinnerungsfotos zu schaffen. Zusätzlich kann für Kinder zum Geburtstag eine Hutparty im Museum veranstaltet werden.

@ www.deutsches-hutmuseum.de

MEWO Kunsthalle Memmingen

Die Kunsthalle in Memmingen hat immer wieder Ausstellungen, welche für Familien und Kinder geeignet sind, der Eintritt ist frei. Am besten ab und an unter »Ausstellungen« auf der Website nachschauen. Auch der Programmkalender ist immer wieder einen Blick wert. Für Kinder gibt es zudem das Mini-Atelier (4–6 Jahre) und das Midi-Atelier (7–11 Jahre) mit passenden Angeboten. Bestimmte Veranstaltungen sind gebührenpflichtig.

@ www.mewo-kunsthalle.de

Wonniland Sonthofen

Im Wonniland Sonthofen können Kinder ab Kleinkindalter nach Lust und Laune spielen, klettern, rutschen und toben. Der Indoorspielplatz bietet auf 1 100 m² abwechslungsreiche Attraktionen auf mehreren Ebenen, vom Bällebad bis zu Hüpfbereichen. Für die Größeren bietet der Erlebnisbereich ebenso wie die Mixed-Reality-Gaming-Zone spannende Möglichkeiten zum Ausprobieren. Im Gastrobereich gibt es eine Auswahl an Snacks und Getränken für Groß und Klein.

@ www.wonniland.de/sonthofen

Hochseilgarten in Sonthofen

World of Outdoor bietet einen Hochseilgarten In- und Outdoor an, der innere Kletterbereich ist perfekt für Schlechtwettertage. Für den Hochseilgarten sind keine Vorkenntnisse notwendig, Kinder können schon ab 4 Jahren klettern.

@ www.worldofoutdoor.com/hochseilgarten/

Dornier Museum

Sommer 2025

Gemeinsam mit einer Freundin und ihrem Kind haben wir uns an einem Nachmittag auf den Weg zum Dornier Museum gemacht. Zu diesem Zeitpunkt waren die Kinder 3 und 4 Jahre alt, und wir hatten uns den ganzen Nachmittag für den Besuch eingeplant. Gegen 13:30 Uhr sind wir angekommen.

Da ich mich vorher etwas informiert hatte, wollten wir unbedingt das Kinderquiz ausprobieren und die Toniebox-Rätseltour testen. Ich war zu diesem Zeitpunkt sehr optimistisch, dass alles reibungslos klappen würde. Die Toniebox-Rätseltour ist kostenlos, das Kinderquiz kostete damals 1,50 € pro Kind. Da wir zwei Kinder dabeihatten und wir mögliche Streitigkeiten vermeiden wollten, haben wir für beide Kinder beide Angebote mitgenommen.

Gleich beim Ankommen im Museum waren wir positiv überrascht. Neben den vielen spannenden Informationen, die es zu entdecken gibt, mussten wir zwar immer ein Auge auf die Kinder haben, damit sie die anderen Besucher nicht stören – doch dafür bietet das Museum auch jede Menge interaktive Stationen, die die Kinder begeistert haben. Unsere Highlights:

- Den Hubschrauber, in den beide Kinder unbedingt hineinklettern wollten,
- Flugzeug-Tretfahrzeuge, auf denen sie ihre Runden drehen konnten,
- eine Spielecke, in der wir gemeinsam einen großen Turm gebaut haben.

In der Weltraumausstellung machten wir uns auf die Suche nach Aliens. Am Ende wartet an der Kasse eine kleine Überraschung für alle, die die richtige Anzahl nennen können – und ja, wir lagen richtig.

Die Toniebox-Rätseltour, die ab 3 Jahren empfohlen wird, verläuft ganz einfach: Im Museum gibt es acht Stationen, an denen die Toniebox gefunden, die Figur aufgestellt, eine kurze Geschichte angehört und eine Frage beantwortet wird, bevor es zur nächsten Station weitergeht, an der sich zeigt, ob die vorherige Antwort richtig war. Unsere beiden kleinen Wirbelwinde hatten allerdings nicht immer die Geduld, den Geschichten konzentriert zuzuhören – vielleicht klappt das beim nächsten Mal schon besser.

Das Kinderquiz ist gut machbar, vor allem für etwas ältere Kinder. Da wir es gemeinsam mit unseren jüngeren Kids ausprobiert haben, konnten sie zumindest bei einigen Aufgaben fleißig mit auf die Suche gehen. Die Mischung aus Fragen, Suchaufgaben und kleinen Rätseln war insgesamt spannend und abwechslungsreich. Weil wir uns gleich beide Rätsel vorgenommen hatten, blieb am Ende allerdings weniger Zeit, das ganze Museum entspannt zu erkunden, da es schon fast 17 Uhr war. Beim nächsten Mal machen wir sicher nur ein Quiz.

Auch der Außenbereich des Museums lohnt sich auf jeden Fall, besonders bei schönem Wetter. Wir konnten einige Flugzeuge beim Starten und Landen beobachten. Den Spielplatz im Außenbereich haben wir leider nicht geschafft – das holen wir beim nächsten Mal nach.

Alles in allem war es ein lohnenswerter Ausflug: lehrreich, interaktiv und für die Kinder ein großer Spaß. Wir freuen uns schon auf den nächsten Besuch, um mehr vom Museum zu entdecken und die Außenbereiche auszuprobieren.

Lina Laune Land Waltenhofen
Der Indoorspielplatz bietet auf etwa 4000 m² Spielfläche für Kinder jede Menge Spaß. Auch für die Kleinsten ist mit einem Kleinkindbereich gesorgt. Es besteht Sockenpflicht und bei Schlechtwetter am besten ein Onlineticket buchen, da es eine begrenzte Besucheranzahl gibt. Der Sky House Trampolin Park befindet sich direkt nebenan (siehe unten).
@ www.linalauneland.de

Sky House Trampolinpark Waltenhofen
Der Trampolin Park ist für Kinder ab 6 Jahren geeignet, alle Kinder von 6–9 Jahren benötigen eine Begleitperson, um den Park nutzen zu dürfen. Der Park besteht aus 11 unterschiedlichen Action-Bereichen. Für das Springen sind spezielle Sprungsocken Pflicht, diese können direkt an der Kassa erworben werden. Bei Schlechtwetter am besten ein Onlineticket buchen, da es eine begrenzte Besucheranzahl gibt.
@ www.skyhouse-allgaeu.de

Bodenseeregion

Erwin Hymer Museum in Bad Waldsee
Das Museum präsentiert auf 6000 m² eine faszinierende Dauerausstellung rund um das mobile Reisen – von historischen Wohnwagen über Reisemobile und Expeditionsfahrzeuge bis hin zum PKW. Eine tolle Möglichkeit, um auf eine interaktive Weltreise zu gehen. Viele Stationen laden zum Anfassen, Mitmachen und Entdecken ein. Die Sonderausstellung wechselt regelmäßig und sorgt so immer wieder für neue Eindrücke. Ergänzt wird das Angebot durch Veranstaltungen und ein abwechslungsreiches Ferienprogramm. Draußen wartet ein Spielplatz – perfekt für eine Pause zwischendurch. Geburtstagskinder können zwischen verschiedenen Abenteuer-Partys wählen.
@ www.erwin-hymer-museum.de

Zeppelin Museum Friedrichshafen
Im Zeppelin Museum können Kinder ab 5 Jahren mit dem Museumskoffer spielerisch das Museum erkunden. Für ältere Kinder ab 11 Jahren gibt es an der Kassa für eine kleine Gebühr eine spannende Rätselrallye zu erwerben. Mit der ZeppApp kann auch eine Kinderführung unternommen werden. Für Gruppen gibt es zusätzlich die Möglichkeit, einen Escape Room-Fall zu lösen. Kinder unter 12 Jahren nur mit Begleitung, ansonsten gibt es keine Altersbeschränkung. Das Museum bietet zusätzlich auch

Familienführungen und Wechselausstellungen an.
@ www.zeppelin-museum.de

Dornier Museum Friedrichshafen

Das Luftfahrtmuseum hat für Groß und Klein so einiges zu bieten. Ein echtes Highlight sind die ganzen Flugzeuge und Helikopter, welche bestaunt werden können und teilweise begehbar sind. Weitere Beschäftigungen sind eine Toniebox-Rätseltour (ab 3 Jahren), die Dornier Mystery-Tour, eine Raumfahrt-Kinderausstellung, Mini-Tretflieger, ein Flugsimulator (zusätzlich buchbar), Kinderquiz ab dem Lesealter €, Kinderspielecke im Museumshangar, Spielplatz auf der Museumsterrasse und Ferienangebote. Das Museum ist barrierefrei und kann daher auch mit Kinderwagen erkundigt werden.
@ www.dorniermuseum.de

Bodensee Naturmuseum Konstanz

Das Naturmuseum bietet interaktive Stationen, welche es mit den Sinnen zu erkunden gilt. Bei den Familien-Nachmittagen an ausgewählten Samstagen (4–12 Jahren) gibt es verschiedene Spiel-, Bastel- und Rätselangebote, welche gegen eine kleine Gebühr genutzt werden können. Zudem gibt es monatlich ein »Rätsel des Monats« und online stehen verschiedene Rätsel und Malvorlagen kostenlos zum Herunterladen bereit. Für Entdeckungstouren bietet das Museum zwei interaktive Wege: den 1,8 km langen »Vogel-Pfad« entlang des Bodenseeufers und die »Stadtökologische Rallye« durch die Innenstadt, beide ab etwa 5 Jahren geeignet. Außerdem lädt der Outdoor-Kiesgruben-Spielplatz zu spannenden Entdeckungstouren ein. Ergänzt werden diese Angebote durch regelmäßig wechselnde Veranstaltungen, die das Familienprogramm abrunden.
@ www.konstanz.de/kultur+_+freizeit/museen+_+ausstellungshaeuser/bodensee-naturmuseum

M10 True Active Park Konstanz

Der Indoor-Freizeitpark ist für Kinder ab ca. 6 Jahren geeignet und bietet verschiedene Beschäftigungen an. Das 3D-Schwarzlicht-Minigolf und Laser Maze sind für Kinder ab 6 Jahren. Beim Minigolf warten 18 Bahnen in verschiedenen Themenwelten und fluoreszierenden Bemalungen. Laser Maze ist ein Raum voller Laserstrahlen, hier liegt die Aufgabe darin, diese in verschiedenen Schwierigkeitsgraden zu umgehen. Der Ninja Parcours eignet sich für Kinder ab ca. 8 Jahren. Wer einen sicheren Platz haben möchte, sollte vorab reservieren.
@ www.trueactive.de/

Lufti Kinderspielwelt in Liebenau

Der Indoor-Freizeitpark bietet auf 2 500 m² allerlei Spielmöglichkeiten für Kinder von etwa 0–12 Jahren. Es warten Trampoline, Rutschen, Kletterbereiche und vieles mehr. Achtet darauf, dass das Spielen aus Hygienegründen nur in Socken erlaubt ist. Da es ein Bistro gibt, dürfen keine eigenen Speisen mitgenommen und verzehrt werden. Für Geburtstage werden verschiedene Pakete angeboten.

@ www.lufti.info

Museum Ravensburger in Ravensburg

Auf den insgesamt drei Stöcken des Museums (Lift vorhanden) kann die Geschichte hinter der Marke entdeckt werden und verschiedenste Spiele, Puzzle und Bücher können bespielt und ausprobiert werden. Mit 3 verschiedenen Rallyes kann das Museum spielerisch erkundet werden. Geeignet sind diese für Kinder von 4–17 Jahren.

@ www.museum-ravensburger.de

Pfahlbauten Uhldingen-Mühlhofen

Das Freilichtmuseum am Bodensee bietet 23 rekonstruierte Pfahlbauten zur Besichtigung an. Die Stege und das Gelände sind barrierefrei begehbar, daher gut mit Kinderwagen machbar. Für Kinder interessant ist der Steinzeitparcours nach dem Rundgang des Pfahldorfes. In der Ferienzeit von Baden-Württemberg finden Sonderprogramme statt, bei denen Kinder aktiv in die Welt der Steinzeit eintauchen können.

@ www.pfahlbauten.de

Vor dem Museum befindet sich ein großer Pfahlbauten-Spielplatz mit Klettermöglichkeiten, Wasserspiel, Sandplatz und weiteren Spielgeräten. An dieser Stelle ist auch ein Einstieg in den Bodensee möglich. Ein Eissalon auf der gegenüberliegenden Straßenseite sorgt an heißen Tagen für eine süße Erfrischung.

WASSERSPASS

Allgäu

Freibad Familien-Vitalpark Blaichach-Burgberg

Das Naturbad in den Allgäuer Bergen bietet eine große grüne Liegewiese mit einem Badebereich. Die Rutsche und der Flying Fox gehen direkt in das 1,20 m tiefe Wasser. Das 50-Meter-Schwimmbecken bietet drei verschieden hohe Sprungtürme und für die kleinen Badegäste steht ein Baby- und Kleinkindbereich zur Verfügung. Außerhalb des Wassers gibt es einen Abenteuerspielplatz mit Sandbereich und jeweils ein Beachsoccer- und ein Volleyballfeld. Der Kiosk mit seiner Sonnenterasse rundet das Angebot ab.

@ www.vitalpark-allgaeu.de/freibad/

Erlebnisbericht Aqua Mundo

Sommer 2024

Manchmal entstehen die besten Abenteuer völlig spontan – so wie unser Ausflug ins Aqua Mundo nach Leutkirch. Zu Dritt haben wir online ein Ticket ab 13 Uhr gebucht und sind losgefahren. Zuhause regnete es, aber kaum in Leutkirch angekommen, zeigte sich die Sonne von ihrer besten Seite. Ein klarer Reminder: Manchmal lohnt es sich wirklich, das Wetter in der Umgebung zu checken!

Da es unser erstes Mal im Center Parcs Allgäu war, haben wir nicht nur die Schwimmbäder unter die Lupe genommen, sondern auch den kostenlosen Indoorspielplatz und die anderen Räume erkundet – alles sieht richtig einladend und kindgerecht aus. Den gesamten Nachmittag verbrachten wir dann in den verschiedenen Becken beim Baden, Plantschen und Schwimmen. Das größte Highlight für unsere damals etwa 2,5-jährige Tochter war definitiv das Sand- und Wasserbecken sowie das Water Playhouse. Je später es wurde, desto schwerer fiel es uns, sie aus dem Wasser zu bekommen.

Das Aqua Mundo ist bei sonnigem Wetter gut besucht; wer mehr Ruhe sucht, sollte dies berücksichtigen. Um den Abend entspannt ausklingen zu lassen, haben wir uns entschieden, direkt vor Ort zu Abend zu essen. Das war unkompliziert, da es verschiedene Restaurants gibt und das Menü sehr kinderfreundlich gestaltet ist. Uns hat der Besuch sehr gut gefallen, und wir kommen gerne wieder.

Der Vitalpark kann sehr gut in Kombination mit dem Burgberger Tierparadies besucht werden.

Inselsee Allgäu in Blaichach

Ein außergewöhnlicher Wasserspaß für Kinder ab 6 bzw. 8 Jahren. Der Inselsee ist in drei verschiedene Bereiche unterteilt. Kinder ab 8 Jahren können Wasserski oder Wakeboard ausprobieren, Kinder ab 6 Jahren und einer Mindestgröße von 1,2 m können sich im Aqua Chimp Kletterpark und Aqua Park Hüpfburg-Parcours auspowern. Für den Besuch ist sicheres Schwimmen erforderlich! Kinder bis 10 Jahren dürfen den Park nur zusammen mit einem Erwachsenen erleben.

@ www.inselsee-allgaeu.de

Cambomare Kempten

Das Cambomare bietet auf 60 000 m² Hallenbad, Erlebnisbereich, Sauna und Freibad – ideal für Familien. Im Hallen- und Freibad verfügt es über verschiedene Becken, Wasserspiele, Kinderbecken und Rutschen. Zusätzliche Aktivangebote im Freibad: Beachvolleyball, Fußball, Tischtennis, Spielschiff, Spielplatz und Wasserspielgarten auf großen Liege- und Spielflächen. Ein lohnender Ausflugsort bei jedem Wetter. Achtet auch auf den Eventkalender, hier finden sich regelmäßig verschiedene Events für Jung und Alt.

@ www.cambomare.de

Aqua Mundo im Center Parcs Allgäu in Leutkirch

Das Aqua Mundo ist ein echtes Wasserparadies für Kinder – ganz gleich, ob Groß oder Klein, hier kommt jeder auf seine Kosten: Vom liebevoll gestalteten Kinderplanschbecken über die bunte Wasserspielwelt (Water Playhouse) bis hin zum Sand- und Wasserbereich für die ganze Familie. Für Abenteuerlustige warten zudem eine spannende Wildwasserbahn, verschiedene Rutschen, ein Kletterbecken, Wellenbad und sogar Wildwasser-Rafting. Auch gemütliche Pausenbereiche sorgen dafür, dass zwischendurch entspannt werden kann. Einige Aktivitäten sind erst ab 6 oder 10 Jahren nutzbar, dennoch gibt es für jüngere Kinder genügend Badeerlebnisse. Damit der Eintritt gesichert ist, empfiehlt es sich, Tickets vorab online zu buchen. Zur Auswahl stehen Tageskarten sowie Halbtageskarten ab 13 Uhr. Wer eine Halbtageskarte wählt und früher anreist, kann die Zeit prima auf dem Indoor- oder Outdoorspielplatz überbrücken. Auf dem Parkgelände gibt es zudem verschiedene Einkehrmöglichkeiten. Wer nach dem Badespaß hungrig ist, kann gemütlich im Anschluss essen. Auf der Webseite einfach den »Park Allgäu« auswählen und alle Infos online einsehen.

@ www.centerparcs.de

Aquaria Oberstaufen €

Im Erlebnisbad Aquaria warten tolle Wassererlebnisse auf euch: verschiedene Wasserbecken mit unterschiedlichen Wassertemperaturen, ein Außenbecken, welches ganzjährig nutzbar ist, Kinderbereiche innen sowie außen mit verschiedenen Wasserspielen und Rutschen. Für Abenteuerlustige empfiehlt sich der Wildwasserkreisel, der Sprungturm und die Rutsche. Der Außenbereich verfügt über eine große Wiese mit Spielplatz, Sonnenterasse und Liegestühlen. Erwachsene können in der Sauna etwas entspannen. Das Schwimmbad verfügt auch über ein Bistro.

@ www.aquaria.de

Alpenfreibad Scheidegg €

Das kleine Alpenfreibad bietet ein wunderschönes Panorama mit einem Naturbecken gefüllt mit frischem Quellwasser. Für Kinder stehen zwei beheizbare Kinderbecken mit Rutsche zur Verfügung. Außerhalb des Wassers gibt es einen Spielplatz, einen Tischtennistisch und einen Beachvolleyballplatz. Im Bistro können verschiedene Snacks erworben werden. Das Freibad hat nur bei guter Witterung geöffnet.

@ www.scheidegg.de/alpenfreibad/

Das Freibad kann prima als Tagesausflug mit dem Reptilienzoo, Skywalk, Scheidegger Wasserfälle oder Erlebnisponyhof in Scheidegg kombiniert werden.

Wonnemar Sonthofen €

Das Wonnemar in Sonthofen wird in 3 Bereiche unterteilt: Spaß- und Sportbad, Thermalbereich und die Saunawelt. Für Familien ist der Spaß- und Sportbadbereich sehr interessant, hier befinden sich der Rutschenturm, das Schwimmerbecken, der Kleinkindbereich, das Abenteuer-Wellenbecken mit Strömungskanal, das Erlebnis-Außenbecken und der Ruhebereich im Palmgarten und auf der Galerie.
Im Thermalbereich (gegen Aufpreis) befinden sich zusätzlich verschiedene Wasserbecken, Sole-Inhalationsstollen, Infrarotliegen und Ruhebereiche. Die Saunawelt bietet (gegen Aufpreis) verschiedene Entspannungsmöglichkeiten mit Sauna und einiges mehr. Im Restaurant kann gemütlich gespeist werden, zusätzlich werden Kindermenüs angeboten.

@ www.wonnemar.de/sonthofen/

Der Besuch im Erlebnisbad lässt sich auch super mit dem Wonniland (gegen Aufpreis) kombinieren. Die direkte Durchgangsmöglichkeit aus dem Bad zum Indoorspielplatz macht es besonders einfach.

Bodenseeregion

Wellenfreibad Ailingen in Friedrichshafen

Das familienfreundliche Wellenfreibad hat ein großes Schwimmbecken mit Wellenbetrieb und Sprunganlage zu bieten. Zusätzlich gibt es eine Wasserrutsche, einen Strömungskanal und ein Sprudelbecken. Kleinkinder können sich im beschatteten Kleinkindbecken mit Wasserrutsche, Nilpferd und Wasserspiel austoben. Nebenan befindet sich zusätzlich ein Sand- und Matschplatz. Außerhalb des Wassers gibt es ein Fußballfeld, ein Beachvolleyballplatz und Möglichkeiten zum Tischtennis- sowie Schach- und Damespiel. Neben der großen Liegewiese befindet sich die Gastronomie.

@ www.bäder.friedrichshafen.de/wellenfreibad/

Aquastaad Frei- und Hallenbad in Immenstaad

Das Schwimmbad hat ein Hallenbad sowie ein Freibad mit verschiedenen Bereichen. Der Innenbereich ist gut ausgestattet. Hier gibt es ein Schwimmbecken mit Seesicht und Unterwasser-Massagedüsen, einen Kleinkindbereich mit Pirateninsel und eine Erlebnis-Felsenlandschaft, ein Bachlauf, Wasserspielgeräte mit Spielutensilien, eine Rutsche und ein Wasserfall, ein Sole-Dampfbad und mehr. An den Kinder-Spielenachmittagen ist zusätzlich ein großes Wasserspielgerät zum Springen und Spielen im Wasser. Der Außenbereich ist ausgestattet mit einem Kinderbecken, einem Spielplatz mit Klettergerüst, Sandspielhügel in Seenähe, einem Seezugang mit Badeinsel, einer großen Liegewiese mit Schatten, Beachvolleyballplatz, Tischtennis, Badminton- und Basketballfeld sowie einem Zugang zur Minigolfanlage »Käpt'n Golf«. Die Gastronomie hat nur in den Sommermonaten geöffnet.

@ www.aquastaad.de

Schwakatenbad Konstanz

Das große Freizeitbad in Konstanz bietet mehrere verschiedene Wasserbecken, Sport-, Sprung-, Warmwasser-, Nichtschwimmer- und Kleinkinderbecken. Zusätzlich verfügt es über zwei Erlebnisrutschen (ab 8 Jahren) und einen großen Wasserspielplatz. Eine Entspannung gibt es im Infrarotraum oder im Dampfbecken. Das Angebot wird durch den Gastronomiebereich abgerundet. Ein Ideales Ausflugsziel für Familien.

@ www.schwaketenbad.de

Sea Sports Bodensee Kressbronn

Beim Sea Sports am Bodensee können verschiedene Wassersportaktivitäten,

Tauchgänge und Wassererlebnisse gebucht werden. Beispiel: Banana-Ride, Sofa-Ride, Twister-Ride, Wakeboard und Wasserski, …
@ www.seasports-bodensee.com

Therme Lindau €
Das Sport- und Familienbad in der Therme Lindau hat für die Kleinsten einen Kleinkindbereich, für etwas Ältere bietet sich der Wildbach und die Reifenrutsche an. Im Außenbereich gibt es zusätzlich ein Planschbecken für Kleinkinder. Das Familienbad kann ohne die Therme besucht werden, der Preis ist dann günstiger.
@ www.therme-lindau.com

Freibad und Therme Meersburg €
Auf 7000 m² bietet das Frei- und Strandbad Meersburg Badespaß für die ganze Familie: Sport- und Erlebnisbecken mit Strömungskanal, Bodensprudel und Rutsche, Kinderbecken und Bodenseezugang mit Sprungturm. Für Spiel und Bewegung sorgen ein Abenteuerspielplatz, Beachvolleyballfeld und Tischtennis. Das Freibad hat in den warmen Sommermonaten offen, genaueres ist online einsehbar. Wer eine Stärkung braucht, kann sich diese in der dazugehörigen Gastronomie bestellen. Das Freibad kann unabhängig von der Therme besucht werden und ist im Preis der Therme inbegriffen. Die Therme begeistert nicht nur mit Sauna und erholsamen Badebecken, sondern auch mit besonderen Angeboten für Familien: Im Erlebnisbecken warten Strömungskanal und Wasserpilz auf große und kleine Abenteurer, während das Kinderbecken mit kleiner Rutsche und Spritzfiguren zum fröhlichen Planschen einlädt.
@ www.meersburg-therme.de

Aquamarin Freibad Wasserburg €
Das Freibad Aquamarin in Wasserburg vereint Badevergnügen und Sportangebote für die ganze Familie. Gäste können im Bodensee oder im beheizten Schwimmbecken schwimmen. Für Wassersport stehen Tretboote, Kajaks und SUP-Boards bereit, die über die vor Ort ansässige Surfschule Wasserburg ausgeliehen werden – hierfür fallen zusätzliche Gebühren an. Außerdem werden Kurse in Schwimmen, Tauchen, Surfen und Stand-Up-Paddling angeboten.
@ www.surfschule-wasserburg.de

Für Kinder gibt es ein separates Kinder- und Jugendbecken mit 15 m Rutsche sowie den Spielbereich »Augustins Kinderland« mit künstlichem Bachlauf, Wasserrädern und Fontänen. Unter den Bäumen der Liegewiese lässt sich wunderbar entspannen und der Kiosk versorgt Gäste mit leckeren Snacks und Getränken. Das Freibad hat in den Sommermonaten geöffnet.
@ www.wasserburg-bodensee.de/wassererlebnisse/freibad-aquamarin/

FREIZEITPARKS

Legoland Deutschland in Günzburg €
Alter: ca. ab 3–12 Jahren
Saison: Ende März bis Anfang November
Attraktionen: ca. 60 Fahrgeschäfte und Abenteuer
@ www.legoland.de

Ravensburger Spieleland in Meckenbeuren am Bodensee €
Alter: etwa 3–12 Jahre
Saison: April bis Oktober
Attraktionen: ca. 70 Fahrgeschäfte und Mitmachstationen
@ www.spieleland.de

Skyline Park in Rammingen €
Alter: für alle Altersklassen
Saison: März/April bis Ende Oktober
Attraktionen: über 60 Attraktionen
@ www.skylinepark.de

Europa-Park in Rust €
Alter: für alle Altersklassen
Saison: Ende März bis Anfang November
Attraktionen: über 100 Fahrgeschäfte und Shows in 19 Themenbereichen
@ www.europapark.de

Märchenwald in Schongau €
Alter: etwa 2–10 Jahre
Saison: April bis Oktober
Attraktionen: etwa 20; Märchenfiguren, Streichelzoo, Mini-Karussells
@ www.schongauer-maerchenwald.de

Traumland auf der Bärenhöhle Sonnenbühl / Schwäbisch Alb €
Alter: etwa 2–12 Jahre
Saison: März bis Oktober
Attraktionen: ca. 50 Fahrgeschäfte und Spielbereiche
@ www.freizeitpark-traumland.de

Peppa Pig Land im Heide Park, Soltau €
Alter: ca. 2–6 Jahre
Saison: April bis Oktober
Attraktionen: etwa 16 verschiedene Stationen
@ www.peppapigpark.de

Playmobil FunPark in Zirndorf €
Alter: etwa 3–10 Jahre
Saison: April bis Anfang November
Attraktionen: ca. 20 Themenwelten; Kletterparks, Abenteuer, Spielstationen
@ www.playmobil-funpark.de

WINTERAKTIVITÄTEN

Allgäu

Alpsee Bergwelt in Immenstadt €
Die Alpsee Bergwelt hat im Winter traumhafte Winterwanderungen, Rodelspaß mit Schlitten oder Zipfelbobs und Eisstockbahnen zu bieten. Der 80 m lange Zauberteppich befördert alle bequem an den Start des Rutschenbuckels. Auch der Alpsee Coaster ist im Winter in Betrieb und kann für eine abenteuerliche Fahrt ins

Tal befahren werden.
@ www.alpsee-bergwelt.de/erleben/winterspass

Rodelmöglichkeiten Oberstaufen und Umgebung
@ www.oberstaufen.de/rodeln

Eissportzentrum Oberstdorf €
Drei überdachte Eisflächen bieten Eislaufspaß bei jedem Wetter. Im Onlinekalender lässt sich jederzeit nachsehen, wann die Hallen für den Publikumslauf geöffnet sind.
@ www.eissportzentrum-oberstdorf.de
Das Eislaufen ist hier das ganze Jahr möglich.

Rodeln in Oberstdorf €
Die Rodelbahn in Oberstdorf ist etwa 2,5 km lang und sorgt am Nebelhorn für einen großen Rodelspaß. Die Bahn befördert alle zur Bergstation, wo sich der Ausgangspunkt für die Rodelbahn befindet. Vor Ort gibt es einen Rodelverleih.
@ www.ok-bergbahnen.com/erlebnisspass/mehr-winterspass/rodeln/

Allgäu Coaster in Oberstdorf €
Auch in den Wintermonaten ist die Rodelbahn im Betrieb. Mehr Infos auf S. 213.

NTC-Rodelpark am Nebelhorn Oberstdorf €
Der Rodelpark bietet verschiedene Schlitten und Funsportgeräte zum Ausprobieren an. Zur Auswahl stehen Snowbikes, Zipfelbobs, Bockerl, Skifoxe, Lenkrodel + Alurodel und Onefoot + Snowdecks bereit. Bei guter Schneelage kann auch die 2,5 km lange Rodelbahn ins Tal verwendet werden. Bei der Ticketauswahl gibt es Tageskarten oder zeitlich begrenzte Tickets. Zusätzlich wird immer eine Liftkarte für die Nebelhornbahn bis zur Station Seealpe benötigt.
@ www.ntc-oberstdorf.de/rodelpark/

Söllis Winterwelt am Söllereck in Oberstdorf €
In Söllis Winterwelt können Kinder spielerisch Gleichgewicht und Stehvermögen auf den Skiern üben. Söllis Kinderland sorgt mit dem Figurenslalom für Spaß und mit etwas Glück zeigt sich sogar das Maskottchen Sölli persönlich. Direkt daneben lädt der Spielbereich SölliBully zum Toben und Entdecken ein.
@ www.ok-bergbahnen.com/erlebnisspass/familienaktivitaeten/winterwelten-uebungslifte/

Waldwelt Skywalk Allgäu Scheidegg €

Auch in den Wintermonaten mit den verschiedenen Veranstaltungen wie Waldweihnacht einen Besuch wert. Mehr Infos auf S. 215 und online.

@ www.waldwelt-allgaeu.de

Bodenseeregion

Winterleuchten Bad Waldsee €

Das Gelände des Golf-Resorts Bad Waldsee erstrahlt von November bis Jänner zum Winter-Wunderland. Direkt vor Ort erwartet die Besucher eine gemütliche Bewirtung – bitte vorher die Öffnungszeiten beachten, da diese nicht an allen Tagen gelten. Auf dem Gelände befinden sich verschieden geschmückte Wege, Märchen im Tierwäldchen mit Hörspiel, Lichtertunnel und für Kinder fährt die Mini-Eisenbahn ihre Runden.

@ www.winterleuchten-badwaldsee.de

Christmas Garden Insel Mainau Konstanz €

Von November bis Anfang Jänner verwandeln sich die Wege der Insel Mainau bei Einbruch der Dämmerung in eine stimmungsvolle Lichterwelt. Eintrittskarten sind vorab online erhältlich, zusätzlich steht eine Abendkassa zur Verfügung. Da die Anzahl der Tickets pro Tag begrenzt ist, empfiehlt es sich, rechtzeitig zu buchen. Entlang des Rundwegs laden festlich geschmückte Weihnachtshütten zu Getränken und Speisen ein. Der Rundweg ist barrierefrei gestaltet und somit auch problemlos mit Kinderwagen begehbar.

@ www.christmas-garden.de/mainau

Lindauer Hafenweihnacht

Von Vorarlberg aus bietet sich ein Besuch bei der Lindauer Hafenweihnacht gut mit dem Zug an. Der Bahnhof befindet sich gleich neben dem Eingang des Weihnachtsmarktes. An manchen Tagen ist ein Programmpunkt für Kinder zu finden, ansonsten gibt es auch einen Zauberwald.

@ www.lindau.de/lindau-erleben/veranstaltungen/

VERANSTALTUNGEN

Kulturufer Friedrichhafen

Das Kulturufer wird im Sommer an einigen Tagen veranstaltet, es bietet ein abwechslungsreiches Programm an und hat auch immer wieder etwas für Kinder zu bieten. Das Programm kann online eingesehen werden.

@ www.kulturufer.de

Immenstadt Burgfest

Jährliches Mittelalterfest auf der Burgruine mit buntem Programm inkl. Kinderprogramm.

@ www.stadt-immenstadt.de/freizeit-kultur/

Big BOX Allgäu Kempten

Die Veranstaltungshalle bietet ein abwechslungsreiches Programm für

verschiedene Events an. Für Kinder finden immer wieder verschiedene Musicals, Aufführungen oder Konzerte statt. Prüft den Veranstaltungskalender und setzt den Filter »Kinderveranstaltung«.
@ www.bigboxallgaeu.de

Grenzüberschreitendes Kinderfest Konstanz und Kreuzlingen
Die letzten Jahre fand das Kinderfest gegen Ende der Sommerferien statt. Es bietet ein vielseitiges Programm für Kinder. Genaue Infos sind online einsehbar.
@ www.konstanz-info.com

Leutkirch
Die Stadt im Allgäu hat immer wieder einen abwechslungsreichen Veranstaltungskalender für Familien. In den vergangenen Jahren wurde »Das Kinderfest« im Sommer und der »Winterzauber« im Winter mit Kinderprogramm veranstaltet. Die Termine für das Kinderfest sind jeweils sehr früh einsehbar.
@ www.kinderfest-leutkirch.de

Die anderen Veranstaltungen am einfachsten direkt im Veranstaltungskalender nachsehen.
@ www.leutkirch.de/veranstaltungen

Lindau Insel
Immer wieder finden auf der Lindauer Insel Veranstaltungen statt, die auch für Familien mit Kindern interessant sind. Am letzten Mittwoch vor Beginn der bayerischen Sommerferien wird im gesamten Stadtgebiet das traditionelle Kinderfest veranstaltet. Im November findet jährlich der Lindauer Jahrmarkt statt. Außerdem lohnt sich ein Blick in den Veranstaltungskalender, ab und an gibt es zusätzliche Veranstaltungen.
@ www.lindau.de/lindau-erleben/veranstaltungen/

▼ Isny Fasnetumzug Narrenzunft

▼ Tor zum Allgäu

GUT ZU WISSEN

Kino für Kleinkinder

Das Disney Channel Mitmach-Kino ist genau das Gegenteil von Licht aus, Ruhe und Stillsitzen. Zahlreiche Kinos in Österreich, Deutschland und der Schweiz bieten gemeinsam mit dem Disney Channel ein besonderes Kinoerlebnis an. Zweimal im Jahr heißt es: Etwa 60 Minuten lang mitfiebern, mittanzen und mitraten! Um nichts zu verpassen, einfach auf der Webseite des Kinos nach den genauen Terminen schauen – diese finden meist im Februar und September statt. Es ist ratsam, die Termine frühzeitig zu überprüfen. Weitere Details gibt es im Internet unter dem Suchbegriff »Disney Channel Mitmach-Kino«.

Büchereien in Vorarlberg

Zahlreiche Büchereien in Vorarlberg bieten ein abwechslungsreiches Programm mit Veranstaltungen, Workshops, Vorlesestunden und weiteren Aktivitäten für Kinder an. Büchereibesuche sind ganzjährig möglich, es lohnt sich also, die nächstgelegene Bücherei ab und an zu sichten. Eine Übersicht der Büchereien in Vorarlberg finden sich online.

@ www.bvv.bvoe.at/bibliotheken-und-spielotheken-vorarlberg

Burgen und Ruinen in Vorarlberg

Vorarlbergs Burgen und Ruinen sind lohnende Ausflugsziele – viele lassen sich gut zu Fuß erreichen und bieten Kindern ein spannendes Erlebnis. Einige Touren und Infos findet ihr in Apps wie Komoot, Bergfex oder Outdooractive. Hier eine Liste weiterer Ruinen, auf die ich nicht im Detail eingegangen bin:

- Ruine Ramschwang Nenzing
- Ruine Neu Montfort Götzis
- Ruine Neuburg Koblach
- Schloss Rosenegg Bürs
- Burgruine Sigberg Göfis

Detektiv-Trails in der Schweiz

Die Detektiv-Trails sind eine interaktive Schnitzeljagd-Serie in der ganzen Schweiz. Die Trails sind für Kinder ab 6–7 Jahren mit Begleitung geeignet. Nach dem Onlinekauf eines ausgewählten Trails in einer Stadt oder Region erhalten Teilnehmende eine Schatzkarte in digitaler oder gedruckter Form. Entlang der festgelegten Route werden an verschiedenen Stationen Rätsel gelöst, deren Lösungen am Ende zu einem Code führen. Dieser Code ermöglicht das Öffnen einer Schatztruhe oder den Erhalt eines entsprechenden Geschenks.

@ www.detektiv-trails.ch

MyCityHunt

MyCityHunt bietet digitale Stadtrallyes (interaktive Stadtführungen) weltweit an. Mit einem Smartphone wird eine Stadt spielerisch in Form von einer Schnitzeljagd, einem Escape Game oder einer Krimitour erkundet. Und so geht's: In der gewünschten Stadt die Tour buchen, die App oder die Webanwendung führt euch durch die Stadt, wo ihr Aufgaben, Rätseln und Infos zu den Sehenswürdigkeiten erhält. In einzelnen Städten kann es auch mehrere unterschiedliche Touren geben. Altersangaben (manche schon ab 8 Jahren) und Dauer der Tour ist jeweils unterschiedlich, am besten bei der ausgewählten Tour direkt prüfen.

@ www.mycityhunt.at

Beispiel von verfügbaren Städten für MyCityHunt in der Umgebung:

- Österreich: Bregenz, Dornbirn, Hohenems, Feldkirch, Götzis, Bludenz
- Schweiz: St. Gallen, Herisau, Flawil, Kreuzlingen
- Deutschland: Konstanz, Meersburg, Friedrichshafen, Lindau, Scheidegg, Oberstaufen

Familien-Erlebniskarte Vorderland

Die Familien-Erlebniskarte der Region Vorderland ermöglicht es Familien, Freizeitanlagen in der Region zu günstigen Preisen zu nutzen. Die Gültigkeit der Saisonkarten erstrecken sich jeweils auf eine Winter- und eine Sommersaison.

@ www.vorderland.com/freizeit

Freizeitkarte V-Card €

Die V-Card ist die Freizeitkarte für Vorarlberg, die Urlaubern und Einheimischen zahlreiche Vorteile bietet. Sie ermöglicht freie oder ermäßigte Eintritte zu über 180 Sehenswürdigkeiten, Bergbahnen, Museen, Schwimmbädern und Freizeitangeboten in der Region. Die Karte ist vom 1. Mai bis 31. Oktober gültig und erleichtert die Planung von Ausflügen während des Sommers und an Regentagen. Familien aus Vorarlberg erhalten die V-Card mit dem Familienpass vergünstigt. Zahlreiche kinderfreundliche Ausflüge sind mit der Karte möglich – darunter Seilbahnfahrten zu Erlebnisbergen oder -wegen sowie Freibäder und Museen mit Kinderprogramm. Schon 5 bis 6 Ausflüge können ausreichen, um den Kartenpreis wieder auszugleichen.

@ www.v-card.at

Beispiele für Ausflüge:

- Muttersbergbahn Bludenz
- Sonnenkopf mit Bärenland
- Klangberg Laternsertal
- Mountain Beach Freizeitpark Gaschurn
- Inatura Dornbirn
- Stadtbad Dornbirn
- Schattenburg
- Kunst- und Landesmuseum Vaduz in Liechtenstein
- … und vieles mehr.

Übrigens: 2025 haben wir uns keine V-Card geholt, weil unser Sommer voll verplant war und wir dachten, die Karte rentiert sich nicht. Von Mai bis August 2025 haben wir dann so viele Ausflüge gemacht, die in der

V-Card inkludiert sind, dass sie sich doch gelohnt hätte! Lektion gelernt: Wer gerne viel unterwegs ist, sollte die Karte unbedingt holen!

Freizeitkarte Bodensee Card €

Die Bodensee Card PLUS ist die Erlebniskarte für die Vierländerregion Bodensee. Sie ermöglicht freien Eintritt zu über 160 Ausflugszielen. Ob Schifffahrt, Pfänderbahn, Skywalk oder Affenberg – alles ist inklusive. Wer regelmäßig rund um den See unterwegs ist, kann ordentlich sparen und entdeckt seine Heimat ganz neu.

Die Karte ist für 3 oder 7 Tage frei wählbar und gilt innerhalb eines Kalenderjahres vom 1. Januar bis 31. Dezember. Die Tage können individuell verteilt werden, sodass die Ausflüge flexibel über das ganze Jahr geplant werden können. Einmal aktiviert, gilt die Karte an diesem Tag von 00:00–23:59 Uhr. Mehrere Attraktionen lassen sich auch an einem Tag besuchen, ohne dass ein weiterer Gültigkeitstag verbraucht wird.

Die 7-Tage-Karte kann sich besonders lohnen – schon ab vier vollen Ausflugstagen kann der Kaufpreis gedeckt sein und die restlichen Ausflüge sind »kostenlos«.

@ www.bodensee.eu

Liechtenstein ALL INCLUSIVE Erlebnispass €

Bei dem Pass handelt es sich um eine Freizeitkarte für Liechtenstein. Mit der Karte können verschiedene Freizeitangebote kostenlos oder mit einer Vergünstigung gemacht werden. Der All Inclusive Erlebnispass kann online, direkt vor Ort im Liechtenstein Center Vaduz oder im Malbun Center gekauft werden. Zur Auswahl stehen der 1-Tages-, 2-Tages- oder 3-Tages-Erlebnispass. Wer die Aktivitäten gut kombiniert, kann sich damit etwas Geld sparen.

@ www.tourismus.li/angebote/freizeit/erlebnispass.html

Eine Auswahl der im All Inclusive Erlebnispass enthaltenen Vorteile:

- Öffentliche Verkehrsmittel in Liechtenstein
- Eintritt ins Liechtensteiner Landesmuseum
- Freier Eintritt ins Freibad Mühleholz
- Freier Eintritt zum Schlittschuhlaufen auf dem Eisplatz beim Rathaus Vaduz
- Eine Runde Minigolf auf dem Minigolfplatz Schaan-Vaduz
- Eine freie Berg- und Talfahrt der Bergbahnen Malbun zum Sareis
- Eine Runde gratis Alpenminigolf in Malbun
- Gratis Outdoor Adventure Rooms-Spiel
- … und noch einige mehr!

BILDNACHWEIS

S. 14, S. 16 rechte Spalte oben: Timo Hummel
S. 28 linke Spalte rechts, 31 rechte Spalte rechts, 41, 77 links, 81 links, 136, 164 oben, 196: Denise Sterr
S. 39 links oben, rechts unten: Petra Rainer
S.39 rechts oben, links unten: Dietmar Walser
S. 51: Schattenburg Museum, Gerhard Beer
S. 52, 63 rechts unten: Freizeitbetriebe Feldkirch GmbH
S. 56: Manfred Baumann, Wildpark Feldkirch
S. 59 zweites von unten: Magdalena Türtscher, Stadtmarketing und Tourismus Feldkirch GmbH
S. 59 unten: GUK Kino Feldkirch
S. 63 links unten: Larissa Stolz
S. 64, 81 rechte Spalte: Patrick Saley Fotography, Damüls Faschina Tourismus
S. 67 links, 79: Stefan Leitner, Mellau Tourismus
S. 67 rechts, 70, 83 unten: Ian Ehm, Büro Balanka – Mellau Tourismus
S. 75: Sonnenbühl Alpakas, Sulzberg
S.77 rechts: Berchthold Ludwig
S. 78 Mitte links: Bezau Tourismus, Emanuel Sutterlüty
S.78 oben rechts: Marktgemeinde Egg
S. 78 beide unten, 83 oben: Bregenzerwald Tourismus, Lucas Tiefenthaler
S.96, 98 linke Spalte unten links, 99 linke Spalte links unten, 101: Matak Studios Lochau
S. 102, 104 linke Spalte: Wolfgang Spekner, Alpenregion Bludenz Tourismus GmbH
S. 107: Sunnahof, Göfis
S. 112, 115, 116, 117 links, 118, 119, 141 linke Spalte rechts: Alex Kaiser, Alpenregion Bludenz Tourismus GmbH
S. 123 rechte Spalte rechts, 125: Daniel Zangerl – Lech Zürs Tourismus Gmbh
S. 138: Manfred Oberhauser – Montafon Tourismus GmbH, Schruns
S. 140, 141 linke Spalte links: Robert Bohnke, Alpenregion Bludenz Tourismus
S. 144, 152: Stefan Kothner – Montafon Tourismus GmbH, Schruns
S. 150, 159: Christian Hirschmann – Montafon Tourismus GmbH, Schruns
S. 151: Christoph Schoech Photography GmbH, Montafon Tourismus GmbH, Schruns
S. 164 unten: Sarah Mistura
S. 166: Dolores Rupa, Heidiland Tourismus
S. 170 links und rechts, S. 195 beide rechts unten: Thomas Kessler Visuals
S. 172 linke Spalte: Kellermedia
S. 172 rechte Spalte, S. 180: appenzell.ch
S. 175: demateo.com
S. 178 linke Spalte links oben: Sereina Jost
S. 178 linke Spalte links und rechts unten: Pizolbahnen
S. 188: Fägnäscht AG
S. 189: Charlotte Leonie Hammann
S. 192: Sauriermuseum Aathal
S. 193: aquaRii
S. 200: Brigitt Risch
S. 201: Georg Willi/OV Mauren
S. 208, 221 rechte Spalte: Allgäu GmbH, Lana Hessenauer
S. 210: Tourismus Hörnerdörfer GmbH, S. Hindelang
S. 211, 247: BergWelt GmbH & Co KG
S. 212: Allgäuer Bergbauernmuseum e.V.
S. 213, 249 rechts unten: Allgäu Gmbh, Matthias Wendling
S. 215: Ernst Fesseler
S. 217: Victor Marin
S. 219: Kur- und Tourismusbetrieb Bad Wörishofen
S. 221 linke Spalte: Stefan Kuhn
S. 224, 243: Allgäu GmbH, the urban kids
S. 228: Alexandra Neuner
S. 229: Eseltrekking Wangen
S. 238: Erwin Hymer Museum
S. 249 rechts mittig: Allgäu GmbH, Dominik Berchtold

DANK

Erst durch unsere Tochter wurde mir bewusst, dass es in unserer Region bislang keine umfassende Übersicht über Freizeitaktivitäten für Familien mit Kindern gibt – dafür möchte ich mich bei ihr bedanken!

Ein großes Dankeschön gilt auch meinem Mann, der mich stets unterstützt, gemeinsam mit mir Ausflüge geplant und an den Wochenenden so viel wertvolle Papa-Tochter-Zeit ermöglicht hat. Ohne ihn wäre dieses Buch nicht entstanden.

Von Herzen danke ich außerdem meiner Mama und meinen Großeltern, die so oft auf unsere Tochter aufgepasst haben, wenn mein Mann gearbeitet hat. Nur durch ihre Unterstützung konnte ich am Projekt dranbleiben und es schließlich fertigstellen.

RAMONA GLATZLE lebt mit ihrem Mann und ihrer Tochter in Dornbirn und kennt die kleinen und großen Abenteuer des Familienalltags aus eigener Erfahrung. Zwischen Job, Alltag und Familienleben entstand ihr erstes Buch: ein Guide für Familien voller Tipps für Ausflüge in Vorarlberg und Umgebung. Sie möchte Familien motivieren, gemeinsam die Region zu entdecken und unvergessliche Momente zu erleben.

Anmeldung zum edition V Newsletter:

Folge uns auf facebook und instagram
facebook: editionvorarlberg
instagram: editionv_verlag

Schubertstraße 2, 6850 Dornbirn
Lektorat: Magdalena Amann
Korrektorat: Nina Winkler
Gestaltung und Satz: Denise Sterr
Coverfotografie © Daniel Zangerl, Lech Zürs Tourismus GmbH *(links und rechts oben)*; freepik *(links unten)*; Patrick Saley Photography, Damüls Faschina Tourismus *(rechts unten)*; Allgäu GmbH, Nikolas Seymour *(Hintergrundbild)*
Autorinnenporträt auf S. 7 © Patrick Steiner

ISBN 978-3-903240-69-8
Kontaktadresse nach EU-Produktsicherheitsverordnung:
produktsicherheit@edition-v.at